세계 애완조류 도감

세계 애완조류 도감

초판 1쇄 발행 ｜ 2015년 7월 1일
    2쇄 발행 ｜ 2025년 1월 20일

글 ｜ 송순창 · 송범식
그림 ｜ 송순광

발행인 ｜ 김남석
발행처 ｜ ㈜대원사
주   소 ｜ 06342 서울시 강남구 개포로 140길 32, B1
전   화 ｜ (02)757-6711, 6717
팩시밀리 ｜ (02)775-8043
등록번호 ｜ 제3-191호
홈페이지 ｜ http://www.daewonsa.co.kr

ⓒ 송순창 · 송순광, 2015

값 43,000원

Daewonsa Publishing Co., Ltd
Printed in Korea 2015

ISBN ｜ 978-89-369-0844-7

이 책의 국립중앙도서관 출판시 도서목록(CIP)은 e-CIP홈페이지(http://www.nl.go.kr/ecip)에서
이용하실 수 있습니다. (CIP제어번호 : 2015015719)

세계 애완조류 도감

글 | 송순창 · 송범식
그림 | 송순광

대원사

머리말

　야생동물의 가금화 사육술이 멸종 위기종의 복원 사업에 기여함이 그 어느 때보다 중요한 계기를 마련해 주고 있다. 그리하여 오늘의 현실에서 그 실례를 널리 알리고자 이 책을 집필하게 되었다. 전 세계적으로 서식하고 있는 조류상은 9000여 종에 이른다. 그 중에서 적자생존의 법칙에 의해 자연 도태와 인위적 환경 파괴로 해마다 수백 종이 멸종되어 가고 있으며, 현재 세계적으로 멸종 위기종은 무려 5900여 종에 달한다. 특히 열대우림 지역에서의 산림 파괴로 인한 멸종은 우리가 상상할 수조차 없는 심각한 위기를 맞고 있는 것이 오늘의 현실이다.

　한반도와 그 주변의 조류 중에서 크낙새는 이미 멸종된 것으로 생각되며, 천연기념물 제198호인 따오기는 1977년과 1978년에 걸쳐 판문점 부근 대성동 마을에서 관찰된 이래 우리나라에서 자취를 감추었다. 그리고 원앙사촌 역시 멸종된 것으로 짐작된다. 그 외에 텃새였던 황새를 비롯하여 여러 종의 새들이 우리 곁을 떠나고 있다.

　그리하여 정부에서는 멸종 위기종들을 복원하기 위해 많은 인력과 재원을 투입하여 복원 사업에 총력을 다하고 있다. 황새와 따오기, 반달곰과 근래에 복원을 위한 여우의 증식를 위한 방안을 모색하고 있는 것은 생태계 균형을 복원하는 데 일조가 될 것이다. 사라져 가는 동식물의 복원 사업은 인류의 복지를 위한 일이기도 하다. 이러한 복원 사업은 야생동물을 직접 사육하고 많은 경험을 축적한 정보에 의해서 소규모의 목적을 달성할 수 있다. 외국의 사례에서 보듯이 그들의 끊임없는 사육 기술은 축적되고 공유함으로써 멸종 위기종의 개체 수가 증가되고 멸종 위기종에서 벗어난 성공적인 사례를 얼마든지 보게 된다.

유럽 각국에 행해지고 있는 사육은 영리 목적 이외에 이러한 사명감이 바탕이 되어 새로운 품종까지 작출되고 있다는 사실을 언급하고자 한다. 사육 비결은 야생동물 증식 사업에 지대한 공헌을 하고 있다는 사실이다.

이러한 의미에서 이 책을 통해 멸종되어 가는 야생동식물의 복원 사업에 우리나라 사육자들도 이러한 사명감에 기여할 책임감을 갖는 계기가 되기를 진심으로 바란다. 세계 각국에서 사육되는 많은 동식물 종들 중에서 멸종의 문턱에서 다시 복원되어 풍요로운 지구상의 살아 있는 구성원으로 인류와 함께 생명의 환희를 만끽하고자 하는 바람은 비단 저자의 바람만은 아닐 것이기 때문이다.

청강(淸剛) 송순창

차 례

물새(Waterfowl, 수금류)　338

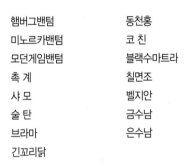

닭 & 애완닭(Bantams)　358

조류의 탄생과 특성 1

조류의 진화

독일의 저명한 조류학자인 크리스토퍼 페린스(Christoper Perrins)와 함부르크 대학의 동물박물관장 하인리히 호에르쉐르만 박사(Dr. Heinrich Hoerschelmann)는, 새들이 척추동물 가운데에서 매우 높은 위치에 있는 것은 새들만이 갖고 있는 탁월한 비행 능력 때문이며, 이러한 뛰어난 능력은 오랜 세월과 지속적인 진화의 결과라고 말한다. 새에 대한 발전상은 지표 동물(地表動物)과는 달리 확실한 학술적 근거가 빈약한데, 이는 화석처럼 확실한 증거가 부족하기 때문이다.

새들의 기원은 고생대의 파충류에서 진화된 것으로 추정한다. 몇 개의 작은 공룡 무리인 테로포다(Theropoda)는 일어서서 뒷다리로 걸었으며, 새와 흡사한 골격을 갖고 있다. 이러한 보행 습관 때문에 앞다리는 다른 용도로 활용할 수 있게 되어 더욱 발전할 수 있었다. 또 다른 공룡들의 정교한 뼈 구조에서 볼 수 있듯이 공룡 중 몇몇은 완전한 냉혈동물이 아닌 온혈동물이었음이 최근에 밝혀졌다. 때문에 태양열에 의존하고 있던 다른 종족과는 달리 더욱 활동적이었으며, 항상 높은 체온을 유지했고, 다른 종족과는 격리된 생활을 했던 것이다. 새의 깃털은 파충류의 비늘 돌출부와 바깥 절연층에서 형성되었으며, 비늘의 성분과 동일한 케라틴(Keratin)으로 이루어져 있다.

지금까지 확인된 바에 의하면 파충류와 새들의 밀접한 관계는 바이에른 지방의 후기 쥐라기 지층인 솔렌호펜(Solenhofen)에서 발견된 시조새 화석에 의해 입증되었다. 이것이 새의 직접적인 조상인지, 아니면 파충류에서 새가 되기 전까지의 발달 과정에서 다른 역할을 했는지는 그리 중요하지 않다. 특별한 가치를 지닌 화석으로 남아 있으면서 파충류 또는 새의 특징을 정확하게 나타내고 있는 것으로 충분하다.

시조새의 화석은 첫눈에 봤을 때 마치 테로포다 공룡처럼 보인다. 만일 암석에 남아 있는 새의 깃털 모양이 정확하고 분명하지 않았다면 그냥 무심히 새와 비슷한 파충류로 여기고 박물관에 소장되었을 것이다. 시조새의 크기는 대략 까마귀나 까치 정도의 크기로 보인다. 파충류의 명확한 특징으로는 턱에 이빨을 가졌고, 쭉 뻗은 몸에는 기다란 꼬리가 달려 있다는 것이다. 조류의 명확한 특징은 가슴뼈에 날개를 움직이는 근육인 용골돌기(龍骨突起)와 깃털이 있다는 점이다. 몸 앞쪽에는 놀랍게도 오늘날 새의 형태와 동일한 날개가 달려 있다. 시조새의 앞발은 명확하게 따로 떨어진 세 개의 발가락이 달려 있으며, 발톱은 구부러져 있다. 그러나 그 시조새가 어떻게 살았는지는 추측만 할 뿐이다. 시조새는 다른 새들처럼 새발의 한 종류로서 수직으로 된 벽에 앉을 수 있는 구조인 현착지에 세 개의 앞으로 뻗은 발가락과 한 개의 뒷발가락도 갖고 있으며, 발톱은 모두 구부러져 있다. 이러한 형태로 보아 나무에서 나무로 기어올라 다니는 것이 가능한 일이었다.

시조새의 비상력(飛翔力)에 관해서는 여러 가지 견해가 있다. 시조새는 강한 비행근육(飛行筋肉)이 결여되어 있는데, 지속적인 비행은 불가능했을 것으로 짐작된다. 바람을 가르는 칼깃의 불균형은 그들이 한 번의 강력한 충격 비행에 한했음을 말해 준다. 이러한 날개의 발달은 시조새들에 의해서 시작되었으며, 오늘날 새의 날개는 앞다리 뒤쪽에 돌출된 비늘이 매끄러운 면 쪽으로 길어진 것이다. 시조새의 날개는 점차로 진전되고 분화되면서 비상력이 뛰어난 날개로 발전하였다. 이것으로 능동적인 비행이 가능하게 된 것이며, 동시에 크고 강한 근육이 형성될 수 있었다. 물론 이 점은 확실히 증명된 공론은 아니지만 시조새가 땅에서 걸어 다닌 동물이라는 견해 때문에 기준점이 된 것이다. 이 경우에 깃털과 날개의 발달에 차이가 난다. 그러나 시조새는 분명히 깃털에 싸여 있고 날개가 있었으며, 비행 능력을 어느 정도 갖고 있었다. 때문에 시조새는 오늘날 인류와 함께 공존하는 새들과 틀림없는 동일한 혈족임을 강조할 수 있다.

시조새는 약 1억 4000만 년 전, 오늘날의 독일 숲속에서 살았다. 시조새의 치열(齒列)만 봐도 알 수 있듯이 특별히 구별해서 곤충만을 잡아먹지 않았을 것으로 보인다.

중생대 백악기의 화석에서 발견되어 알려진 시조새와 가장 오래된 새들 사이에는 3000만 년이라는 긴 공백이 있다. '에널리오미스(Enaliomis)'라 불리는 새는 아비와 유사한 모양의 새로, 앞쪽 관절이 퇴화되어 있었고 구조는 나는 새와 같다. 이 백악기에서 다시 3000만 년 후에는 이미 많은 화석이 발견되었다. 화석으로 밝혀진 것은 헤스페로에니스(Hesperoenis)로, 역시 날 수 있는 아비의 일종이었다. 그리고 이크티오르니스(Ichthyornis)는 중간 크기의 새인데, 흉골에 강한 깃을 가진 것으로 보아 이 새는 활공력(滑空力)이 뛰어난 것으로 짐작된다.

백악기 말에 가서야 처음으로 오늘날과 같은 새의 형질이 나타났다. 그리고 시신세(Eocene, 신생대 제3기 두 번째)에 그러니까 5400만 년 전에 살던 새들이 오늘날과 같은 새의 유형임이 증명되었다. 시신세 후기 지층에서 왜가리 속의 새들과 독수리들의 잔재가 발견되었고, 전기 지층에는 오리와 뜸부기 그리고 플라밍고의 뼈들이 출토되었다. 시신세 말기에는 그러니까 약 4000만 년부터 지금까지 그 전형은 적어도 30여 종의 근대 새들이 있었던 것으로 밝혀졌다. 이들 새 중 몇 종은 대개 참새과에 속한다. 시신세가 끝날 무렵 지구상에는 오늘날과 같은 종류의 새들로 꽉 찼다.

오늘날 우리의 현실은 인간의 무모한 과욕과 끊임없는 욕구로 생명의 요람인 산림·습지·갯벌·하천이 무차별 파괴되고 있다. 그리하여 생태계는 돌이킬 수 없는 교란기를 맞고 있다. 이러한 비극적인 지구 환경이 개선되지 않는 한 인류의 생존도 보장될 수 없는 최악의 사태가 도래할 수 있다는 경각심이 그 어느 때보다 절실히 요구되는 시점이다.

조류의 특성

 고생대 후기인 2억 5000만 년 전, 이 지구상에는 파충류가 새로운 형태로 진화하고 있었다. 많은 무리의 공룡도 환경 변화로 멸종의 운명을 맞았고, 그 중 몇 종 살아남은 것이 오늘의 파충류인 것이다. 이즈음 두 부류의 파충류는 그들이 갖고 있는 변온동물(變溫動物)의 틀에서 보다 진화한 포유류와 조류가 되었다. 양쪽 모두 파충류에서 진화되었으나 항온동물(恒溫動物)인 점이 파충류와 다르다.

 포유류는 지금으로부터 5000만 년 전에 전성기를 맞았고, 현재는 쇠퇴일로(衰退一路)에 접어들고 있다. 그러나 조류는 현재 포유류의 두 배가 넘는 약 9000여 종에 달하는 진화의 정점에 있다.

 원시적인 포유류는 우선 체형이 바뀌고 파충류의 비늘에서 깃털로 진화되었다. 또한 앞다리는 멀리 날 수 있는 날개로 변해 창공을 자유롭게 이동할 수 있게 되었다. 완벽한 날개를 이용하여 비상하기까지는 수백만 년이라는 인고의 기나긴 진화 과정이 필요했다. 새만이 갖고 있는 특별한 골격인 용골돌기는 부력(浮力)과 추진력을 가져오게 한 비상 기관(飛翔機關)이다. 강력한 용골돌기에 고정된 강하고 질긴 근육은 먼 창공을 한숨에 날게 한다. 꽁지깃은 종마다 다르게 생겼지만 몸의 균형을 유지하고 방향을 정하는 일과 날개의 효율을 극대화한다. 날개의 생김새는 표측이 볼록하고 양측이 오목하게 되어 있고, 전연(前緣)이 두껍고 후연(後緣)이 얇다. 이러한 형태를 보고 항공역학(航空力學) 전문가도 이 이상의 깃을 만든다는 것은 불가능하다고 말한다.

조류는 둥지를 틀어 산좌(産座)에 알을 낳고 잘 품어 부화한 후에 새끼를 기른다. 이와 같은 번식 방법은 포유류와 파충류에게서는 도저히 불가능한 것이다. 이는 새들만이 이룬 진화의 성공적 사례라고 할 수 있다. 파충류가 알을 낳게 되면 살아가는 데 불리한 것을 새는 이점으로 이용했다. 또 포유류의 경우, 새끼가 태어날 때까지 불룩한 큰 배를 안고 일하며 출산해서 여러 달 동안 새끼를 외부로부터 보호해 주지 않으면 안 된다. 더구나 새끼들은 체내에서 오랜 기간 자라고 나서 출산되면서도 그 수가 적은 것에 비하면, 조류는 파충류에게서 다산의 산란 양식을 이어받음과 동시에 항온동물이라는 특색을 살리면서 양쪽의 이점만을 최대로 이용한다.

조류 새끼는 단기간 성장하고 성조(成鳥)가 되는 시기도 빠르다. 먹이는 어느 장소든지 다량으로 구할 수 있고, 훌륭한 날개의 지구력은 먼 곳을 쉽게 이동할 수 있게 해 준다. 또 날개는 온 세계 기후대를 종횡무진 넘나들며 생존을 위한 선택의 폭을 극대화한다. 지구촌 어느 곳이든 광범위하게 분포하고 있는 새들은 진화의 성취력을 해양, 사막, 호수, 하천, 늪과 갯벌, 심지어 극지까지도 장악할 수 있는 능력으로 키워왔고, 슬기롭게 이용하며 인류와의 공존을 도모하고 있다.

현재 대부분의 조류는 식물의 종자를 먹는 것과 무척추동물인 곤충을 먹는 두 부류로 대분되고 있다.

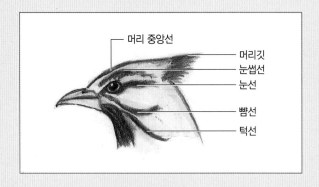

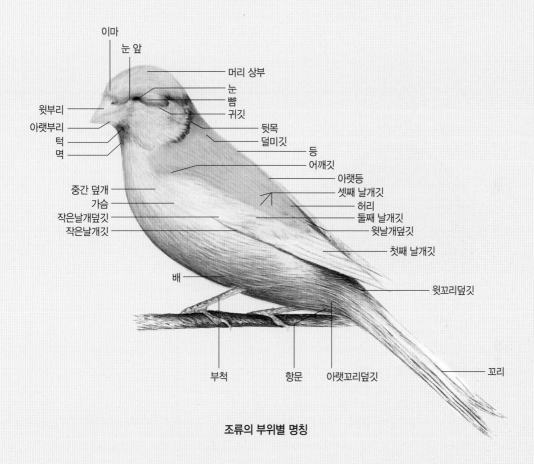

이마
눈 앞
머리 상부
눈
뺨
귀깃
윗부리
아랫부리
턱
멱
뒷목
덜미깃
등
어깨깃
아랫등
셋째 날개깃
중간 덮개
가슴
작은날개덮깃
작은날개깃
허리
둘째 날개깃
윗날개덮깃
첫째 날개깃
배
윗꼬리덮깃
부척
항문
아랫꼬리덮깃
꼬리

조류의 부위별 명칭

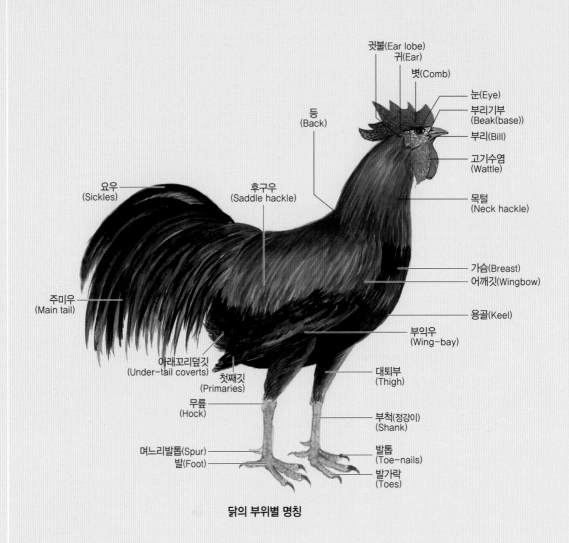

귓불(Ear lobe)
귀(Ear)
볏(Comb)
눈(Eye)
부리기부
(Beak(base))
부리(Bill)
고기수염
(Wattle)
목털
(Neck hackle)
등
(Back)
요우
(Sickles)
후구우
(Saddle hackle)
가슴(Breast)
어깨깃(Wingbow)
용골(Keel)
주미우
(Main tail)
부익우
(Wing-bay)
아래꼬리덮깃
(Under-tail coverts)
첫째깃
(Primaries)
대퇴부
(Thigh)
무릎
(Hock)
부척(정강이)
(Shank)
며느리발톱(Spur)
발톱
(Toe-nails)
발(Foot)
발가락
(Toes)

닭의 부위별 명칭

조류의 형질

모든 조류의 근본적인 신체 구조는 같다. 조류의 단일 구조는 새 진화의 성과, 즉 비행에서도 알 수 있다. 타조나 키위, 펭귄처럼 나는 것을 포기한 소수의 새들은 몸의 형태나 크기가 근본적으로 변화되었다. 조류의 비행에서 그 적합성은 몸무게가 가벼워졌다는 점이다. 이는 강한 기동력 때문에 꼭 필요한 것이다. 비행할 때 최적의 무게는 안전성에 기여하며, 몸은 무거운 부분을 이용해 중심을 잡게 된다.

새들은 날기 위해 강력한 비상근인 가슴 근육이 발달되고 그 무게도 체중의 20%를 차지한다. 근육은 수축 작용에 의해서 움직이게 된다. 이때 가슴 근육은 서로 반대쪽 골격을 끌어당긴다. 커다란 근육은 큰 관절에 연결되고 비상근은 어깨 관절 가까이에 붙어 있는 근육으로, 상박을 벌릴 때 날개에 영향을 준다. 조류나 포유동물 그 어떤 것도 예외 없이 근육에서 색이 흰색이거나 붉은색 또는 이 두 가지 색이 혼합된 여러 부분이 서로 조화롭게 분담되어 있다. 밝은색 근육이 순간적으로 큰 힘을 낼 때 사용된다면, 어두운색 근육은 반대로 먼 거리를 날아갈 때 사용된다.

새가 처음으로 땅이나 나뭇가지를 박차고 날아오를 때 밝은색 근육이 이를 담당한다. 찰나에 연소하면서 튀어나오는 에너지는 새가 순발력 있게 허공을 단숨에 삼킨다. 그래서 쉬 피로감에 빠진다. 이러한 차이점은 닭에게서 쉽게 볼 수 있다. 닭은 가금화(家禽化)된 지 오래되어 비상력이 퇴화되었다. 닭의 밝은색 근육인 비상근은 빨리 이동하는 데 이용되는데, 아주 짧은 거리는 날 수 있다. 그러나 닭의 다리 근육은 어두운색으로, 대부분 달리는 역할만을 담당한다. 따라서 기러기처럼 먼 거리를 이동해야 하는 철새들은 어두운색 근육이 발달되어 있음을 알 수 있다.

뼈대와 골격

조류의 뼈대는 여러모로 비행에 적합하게 이루어졌다. 우선 시조새나 도마뱀을 현재 새들의 골격과 비교해 볼 때 조류의 진화 과정에서 현저한 변화가 일어났음을 짐작할 수 있다. 뼈의 무게는 여러 방법에 의해 줄어들었다.

비둘기는 뼈의 무게가 몸무게의 4. 5%밖에 차지하지 않는 데 반해, 비슷한 크기의 포유류는 6~8%나 차지한다. 조류의 커다란 다리뼈는 포유류처럼 뼛속이 꽉 채워져 있지 않다. 그것은 함기골, 즉 공기로 채워져 있기 때문에 가벼운 것이다. 따라서 골격이 단단하고, 경우에 따라 외부의 충격을 흡수하기도 한다.

근육을 둘러싸고 있는 바깥 부분이 휘어지는 강도는 식물의 줄기와 같거나 더 높다. 뼛속 내부의 공간은 아주 정교한 구조 때문에 휘는 강도가 더욱 높아진다. 공기는 돌기가 달린 공기주머니를 지나 관상골로 빨려들어가 빈 공간을 메운다.

모든 골격은 구조상으로 더욱 가벼워졌다. 몸체는 짧아졌고 뼈의 수는 줄어들었다. 이빨이 달린 무거운 턱은 이빨이 없는 가벼운 부리로 변했고, 긴 척추 꼬리는 동강난 채 사라졌다. 몇 개의 손발 뼈는 퇴화되거나 완전히 없어졌다. 체중의 감소뿐만 아니라 뼈 구조의 변화도 조류의 비행에 커다란 역할을 한다.

척추뼈 등 많은 뼈들이 사라지면서 조류의 몸통은 근육이나 인대 없이도 스스로 강해질 수 있었다. 뒤쪽에 달려 있는 갈빗대의 돌기를 통해 몸통은 더욱 단단해지며, 이것은 뒤쪽 흉골 갈비뼈와 강하게 연결된다. 바다오리 같은 몇몇의 잠수성

조류들은 갈빗대가 층층이 겹쳐진다. 그 때문에 물에 잠길 때 높은 수압을 충분히 견딜 수 있는 것이다.

비상근에 붙어 있는 뼈들은 단단한 형질을 유지한다. 흉골은 주요 동력을 전달해 주는 근육을 갖고 있으며, 넓고 평평한 깃털의 형태가 장방향으로 펴져 있기 때문에 부착물을 필요로 한다.

까마귀의 뼈는 흉골과 어깨 관절 사이에 강력한 구심력을 전달해 준다. 상벽과 전벽은 척골, 요골과 함께 인간의 팔과 일치하는 부분이다. 손, 즉 앞쪽 날개 부분은 완전히 변형되었다. 다섯 개의 손가락은 세 개로 변했고, 그 중 하나만 길고 크다. 그리고 두 개는 퇴화되었다. 그 중 유일하게 하나만이 아직 움직이는 상태인데, 날개 앞쪽 끝에 위치해 있으며, 몇 개의 짧은 깃털을 달고 있다. 그리고 그것은 비행할 때 중요한 엄지 날개의 역할을 한다. 손과 팔꿈치 관절의 힘은 다른 조력 없이도 강한 근육을 유지할 수 있도록 형성되어 있다.

새의 다리

새는 날기도 하고 달리기도 하며 때로는 헤엄도 친다. 잘 날고 재빠르게 달리기 위해서 새들의 무게 중심은 새의 두 발 가까이에 있음을 볼 수 있다. 새가 두 다리로 설 때에는 고관절이 앞쪽으로 기운다. 그러나 새의 다리에서 넓적다리는 앞쪽으로 쏠려 있다. 이러한 위치에서 새의 넓적다리는 근육에 의해 몸에 착 달라붙어 있게 된다. 그렇게 해서 몸의 중심으로 좀 더 가까이 옮겨 간 무릎은 고관절 역할을 대신하게 된다. 새가 달리기를 할 때에는 이렇게 해서 몸의 균형을 유지할 수 있는 것이다. 인간의 무릎 관절은 거의 다리 중앙에 위치해 있지만 새의 경우는 반대로 몸체와 아주 가까이 밀착되어 있다. 무릎은 겉에서는 볼 수 없을 정도로 깃털로 덮여 있다. 우리가 볼 수 있는 새의 다리는 우리 인간의 아랫다리와 발에 견줄 수 있는 부분이다. 새는 발톱으로 서 있다. 발목, 즉 부골(跗骨)은 달리기에 사용되는 뼈이다. 부골과 아랫다리 사이의 뒤쪽으로 있는 것은 인간의 발목 역할을 한다.

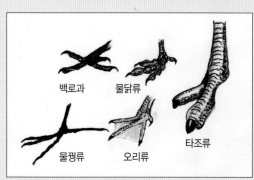

백로과 물닭류 물꿩류 오리류 타조류

모양이 다양한 새의 발

새의 부리

　자연 도태로 말미암아 각양각색의 부리 형태가 나타나게 되었다. 각각의 부리는 저 나름대로의 먹이 섭취 방식을 창출한다.

　가장 일반적인 부리는 몇몇의 지저귀는 새, 예를 들면 휘파람새나 지빠귀들에게서 볼 수 있다. 이들 부리는 곧고 뾰족하며, 특별히 길지도 않다. 이런 부리는 벌레를 잡는 것뿐만 아니라 씨앗이나 작은 열매를 먹는 데도 용이하다.

　찌르레기의 부리는 이와 흡사해 보이지만 강한 근육이 있어 아주 특별한 먹이 찾기 기술에 이용된다. 찌르레기는 부리를 땅속에 박고 그 속에서 부리를 벌린다. 그래서 아주 깊숙한 곳에서도 풀모기의 유충이나 지렁이를 쉽게 잡아먹을 수 있다. 때때로 딱딱한 갑충류(甲蟲類)의 곤충도 그 껍질을 부리로 부수고 잡아먹는다.

　박새는 개암나무 열매의 껍질을 벗겨 그 알맹이를 알맞은 크기로 잘게 쪼개 먹는다. 이 분야의 권위자는 누가 뭐라 해도 딱따구리 종류이다. 청딱따구리는 개암나무 열매나 잣송이를 나무기둥이나 줄기의 파인 틈새에 끼워 넣고는 초당 18회의 빠른 속도로 열매를 쪼아 부순다. 혀는 길고 또 끝에 갈고리나 끈끈액이 있어 나무 속의 애벌레를 한 치의 오차 없이 정확히 잡아내어 먹는다. 딱따구리의 부리는 단단한 나무에도 깊은 구멍을 팔 수 있을 정도이다. 그래서 이 방법으로 둥우리나 잠잘 곳을 준비한다. 딱따구리의 부리는 두개골에 탄력성 있게 연결되어 있다. 그래서 격렬하게 부딪칠 때 생기는 진동은 흡수된다.

참새나 곡식을 주로 먹는 새들의 부리는 씨앗의 껍질을 깔 수 있도록 되어 있다. 씨앗이 윗부리 속에 파여 있는 홈에 고정되면 아랫부리의 날카로운 날은 도정기처럼 껍질을 깐다. 이러한 조류 중에서 콩새는 낟알을 쪼아 먹는 가장 강력한 부리를 가지고 있다. 그들의 악근인 턱 근육은 정말로 강력해서 아무 힘도 들이지 않고 복숭아나 그 외의 씨앗을 깔 수 있다. 상하 부리가 서로 위아래로 엇갈려 있는 조류들은 침엽수의 씨앗을 까서 혀로 씨앗을 발라낸다.

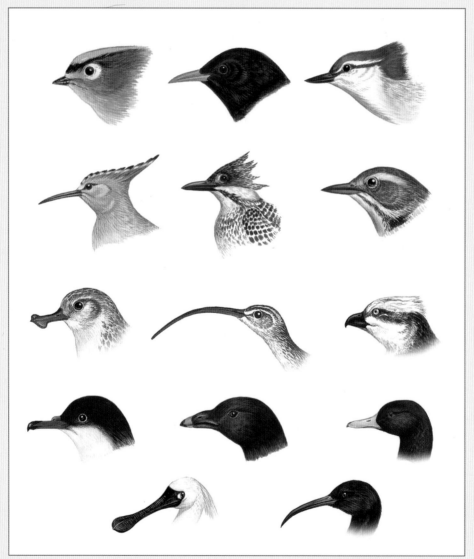

새의 다양한 부리 모양

육식조의 강한 악근(턱근육)

맹금류는 갈고리 부리를 가지고 있어 덩치 큰 포획물을 잡아 삼키거나 알맞게 잘 찢어 먹는다. 어떤 맹금류는 포획물을 물어뜯어 죽이며, 올빼미처럼 부리와 턱 근육이 다른 맹금류보다 약한 육식조는 작은 설치류(齧齒類)를 통째로 삼키기도 한다.

오리나 거위의 부리는 넓어서 식물을 잡아채어 뜯는 데 아주 적합하다. 그리고 물속의 먹이를 물과 같이 흡수하여 먹이는 걸러내고 물은 밖으로 내보낸다. 달팽이나 조개와 같은 패류, 혹은 비교적 큰 수서동물(水棲動物)을 잡아먹고 사는 조류의 부리는 가늘고 비교적 긴데, 이는 먹이를 완전히 움켜쥘 수 있게 되어 있다. 백로나 왜가리 같은 새는 부리의 가장자리에 톱날처럼 이가 나 있다. 이런 부리는 물고기를 잡을 때 미끄러지기 쉬운 포획물을 잘 낚아챌 수 있다.

이와 같이 섭금류(涉禽類)는 다양한 부리의 모양을 갖고 있다. 물떼새들의 부리는 대체로 짧아 땅 표면에 있는 것들을 포획한다. 도요, 마도요, 깝짝도요의 부리는 길어서 갯벌이나 진흙 속, 수렁 속을 쑤시면서 먹을 것을 더듬는 데 용이하다. 이들의 부리 끝은 아주 예민한 촉각제(觸覺濟)가 많이 분포되어 있다. 긴 부리를 가지고 먹이를 찾는 대부분의 섭금류들은 부리를 닫은 채로 다만 부리 끝만 벌릴 수 있다. 그래서 큰 힘을 들이지 않고도 포획물을 땅속 깊은 곳에서 찾아 끄집어낼 수 있다. 촉각은 많은 새들이 먹이를 찾을 때 중요한 역할을 한다. 오리 종류가 흐린 물이나 진흙탕에서 먹이를 쉽게 찾는 것도 촉각을 이용해 먹이가 아닌 것을 구별하기 때문이다.

장다리물떼새가 위로 굽은 부리로 먹이를 쉽게 찾는 것은 쉽게 열 수 있는 특수한 부리가 있기 때문이며, 이것으로 얕은 물을 갈라 먹이를 얻는다. 이때 포획물이 닿자마자 부리는 닫는다. 이것은 동물의 세계에서 가장 신속한 반사운동 중의 하나이다. 이러한 부리는 홍학과와 사다새 등이 지니고 있으며, 이렇게 다양한 부리로 자신의 생존율을 높이기 위해 그들 스스로 먹이의 경합을 피하며 진화해 온 결과인 것이다.

새의 소화 경로

새들에게 있어서 부리는 식물의 씨앗이나 곡물의 낟알 껍질을 벗기는 도정기관에 해당한다. 벗겨진 먹이는 식도를 따라 모이주머니로 내려가 모였다가 전위를 거쳐 모래주머니로 들어간다.

모래주머니는 포유동물의 이빨과 같은 먹이를 잘게 분쇄하는 역할을 한다. 즉, 먹이는 모래주머니의 꿈틀운동에 의해 소화되기 쉽도록 잘게 부서지고 부드러워진다. 그러므로 전위(前胃, Proventriculus)에서 시작되는 소화의 마지막 단계를 위해 모래주머니를 최대한 활용한다. 이것이 일반 조류에게 모래를 주는 이유이다. 모래를 먹지 않은 새는 소화불량에 걸리게 된다. 신진대사에 의한 찌꺼기는 방광 안에 저장된 묽은 소변보다도 요산(尿酸) 형태로 농축되어 항문을 통해 배설된다.

날틀의 구조와 역할

  조류의 날개는 강력한 비상근에 의해 제어된다. 이 근육은 많은 양의 열을 내고, 이것은 호흡기관에 의해 조절된다. 그렇지만 새가 날 수 있는 중요 요인은 바로 '깃털'이다.

  앞으로 비행하는 동안 새는 날개의 끝 쪽에 있는 커다란 제1의 깃털에 의해 추진된다. 하강(下降)할 때는 공기의 저항을 최대한 피하기 위해 깃털은 서로 조임을 통해 편편하게 밀폐되고, 깃털을 뒤로 젖힐 때 공기가 흡입함에 따라 앞으로 추진할 수 있다. 상승할 때는 공기가 쉽게 통과할 수 있게끔 깃털을 분리하여 날개 끝을 앞뒤로 움직여서 약간의 추진력을 제공한다.

  한편 제2의 깃털과 날개의 안쪽 부분이 도와준다. 새는 이런 과정이 되풀이됨으로써 앞으로 비행하는 것이다.

새 눈의 방향과 역할

　조류의 눈은 항행과 사냥을 목적으로 고도로 발전했다. 특히 맹금류인 경우에는 색깔을 구별하는 능력이 있다. 조류의 청력은 가령 올빼미와 같은 야행성 조류의 몇 가지 예외를 제외하고는 포유류보다는 덜 민감하다.

　조류는 먹이에 대해 미각을 갖고 있는데, 이것은 포유류와 비교해서 수적으로 얼마 되지 않는다. 예를 들면 갯벌에서 먹이를 찾는 섭금류가 있지만 냄새로 인한 먹이 사냥보다 촉각에 의한 기대가 진화되었다.

　조류는 눈에 의한 삶의 기대가 어느 동물보다 높다. 그래서 대개의 경우 먹이사슬의 하위층 조류는 눈의 위치가 양쪽 편에 위치하고 있다. 이는 천적으로부터의 방어가 수월하기 때문이다. 일반 조류의 경우 눈의 위치로 볼 수 있는 범위는 대단히 넓다. 앞쪽을 향해 있어도 대부분 뒤쪽의 사물을 볼 수 있다. 그러나 부엉이나 올빼미 종류는 두 눈이 앞쪽을 향해 있으므로 보이는 시각이 앞면만 볼 수 있는 반면, 정확한 거리 측정으로 먹이를 사냥하는 데 유리하다. 이들은 이러한 눈의 좁은 시야를 보완하기 위해 목이 360° 회전 가능하다. 이러한 눈의 위치는 살아남기 위해, 또는 먹이 사냥의 정확도에 따라 그들의 삶에 대단한 역할을 하고 있는 것이다.

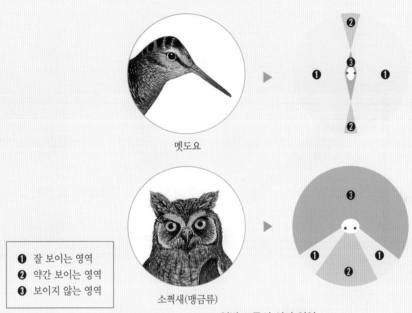

멧도요

❶ 잘 보이는 영역
❷ 약간 보이는 영역
❸ 보이지 않는 영역

소쩍새(맹금류)

일반 조류의 시야 영역

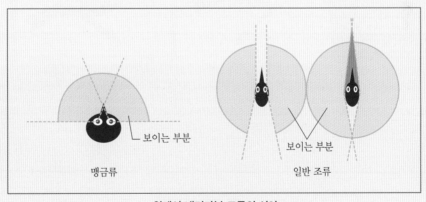

보이는 부분

맹금류

보이는 부분

일반 조류

위에서 내려다본 조류의 시야

애완조 기르기 2

왜 새를 기르기 시작했을까?

　우리의 조상들은 먹이를 얻기 위해 새를 기르기 시작했다. 또한 오락적 만족을 위해 사냥을 목적으로 길들여진 맹금류의 경우에는 단백질 공급을 위한 수단으로 사육되었다. 이러한 이유로 조류 사육은 고대 이집트까지 거슬러 올라가며, 우리 선조들도 이와 같은 이유로 송골매를 사육했다. 지금도 일부 국가(몽골)에서는 아직도 사냥하는 데 맹금류를 이용하고 있다.

　르네상스와 신세계가 발견되고 그곳에서 서식하고 있는 앵무류의 매력이 알려지면서 새는 귀족이나 부호들에 의해 '애완동물'로 인기가 높아졌다. 특히 말하는 재주를 가진 앵무류인 '회색앵무'는 런던 근처 헨리 8세가 살던 궁전에서도 사육하게 되었다. 한편 찰스 2세(1649년 청교도혁명 때 처형)의 왕비가 소유했던 회색앵무는 죽어서 17C에 박제되었는데, 조류 표본된 박제품으로는 세계 최초의 것으로 기록되고 있다. 19C에는 카나리아가 사육되기 시작하였고, 20C 초반까지 계속 번창했으며, 이때 나타난 것이 '사랑새(잉꼬)'의 등장이다. 1950년에 이후 항공 산업의 번창으로 급속하게 많은 조류 종들이 전 세계로 운송되는 결과를 낳게 되었다. 이것은 이국의 새들에 대한 호기심과 흥미의 고조로 널리 사육조의 붐이 일게 된 것이다.

　처음에는 장식을 목적으로 사육되었지만 지금은 필요에 의해 많은 종류의 새들이 새장과 금사에서 자유롭게 번식하고 즐김으로써 생활의 활력과 조류에 대한 생태 및 습성에 대한 새로운 지식을 제공받고 있다.

조류와 다른 동물들의 국제적 매매는 CITES(멸종 위기에 있는 동물군과 식물군의 국제 매매에 관한 협약) 합의 조건에 의해 엄격하게 규제되고 있다. 한편 규제된 운송 기준은 '국제항공운송협회 규칙'에서 정하며, 이것은 정기적으로 재검토된다. 대부분의 수출국들은 할당량을 부과하고 거두어들이며, 오직 허용하는 제한된 수의 새들만이 해외로 송출된다. 이러한 매매는 전체의 개체군을 고갈시키지 않는 것을 보장한다. 이런 유형의 야생생물 관리는 차례로 보호 계획에 적립되는 기금으로서 이용되는 국가 세원의 증가로 주위 환경을 보호하는 데 일조하고, 농경지에서 유해한 종들을 잡는 데 귀중한 자원을 소모하는 대신에 농부들은 그런 조류를 수출함으로써 농작물에 대한 피해 보상을 어느 정도 얻을 수 있게 되었다.

전 세계에 침체된 상태의 아마존 강부터 황홀한 뉴욕의 아파트나 세련되지 않은 정원을 가진 한국에 이르기까지 수천만의 사람들은 커다란 기쁨을 조류 사육을 통해서 얻고 있다.

몇 세기가 지난 오늘날에야 새를 돌봄으로써 확실히 건강에 도움을 준다는 실체를 보여 주기 시작했다. 한 쌍의 새는 젊은이와 노인에게 큰 기쁨의 원천이 될 수 있고, 매혹적인 새장은 정원에서 휴식의 시간을 제공할 수 있다. 한 애완조(사랑새) 사육자는 자신이 갖고 있는 새의 보살핌이 인간의 육체적·정신적 행복의 중요한 발전으로 이끌 수 있는가를 다양한 연구로 보여 주고 있다. 이러한 취미 생활은 새들을 실내에서 또는 정원의 금사에서 기르든 간에 틀림없는 사실이다.

사조(飼鳥)의 역사

인간이 새를 가금화하여 기르기 시작한 것은 3000~4000년 전으로 거슬러 올라간다. 고대 이집트나 고대 중국에서 사육한 흔적은 여러 경로에 의해 밝혀졌다. 인간과 새가 아주 오래 전부터 관계를 맺어 왔다는 사실은 각종 유물이 증명하고 있다. 동물과 인간과의 유대는 문명사회에서만 이루어지는 것은 아니다. 고대 사회의 많은 부족들이 치장과 권위의 상징으로 깃털을 이용했는가 하면, 신분을 상징하는 데도 이용했다. 아메리카 대륙의 인디언과 남아메리카에서는 인간이 이곳에 정착한 초기부터 앵무새를 애완동물로 사육한 것으로 밝혀졌다.

새들이 인간을 매혹시킨 이유들은 수천 년을 내려오면서 전통적으로 그 효력을 발휘하고 있다. 아시아에서는 붉은 깃털의 야생 닭을 길들인 것처럼 새도 기르고, 식용으로써의 신선한 육질과 달걀도 얻어 풍부한 식자원과 양질의 영양분을 얻는 데 인간에게 크게 기여했다. 붉은 야생 닭은 가금화로 성공한 이래 세계 전역으로 퍼졌다. 그리고 상업적인 품종은 차치하고라도 심미적인 차원에서의 발전은 수많은 새로운 품종을 작출하는 동력이 되었다. 그들의 매력적인 모습 이외에 인간의 정서적 자양분까지 제공하게 된 것이다.

'변종(變種, A variety)'이라고 하는 가축의 품종 개량은 빅토리아 여왕 시대에 처음 유행하기 시작하였다. 19C 말 오스트리아 수도사인 그레고리 멘델의 업적으로 제공된 유전학은 '유전법칙'의 틀을 구축하였고, 이를 통한 통찰은 그전까지와는 전혀 다른 가능성으로 품종 개량에 박차를 가하는 괄목할 만한 기원을 이루게 하였다.

　품종 개량은 많은 종의 새들에서 선택적으로 시도되고, 육체적 외형이 더 큰 범위로 개량되었다. 같은 조상으로부터 다른 두 종류로 분리되었다는 것은 믿기 어려울 만큼 경이로운 일이다. 색상과 체형의 변이는 애호가들의 기호를 충족시키기에 충분했다. 특히 앵무과의 경우가 그렇다. 모란앵무와 사랑새의 색상 변이는 색이 다양해짐으로써 많은 애호가를 양산하는 데 기여함은 말할 것도 없다.

일반적인 애완조의 종류와 선택

애완 조류의 선택은 사람의 취향에 따라 다르다. 일반적으로 새를 고를 때는 건강하고, 기르기 쉽고, 값이 저렴한 것부터 선택하는 것이 좋다. 새들은 종에 따라 핀치류(Finch, 금복과), 앵무과, 비둘기과, 카나리아류 등 여러 종류가 있다. 이들 중 가장 무난한 것으로는 십자매나 문조·소문조가 있고, 앵무과에는 사랑새(잉꼬류)와 모란앵무, 그리고 비둘기과에는 박설구와 공작비둘기, 자코뱅(Jacobin) 등 다양하다.

말 흉내내기로 관심을 끄는 중대형 앵무는 인기 있으나, 이 새는 값도 비쌀 뿐만 아니라 초보자가 기르기에는 좀 무리이다. 앵무새들은 말을 흉내 내고 또 다양한 재주를 부려서 애조가의 욕구를 충족시키기에 아주 매력적이다. 그러나 이들을 선택하기에 앞서 반드시 알아 두어야 할 몇 가지 원칙이 있다. 사실 앵무목(目)의 새를 구입할 때에는 어린 새를 선택하는 것이 최선의 방법이다. 요즘에는 가금화되어 개체 수가 증가 추세에 있어 사육자로부터 직접 적합한 새를 얻기가 쉬운 편이다. 인터넷상에 많은 종류의 새들에 대한 정보가 사육자들에 의해 공개되고 있기 때문이다.

앵무목은 몇몇 종류에 있어서 지저귐의 목록과 모방력이 다른 것들에 비해 월등하다. 특히 회색앵무는 낯을 가려 부끄러워하지만 일반적으로 가장 재능 있는 새이다. 그들의 자연스러운 지저귐은 다른 앵무새보다도 조용하여 이웃에 피해를 주는 일이 없다. 아마존의 앵무새는 강한 소리를 갖고 있는데, 규칙적으로 아침과 저녁에 듣기 싫은 날카로운 소리를 낸다. 잘 길들여진 새라도 그런 행동을 방지하기는 매우 어렵다. 그래도 잘 길들일 수 있고, 함께 즐기며 살 수 있다. 또 이 앵무새는 분명한 어조로 말을 하는데, 여러 마디의 말도 구사할 수 있다.

유황앵무(Cockatoo) 또한 귀에 거슬리는 소리를 낸다. 특히 인도네시아 뉴기니 일대의 몰루카(Moluccas) 제도는 가장 나쁜 시끄러운 소리를 내는 새들의 종이 많기로 낙인찍힌 서식지이다. 유황앵무는 변덕스러워 믿을 수 없고, 길들여지더라도 만지는 사람을 물 수도 있다. 또 몹시 흥분할 수 있으며, 능숙하게 말하지는 못하지만 훈련에는 고도로 반응한다. 영국과 미국 두 나라에서 유황앵무가 작은 자전거를 타고 관중 앞에서 묘기를 보여 준다.

남의 말을 잘 듣는 마코앵무는 목적에 맞게 적합한 새장을 만들어야 하고, 고가의 값을 치러야 구할 수 있다. 그래서 가정에서 기르기에는 어려움이 있다. 마코앵무는 제한된 면적에서는 큰 소리가 더욱 큰 결점으로 작용한다. 작은 마코앵무는 색상이 그리 인상적이지는 않지만 큰 마코앵무의 결점을 피할 수는 있다. 비록 어린 새지만 몇 개의 단어로 주인에게 헌신적이다. 덜 알려진 열대의 앵무과 중에서 호주산 중형 앵무류(Pionus parrot)는 애완용 새로서 명성이 있다. 이 새는 아마존의 앵무새 종류보다 비교적 작고 조용하다. 색상은 화려하지만 선명하지는 않고, 매혹적이며, 말하는 것을 배울 수도 있다. 색상이 화려한 호주산 중형 앵무는 어린이를 위해 애완 조류로서 더 큰 만족을 줄 수 있고, 몇 마디를 할 수 있는 능력도 있어 애완 조류로서 적당하다.

왕관앵무(Cockatiel)는 특히 겉모양이 유황앵무(Cokatoo)와 매우 비슷한 루티노(Lutino)의 변화로, 애완 조류로서 인정받기 쉬웠다. 왕관앵무는 매혹적인 목소리를 가진 새로, 쉽게 길들일 수 있다. 그리하여 주위 환경에 거슬리지 않고 사람들에게 믿음과 신뢰를 준다.

수입 제한으로 큰 앵무새가 많지 않은 오늘날, 호주산 모란앵무는 애완 조류로 폭넓게 사육되고 있으며, 상당한 숫자가 매년 사육자에 의해 대량 생산되고 있다. 이 새는 제한된 단어를 발전시킬 수 있으며, 매우 유순하여 명성은 널리 알려져 있지만 높게 평가되지는 않는다. 사육된 새의 다양한 색상은 그 인기와 가치가 상당히 떨어졌다. 왜냐하면 다른 새들과의 조합에 의한 대량 생산으로 그 색상의 품질이 떨어졌기 때문이다. 특히 한국의 사육자에 의한 무분별한 사육은 원종의 순수한 혈통 가치를 저하시키고 있다.

아프리카 본토의 앵무새 종류는 인기 있는 세네갈앵무와 중형 앵무들을 포함한다. 성장한 새는 매우 거칠고 애완용으로는 만족스럽지 않으나 사육에 의해 번식된 어린 새는 애완용으로서 가치가 높다. 이들 새의 자연스러운 지저귐은 듣기에도 흥미롭다.

꼬리가 긴 아시아의 앵무인 패러키트(Parakeet)는 애완용으로서 가장 적합하며, 어떠한 환경에서도 좋은 애완 조류가 될 수 있다. 이 새의 소리는 크지만 자주 소리를 내지는 않는다.

앵무과의 자주머리앵무(Plumheaded Parakeet)는 일반적으로 좀 신경질적이다. 이외에 재미있는 친구가 될 수 있는 아시아의 앵무과에는 로리(Lory)와 로리키트(Lorikeet)가 있다. 이 새들은 특히 배설물이 더러워서 매일 2~3번씩 새장 청소를 해야 한다. 또 새장은 주위의 가구 손상을 방지하기 위해 가려 주어야 한다.

사랑새(잉꼬)는 예외적으로 모든 사람들에게 인기 있는 애완 조류다. 전 세계적으로 수백만 마리를 가정에서 기르고 있다. 그들의 생기 있는 재잘거림과 온화함과 신뢰할 수 있는 믿음은 보편적인 매력을 발산하고 색상에 대한 다양성에 선택의 폭이 넓어 사육자 사이에서 그들의 진가를 유감없이 발휘한다.

새장 고르기

　가정에서의 애완 조류는 사육자가 제공하는 환경에 영향을 많이 받는다. 우선 가능한 한 큰 새장(Cage)을 선택한다. 새장의 모양도 다양한데, 대량 사육자에게는 직사각형의 모양이 가장 좋다.

　조그마한 앵무 또는 왕관앵무의 경우는 간격을 두는 창살은 위험해 큰 새장에서 사육된다. 때문에 전통적인 정사각형의 새장은 새들의 운동에 방해가 된다. 너무 넓은 간격은 새들이 머리를 내밀어 걸릴 수도 있다.

　일반적으로 화려한 새장은 적합하지 않다. 예를 들어 핀치류를 위해 거래되는 높고 둥근 새장은 비행 공간을 확보하고 수평으로 놓여 있기 때문에 더욱 좋다.

　가정에서는 매혹적이며 기능적인 새장을 얻기가 가능한데, 넓은 면적의 형태로 유연성 있는 모형이 추천된다.

　앵무류는 약간의 비행 공간이 허용되는 곳에서 사육하는 것이 좋다. 넓은 새장에서 사는 새들은 비좁은 환경에서 사는 애완조보다 깃털을 잡아 뜯는 나쁜 버릇으로 죽는 경우가 적다.

알맞은 횃대의 선택

    새에 맞는 횃대의 사용은 대단히 중요하다. 적당한 굵기의 횃대는 필수적인데, 이는 새가 횃대를 움켜쥐고 안전하게 힘을 받음으로써 수컷이 암컷의 등 위에 올라가 안전하게 교미를 이룰 수 있다. 또 표준적인 지름의 횃대가 아닐 경우, 발바닥에 불룩한 압점(壓點, Pressure Spot)이 생성될 수 있으므로 신중해야 한다.

    비교적 무거운 횃대를 사용할 경우, 피부가 까진 부분을 부리로 쪼는 버릇 때문에 상처가 나서 세균 감염을 일으킬 수 있다.

    플라스틱 횃대가 널리 이용되고 있는데, 이 횃대는 씻기는 쉬우나 단단한 질감 때문에 모든 새들에게는 매우 불편한 것이다. 그래서 새들은 마지못해 횃대에 앉거나 대부분의 시간을 새장 창살에 매달리고 새장 바닥에서 보낸다.

    자연적인 상태의 가지는 새장의 기구 배치에 있어서 가장 중요한 선택이다. 왜냐하면 나뭇가지는 새들의 다리뿐 아니라 부리를 위해 운동할 수 있는 여건을 제공해 준다. 또한 생으로 잘린 나무는 쪼개짐이 거의 없어 보다 안전하다. 나무로 된 횃대는 부리를 정상적으로 유지하는 데 도움을 준다. 깃털 뜯기와 같은 문제와 결부된 권태의 위험을 감소시키는 데는 물기 있는 나무횃대가 좋다. 사랑새(잉꼬)와 같은 새도 적당한 나뭇가지의 껍질을 벗기는 것이 좋다.

    횃대로 사용될 나무의 지름은 앞발톱이 다리의 뒷부분을 파고 들어갈 정도로 작아서는 안 된다. 또 횃대는 발가락으로 나무를 꽉 쥐지 못할 정도로 너무 굵어서도 안 된다.

습관 들이기

새가 새로운 집에 적응하는 데는 적어도 1주일 이상이 걸릴 수 있다. 특히 어린 새는 처음 며칠 동안 스스로 먹기를 꺼려한다. 그러므로 먹이는 반드시 잘 보이게 한다.

사랑새(잉꼬)와 카나리아는 먹이 그릇이 낯설면 익숙지 않아 대부분 먹는 것을 꺼린다. 이럴 때는 용기 근처에 먹이를 조금 뿌려 준다. 그러면 새들은 관심을 갖게 되고, 곧 자발적으로 먹이를 먹기 시작한다.

새장 안의 열매 껍질과 배설물은 새의 식욕을 떨어뜨린다. 또 새의 녹색 배설물은 새가 적당량을 먹지 않았음을 알려 준다. 윤기 있는 깃털이 아닌 부풀린 깃털은 단정치 못하고 윤기도 없어 힘없어 보인다. 특별하게 손으로 사육된 앵무새(손노리개)의 경우, 어떤 갑작스런 먹이의 변화는 푸른색의 배설물과 부풀린 깃털과 같은 유사한 징조를 갖게 되는 소화의 부조를 촉진하는 때와 긴급한 가축병 치료가 요구될 때 이러한 현상이 나타나게 된다.

날개깃 자르기

　새들의 비상(飛翔) 깃털을 자르는 것은 날기에 장애가 될 수 있고, 이것은 연습 능력을 감소시킨다. 그런데도 새장에 앉아서 날개를 힘 있게 퍼드덕거리는 것은 아직까지 날개근을 사용하고 있기 때문이다.

　비상 깃털을 자르는 방법은 다양하지만 일반적으로 제한된 비상력을 갖고 있는 오직 하나의 날개를 제거한다. 이는 새로 하여금 날개를 움직일 수는 있게 하지만 어떠한 문제도 야기되지 않으며, 새로운 깃털이 재생될 때까지 일시적인 억제 방법이다. 그러나 날개깃 자르기는 새가 털갈이할 때 주의를 요한다. 이유는 날개에 피를 공급받음으로써 잘린 깃털이 재생되고 그리하여 날 수 있게 되기 때문이다. 새의 우간(羽幹)이 핑크빛으로 변할 때가 털갈이 징조이며, 만약 이 단계에서 날개 깃을 자른다면 심한 출혈이 생기므로 주의를 요한다.

　수입된 앵무새는 종종 비상 깃털이 잘려 있어서 새장 밖으로 꺼낼 때 안전하며, 손으로 사육된 새끼들은 수입된 새보다 덜 신경질적이다.

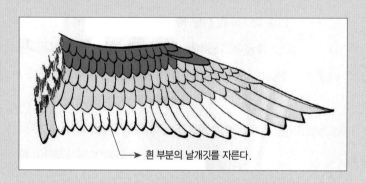

→ 흰 부분의 날개깃을 자른다.

새 구입하기

　새로운 새를 구입하여 기르려면 그 새들의 건강, 식성, 먹이의 종류에 대한 선호도를 점검할 수 있도록 가급적이면 2주 동안 개별 새장에서 살게 한다. 이것은 특히 최근에 수입된 군체에 적합한 조치이다.

　특히 약한 부리를 가진 새들에게는 먹이의 갑작스런 변화를 가볍게 주도록 한다. 그렇지 않으면 소화기에서 박테리아의 변질이 있을 수 있고, 그렇게 되면 질병을 일으킬 가능성이 크며, 이때 새는 추가적으로 스트레스를 받게 된다. 호주 앵무라면 이 단계에서 기생충을 제거해 주는 것은 현명한 일이다. 초기 단계에서는 아무 문제가 없지만 점차 문제가 일어날 수 있기 때문이다.

　새로 구입한 새를 혼합장에서 다른 새들과 함께 합사하게 된다면 가급적이면 주말이나, 혹은 누군가 가까이 있을 때 집어넣고 다시 면밀히 살핀다. 왜냐하면 텃세로 인해 새로 유입된 새가 궁지에 몰리더라도 싸움으로 인한 어떤 피해도 입지 않도록 하기 위해서이다.

　먹이를 주는 적당한 위치도 매우 중요한데, 새로운 새들 근처에 여분의 먹이그릇을 놓아두어야 한다. 강한 놈이 유일한 먹이그릇을 독점할 때는 사육장 주위에 몇 개의 먹이그릇을 더 놓아둔다. 물그릇도 마찬가지이다.

　싸움은 특히 번식기에 일어나기 쉬운데, 이때는 중간에 새로운 새를 넣는 것은 삼가야 한다. 혼자 있는 새는 암수 한 쌍으로 있는 새보다 더 괴롭힘 당하기 쉽고, 그 괴롭힘은 한 쌍의 새 중 하나를 잃을 수도 있게 된다. 이러한 소동을 최소화하려면 혼자 있는 새를 따로 분리한다.

환경의 순응

어떤 새는 다른 새보다 유난히 까다롭게 관리해야 한다. 이것은 단지 관련된 지역 환경에 따른 기후 등에 의존하는 상대적 차이에 기인한다. 이때 새의 한계를 실험해서는 절대로 안 된다. 만약 의심이 들면 설사 잘못되더라도 먼저 주의를 기울이는 것이 낫고, 겨울이 오면 따뜻한 실내로 옮겨야 한다. 특정한 조류에게는 미리 겨울에 적응하도록 배려해 주는 것이 좋다.

작은 새들에게는 최하 10℃ 이상의 온도를 유지해야 한다. 온도가 10℃ 이상이 되는 낮에는 밖에 두고, 밤에는 아늑한 사육장의 안전한 곳에 두도록 한다. 새들이 먹이를 먹고 체온을 잘 유지하도록 하려면 추가적인 빛이 필요하다. 대략 하루의 일조 시간은 10시간 정도가 적당하다. 이용할 사육장 시설이 없다면 가급적 큰 새장에 옮겨 실내에서 겨울을 나게 하는 것이 좋다.

특히 수입된 새는 환경 적응에 추가적인 주의가 필요하다. 늦어도 6월까지 새의 사육장이 완성되어야 한다. 적어도 바깥에서 겨울을 보내도록 해서는 안 된다. 새들은 최저 온도가 10℃ 이상으로 올라가야 바깥 사육장에 풀어놓을 수 있다. 안전한 상태가 유지된다면 수입한 새들에게는 외지 사육장이 좋다.

새의 깃털에 물이 배지 않도록 하려면 깃털에 기름이 부족할지도 모르므로 외부에 처음 놓아둘 때, 특히 소나기 후에는 면밀한 주의가 필요하다. 기름은 꼬리의 기부에 있는 기름선에서 분비되며, 깃털을 치장하는 중에 온몸으로 퍼진다. 어떤 새들은 비가 오는 것을 보고 너무 좋아해서 날 수 없을 정도로 흠뻑 젖어버린다. 그래서 새들의 깃털 아래에 있는 기층의 격리 효과(隔離效果)를 빼앗겨 곧 몸이 차가워진다. 만약 새들이 물에 흠뻑 적시지만 않는다면 실내에서 생활하는 새들에게 가끔 물안개를 뿌려 주는 것은 이러한 문제를 막는 데 유용하다.

앵무새
겨울나기

약한 부리를 가진 조그마한 새들이 일반적으로 온기 없이 외부에서 겨울을 나는 것을 기대해서는 안 된다. 그러나 큰 새들은 불안해 보이지 않는다면 일단 적응된 사육장에서 겨울을 날 수도 있다. 이들 새의 먹이에는 다음과 같은 것을 포함해야 한다.

- 고기와 밀웜(Mealworm)과 같은 동물성 먹이를 준다.
- 약간의 치즈와 마카로니도 1년 중 이때에는 유용하다. 왜냐하면 추위를 막을 수 있는 많은 지방질을 함유하고 있기 때문이다.
- 삶은 감자와 당근을 줄 수도 있으나 너무 좋아하지 않도록 해야 한다.

추운 날씨에는 동상(凍傷)의 위험이 있다. 동상은 심한 경우에 발가락을 잃게 되며 새를 불구로 만들 수 있다. 예방 조치로서 동상 위험이 있는 새는 밤이 되면 사육장 보호처에 둔다. 이때 새들과 함께 있기를 좋아하는 큰부리새와 같은 조류를 상자에 같이 넣어 준다.

동상에 걸린 새는 횃대에 앉기를 꺼려하므로 즉시 따뜻한 곳으로 보낸다. 처음에는 혈액 순환을 위해 새의 발을 10분마다 문질러 주는 등 꾸준히 노력해야 한다.

만약 이런 치료에 실패하면 약 2주일 후 동상 걸린 발가락은 손실될 수도 있다. 새들의 동상을 미연에 방지하려면 새장을 비닐로 가려 냉기가 사육장 안으로 들어오지 않도록 조치하는 것도 좋다.

새의 소화기관

새는 단일 소화기관을 갖고 있다. 소화는 '모래주머니'라고 하는 기관에서 담당한다. 이빨이 없는 대신 힘찬 부리가 있고, 모이주머니는 모래를 저장하여 들어온 먹이를 꿈틀운동으로 잘게 부수는 단단한 근육으로 싸여 있다.

부리로 씨앗의 껍질을 까서 삼킨 먹이는 모래주머니에 보관된 모래에 의해 으깨지고, 압축된 단단한 근육의 꿈틀운동으로 잘게 부숴진 다음 소화가 촉진된다. 그래서 씨앗을 먹는 새에게 깨끗한 모래가 필요한 것이다.

모래는 새의 모래주머니 속 산성 상태에서 쉽게 녹아서 필요한 미네랄을 공급해 주는데, 알 낳는 암컷의 미네랄 양이 고갈되는 시기에 상당히 유용하다. 미네랄인 칼슘의 원천은 오징어 뼈로, 이는 모든 핀치류(금복과)와 특히 앵무과에 필요하다.

곡류를 먹는 새의 소화기관

씨 먹는 새의 모이주머니는 억세고 모래같이 날카롭고 딱딱한 것을 이겨낼 수 있는 질기고 단단한 근육질로 싸여 있다. 그리고 딱딱한 늑골이 보안까지 해 준다.

육식조(肉食鳥)의 소화기관

소화는 직선적이며, 먹이는 으깰 필요가 없다. 그래서 모이주머니 벽은 비교적 연하고 얇다.

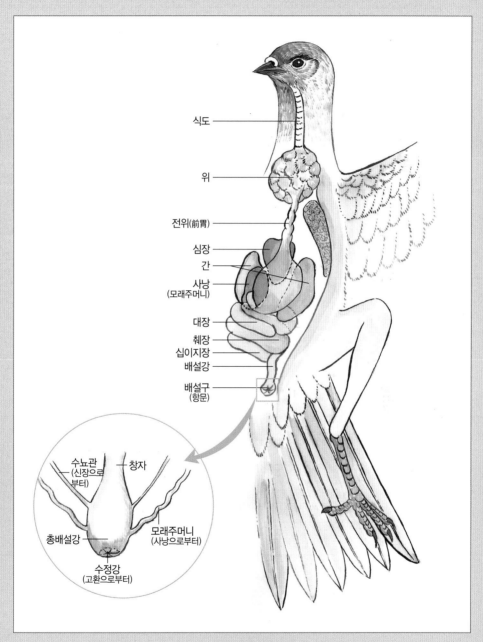

식도

위

전위(前胃)

심장

간

사낭
(모래주머니)

대장

췌장

십이지장

배설강

배설구
(항문)

수뇨관
(신장으로
부터)

창자

총배설강

모래주머니
(사낭으로부터)

수정강
(고환으로부터)

새의 소화기관

모래

씨앗을 먹는 종에게는 거친 씨앗을 부술 수 있도록 적절한 모래의 공급이 필요하다. 이 모래주머니는 마치 치아 같은 역할을 하는 것으로, 먹이는 잘게 부서져 소화되기 쉽도록 하고, 이 조직의 매개체인 산성의 씨앗과 낟알은 모래와 섞여 소화 효소를 받아들여 씨앗에 있는 복잡한 성분은 개별적인 아미노산 같은 비교적 단순한 물질로 분류된다. 이 먹이는 작은 내부의 벽을 통해 흡수될 수 있다.

씨앗을 먹는 새들이 섭취한 모래는 기본적으로 두 가지 범주로 구분될 수 있다. 용해되지 않는 단단한 모래는 비교적 오랫동안 모래주머니에 남아 있다. 빻은 굴 껍데기와 같은, 즉 더욱 잘 녹기 쉬운 석회석 모래는 아주 빨리 부서진다. 이것은 새들에게 있어 미네랄의 근원으로 작용한다. 검은 나무 구조의 조각으로 알려진 부서진 목탄(숯)은 소화의 도우미 역할로서 약간의 보호를 해 줄 수 있으므로 모래와 함께 이용된다.

오징어 뼈

인을 함유한 것과 연결하여 칼슘은 특히 새의 번식 기간 동안 중요한 미네랄이다. 칼슘은 대부분이 알껍데기로 구성되며, 어린 새끼의 건강한 뼈 구조 형성에 도움을 준다. 오징어 뼈는 어느 칼슘보다 양호하다. 매끈하게 벗겨진 비교적 많은 수의 알, 또는 정상적인 알로부터 부화한 병아리에게서 칼슘의 결핍은 차후 골격의 약함으로 나타난다.

씨앗을 먹고 흡수한 칼슘을 보충하기 위해 전 세계 사육자들은 오징어 뼈를 사용하고 있다. 오징어 뼈는 어시장에서 쉽게 얻을 수 있다. 이 오징어 뼈는 대부분 생선 기름에 오염되어 있으므로 깨끗이 씻어 말린 다음 제공되어야 한다.

먹이의 유형과 균형 잡힌 먹이

조류 사육에 있어서 먹이는 굉장히 중요하다. 새들의 먹이 습관과 종류는 매우 다양하여 각양각색이며, 적절한 먹이의 공급은 사육조의 건강과 성공을 보장받는 중요한 요인이다.

새의 먹이는 핀치류와 앵무과 대부분의 종과 같이 곡물을 먹는 새(Seedeater)들의 먹이를 '하드빌(Hardbill)', 질기고 딱딱한 먹이와 그 외 다른 종은 식물의 종자로만 살아갈 수 없다는 것을 강조하여 '소프트빌(Softbill)'로 분류한다.

후자의 종류로 예를 들어보면, 벌새와 태양조(鳥) 들이 꿀샘에서 꿀을 먹는 종이 있고, 큰부리새와 같이 과일을 먹는 새도 있다. 먹이 관계로서 다양한 종류의 먹이 조섭 필요에 따라 새의 종류가 다양하다. 예를 들어 핀치류는 특히 번식 기간에 씨앗뿐만 아니라 벌레와 야채 같은 것도 먹어야 한다. 어떠한 종류의 새도 한 가지 먹이로는 살아갈 수 없다.

먹이의 유형

부드러운 먹이

구관조처럼 씨를 먹지 않는 품종의 새 먹이로는 어느 정도 마른 곤충과 물고기 먹이 같은 다른 성분을 포함한 벌류의 먹이가 있다.

구관조의 먹이는 다른 새의 먹이보다 지방 성분이 적다. 이 종은 필히 풋과일과 같은 일반적으로 지방이 혼합되지 않은 것을 먹인다. 부드러운 먹이는 물과 섞어 반죽해서 먹이는데, 경단처럼 둥글게 만들어 급여하기도 한다.

살아 있는 먹이

일반적으로 야생종은 다양한 곤충과 무척추동물을 잡아먹고 산다. 많은 종의 핀치류는 특히 그들이 번식할 때, 또는 육추 시 결핍되기 쉬운 아미노산을 보충 받아야 한다.

비록 필수아미노산을 다른 방법으로 제공할 수 있고, 같은 영양소의 대용물이 이론적으로 육추에 지장이 없다 할지라도 새의 본능은 성공적인 번식을 위해서 살아 있는 생식이 공급되어야 한다.

특히 부화된 어린 새끼의 생식 결핍은 정상적인 발육에 저해가 된다. 어미는 생식을 갈망하는 욕구가 너무 커서 심지어는 실수로 그들 자신의 새끼를 먹을 수도 있다.

요즘은 이런 문제를 해결하기 위해 살아 있는 먹이를 구입할 수 있다. 그러나 장기적으로 볼 때 사육자가 직접 손수 재배하는 쪽이 더 낫다.

과즙

과즙은 비타민을 보충하는 먹이로, 소프트빌 혼식이다. 보통 가정에서 만든 것보다 판매용 특정 과즙을 이용하는데, 효과적인 사용을 위해 설명서를 참고하면 좋다. 매일 필요한 양만큼 가정에서 만들 수 있다면 오래된 판매용 제품보다 더 좋다. 과즙은 핀치류뿐만 아니라 특히 진홍앵무나 그 종류의 어떤 새들에게도 필수적이며, 병든 새나 어린 새 또는 어미 새에게도 유익하다.

비타민과 미네랄

비타민과 미네랄의 조제품인 다양한 종류의 강장제가 현재 판매되고 있다. 하지만 함부로 사용하는 것은 피해야 한다. 과량 섭취는 위험을 초래할 수 있다. 리진 같은 필수아미노산에 비타민과 미네랄을 함유한 적당한 약을 찾아서 지시된 대로 급여한다. 대부분 가루 형태이므로 마실 물에 용해되는지 비교해 본다. 가루 형태는 과일이나 야채류에 뿌려 쉽게 복용할 수도 있다.

균형 잡힌 먹이

균형 잡히고 건강에 좋은 먹이 조섭은 새의 성장에 중요한 역할을 한다. 곡류는 일반적으로 비교적 높은 탄수화물을 함유하고 있다. 또 단백질 수준은 대단히 낮으므로 번식 기간에는 그렇게 중요하지 않다.

단백질은 털갈이 기간뿐만 아니라 재생과 성장하는 동안 몸의 세포를 적극적으로 합성할 때 많은 양이 요구된다. 단백질은 개별적인 아미노산(Amino-Acid, 아미노산 찌꺼기)으로 구성되는 복잡한 산물이다. 약간은 체내에서 합성되지 못하므로 결핍되지 않도록 먹이 조섭으로 공급한다. 동물성 단백질은 식물성 단백질보다 아미노산을 많이 함유하고 있다. 따라서 곡물을 먹는 새가 번식기에 잡식이 되고, 가끔 많은 양의 벌레를 왜 섭식하는지 그 이유가 된다.

지방은 지방 자체의 중요한 기능을 가졌을 뿐 아니라 초과된 탄수화물을 저장하는 효과적인 수단이 된다. 예를 들어 지방은 외상에 대해 몸 조직을 보호하는 데 도움을 준다. 미시적 수준에서 잠재적인 얇은 막의 파손을 막기 위해 지방의 혼합물은 개별적인 세포벽(Cell wall)에 필요한 성분이다. 그렇지만 과량의 지방 섭취는 새에게 심각한 결과를 초래하여 어떤 종류는 특히 비만에 걸리기 쉽다. 그렇지만 겨울 동안에는 먹이 조섭에 있어서 비교적 지방의 수준(함유)을 증가시킨다. 이는 체온을 유지하는 데 도움을 주기 때문이다. 지방은 이러한 목적으로 매우 농축된 힘의 근원을 제공한다.

곡 류

수수나 기장은 식물 씨앗의 혼합에서 쉽게 구별될 수 있다. 따뜻한 지역에서 나는 수수는 둥글고, 빨강에서 노랑까지 색상이 다양하다. 수수의 혼합물은 특정 지역의 씨앗에서 나타날 수 있는 영양 결핍을 보상하는 데 도움을 주므로 카나리아 씨드에 적용할 수 있다. 이것은 캐나다, 북아프리카, 호주와 같이 멀리 떨어진 나라에서 다른 곡류의 대처 농작물로 생산되며 상업적으로 생산된다.

벼와 귀리, 밀과 같은 곡류들은 많은 종류의 새들에게 중요한 식자원이 된다. 특히 옥수수는 빼놓을 수 없는 먹이로, 노랑 형태의 곡물은 비타민 A의 원천으로서 가치가 있다. 옥수수는 물에 불려 부드러워질 때까지 계속 끓여야 한다. 딱딱한 옥수수는 큰 앵무새에게는 건조한 상태로 공급할 수 있으나 부리가 약한 새에게는 부드럽게 급여해야 한다.

땅콩류

해바라기씨는 앵무새 씨앗 혼합물에서 대부분의 성분을 이룬다. 땅콩도 잘 알려져 있는데, 이런 것들은 껍질 또는 흐트러진 낟알에서 얻을 수 있다. 껍질은 벗긴 것보다는 벗기지 않은 땅콩류가 건강식품으로서 새에게 더 안전하다. 필요에 따라 적은 양의 해바라기씨를 추가할 수 있다. 새들은 높은 소금을 함유하고 있기 때문에 소금기 있는 땅콩을 급여하는 것은 금물이다.

그 외의 씨앗들

새들의 먹이로서 이용되는 대부분의 씨앗들은 재배되지만 열매가 먹이가 되는 소나무 씨앗(Pine nuts)은 야생에서 수확한다. 그리하여 계속적인 공급은 불규칙적일 수밖에 없다. 1970년대에 전문적인 씨앗 상인에 의해 시장에 처음으로 소개되었고, 현재 공급에 대한 문제는 해결되었다. 그러나 이 경우는 유럽의 경우이며,

우리나라에서는 새 먹이인지 모르고 있다. 큰 등급의 소나무 열매는 일부의 앵무에게 필요한 먹이가 된다. 중국에서 유래된 앵무새뿐만 아니라 핀치류 같은 종에게도 급여하면 좋다. 소나무 씨앗은 가격이 저렴하며 단백질 함유량이 월등하여 해바라기 씨앗에 비해 유리하다.

가끔 앵무새의 혼합된 다른 오일시드(Oilseed)는 잇꽃(Safflower)인데, 이것은 색깔이 갈색이기보다는 차라리 흰색에 가깝다. 잇꽃은 미국, 호주와 중국에서 자란다. 아래의 씨앗은 일반적으로 큰 소나무 씨앗보다는 작지만 카나리아나 핀치류의 먹이 조섭에 지배적인 특징을 이룬다. 평지 씨앗(Rapeseed)은 이런 새들을 위해 혼합 사료의 중요한 성분이다. 빨강 종류의 평지 씨앗은 이런 방법으로 사용된다. 검은 평지 씨앗은 보통 급여하기 전에 적셔 놓아야 한다.

독일 유채(German Rubsen Rape)는 전통적으로 롤러카나리아와 같은 노래하는 카나리아에 공급된다. 카나리아의 부가적인 먹이이지만 아마씨(Linseed 또는 Flaxseed)보다 많이 쓰이기도 한다. 이것은 갈색이며, 타원형과 평편한 모양이다.

강장제(强壯劑) 씨앗

다른 오일 씨앗은 보통 1년에 특정 기간 새에게 공급되는 본질적인 강장제 먹이이다. 예를 들면, 번식 기간 전 암컷에게 공급되는 특별한 먹이들은 산란을 촉진하기 위한 방법과 산란 중 알 막힘의 위험을 감소시켜 준다. 검은 씨앗은 인도의 아시아 대륙에서 재배된다. 토끼풀 씨앗이 새끼를 기르기 위한 먹이로 가끔 추천되기도 한다. 푸른색을 띤 씨앗들은 수분이 함유된 때 거두어 널리 사용한다. 왜냐하면 어린 새끼 새들이 스스로 먹이를 먹을 수 있도록 하기 위해서이다.

젖은 씨앗

젖은 씨앗은 이미 발육되면서 단백질의 양이 증가하고 더욱 소화하기 쉽게 된다. 젖은 씨앗의 준비는 우선, 적은 양의 씨앗을 뜨거운 물에 담가 둔다. 담가 둔 채로 24시간 후 씨앗을 고운 체에 넣어서 깨끗이 씻는다. 그리고 넓게 펴서 싹이 잘 트도록 따뜻한 곳에 놓아둔다.

싹이 튼 씨앗이든 콩류이든 간에 새에게 제공되기 전에는 반드시 흐르는 물에 철저하게 헹구어야 한다. 왜냐하면 젖은 씨앗은 곰팡이 또는 균류의 성장에 이상적인 매개체를 제공할 수 있기 때문이다. 이 먹이를 아침에 급여한 후 저녁에는 용기에서 꺼내야 한다.

푸른 야채(Green Food)

씨앗을 먹는 새들을 포함한 대부분의 새에게 매일 녹색 먹이를 주는 것은 매우 유익한 일이다. 유럽에서는 별꽃식물을 녹색 먹이의 으뜸으로 사용하지만 우리나라에서는 배추 잎과 무 잎과 같은 청채를 먹이로 이용한다. 특히 이들의 잎 중에서 어린 새싹은 새에게 좋은 엽록(잎파랑치) 사료이다.

햇빛이 잘 드는 정원에 여러 종류의 인기 있는 풀씨를 뿌리는 것은 적은 양의 먹이를 수확해 낼 수 있다. 직접 재배하여 먹이로 쓰는 청채는 시장에서 얻을 수 있는 것에 비해 믿을 수 있다. 시중의 푸른 잎 야채는 농약에 오염된 것일 수도 있기 때문이다. 집에서 직접 재배하는 야채에는 반드시 농약을 사용해서는 안 된다.

상추는 소화 장애를 일으킬 수 있으므로 적은 양을 급여한다. 그러나 영양 면에서는 민들레 잎이나 개구리자리류보다 뛰어나다. 민들레나 개구리자리류는 실내에서 잘 자라고 애완용 새에게 좋은 먹이가 된다.

겨울철에는 녹색 먹이를 얻기가 어렵다. 양배추 종류는 갑상선 활동을 억제하는 성분이 있기 때문에 먹이로서 주의할 필요가 있다. 만일 많은 양이 공급되면 새의 신진대사에 악영향을 미칠 수 있다. 겨울철에 잘 자라는 시금치는 좋은 먹이로 손색이 없다. 앵무새는 특히 시금치의 두꺼운 줄기를 갉아먹기를 좋아한다. 시금치는 어떠한 장소에서도 경작이 가능하며 깨끗한 수확물을 얻을 수 있다.

또 가치 있는 채소는 당근이다. 당근은 비타민 A를 많이 함유하고 있어서 씨앗에서 충분히 공급되지 못하는 비타민 A를 섭취하기에 유익하다. 당근은 얇게 썰어 주거나 으깨서 작은 새들에게 준다. 매일 급여하면 새들의 윤기 있는 색을 유지하며 건강에 도움이 된다.

모든 녹색 식물은 다른 동물이나 새에게 먹이기 전에 깨끗이 씻어야 한다. 이는 대기 중의 자동차 매연이나 농약, 또는 납이 식물의 잎이나 줄기에 포함되어 있을 수 있어 안전하지 않기 때문이다. 겨울에 서리 덮인 식물은 서리가 녹은 이후에 먹이는 게 좋다. 그렇지 않으면 소화기계에 장애를 일으킬 수 있다. 번식기에 금화조(Zebra Finch)를 포함한 몇몇 종류의 새에게는 녹색 먹이 제공을 제한해야 한다. 왜냐하면 나무꼭대기에 있는 둥지를 만들기 위해 이미 녹색 먹이를 섭취했을 가능성이 있기 때문이다(유럽의 예).

과 일

새에게는 곡물과 함께 과일을 함께 공급해야 한다. 핀치류나 다른 종에게도 일률적으로 혼합 사료와 과일로는 사과가 기본적인 먹이로 제공된다. 그 이유는, 사과는 사계절 내내 구입 가능하며 값이 저렴하기 때문이다. 영양분의 공급원으로서 과일은 단백질 함량이 낮으며 지방은 없는 반면에 비타민과 다량의 수분이 있다. 때문에 새장 안의 핀치류까지도 건강을 지키기 위해서는 많은 양의 과일을 급여해야 한다. 큰부리새와 같은 좀 더 큰 종의 새는 씨를 빼낸 포도나 체리를 먹일 수 있다. 대부분 씨만 발라내는 것이 쉽겠지만 과일을 잘게 토막 내는 것이 좋다.

핀치류 사육자들 사이에 인기 없는 과일은 바나나이다. 바나나는 끈적한 데다 살찌게 한다. 그러나 완숙되지 않은 바나나는 혼합 사료에 이용해 안전하게 먹일 수 있다. 과일은 익으면서 화학 변화가 생길 수 있는데, 특히 서양 배는 부드러워지면서 독성이 생긴다.

새들의 식성과 기호는 다양하다. 큰부리새가 좋아하는 토마토는 제한된 양을 공급하면 값진 비타민 C의 공급원이 된다. 살구는 새가 좋아하는 과일로, 다른 큰 새들이 모두 먹을 수 있다. 살구는 제철이 지나면 건조된 상태로 구입할 수 있다. 건조된 과일 혼합물을 급여하기 전에 물에 담궈 불린 다음 헹군다. 신선한 과일의 세 배나 칼로리가 높은 여타의 건조 과일, 특히 건포도나 씨 없는 술타나(Sultana) 건포도는 주로 정원에서 키우는 새들에게 겨울 동안에 공급하면 더없이 좋다.

비타민의
기능과 역할

비타민 A : 씨앗에는 비타민 A 함유율이 낮다. 따라서 당근과 푸른 야채를 공급하고 지시대로 먹이를 보충해야 한다. 비타민 A는 간에 저장되므로 결핍증이 즉시 나타난다. 결핍되면 칸디다증(Candidiasis)과 같은 전염으로부터 점막을 보호하지 못한다.

비타민 B 복합증 : 싹이 튼 씨앗은 이스트의 기초 생산물로서 비타민 B_1의 중요한 공급원이다. 어떤 비타민 B, 특히 염산과 비타민 B_{12}는 장내의 박테리아에 의해 합성된다. 과다한 항생 물질의 사용은 이러한 비타민 합성에 해로운 영향을 미칠 수 있다. 결핍되면 영양분의 물질대사에 영향을 미치므로 성장과 건강한 깃털을 위해서 중요하다. 또 신경병의 원인이 된다.

비타민 C : 새는 대부분 스스로 비타민 C를 합성한다. 예외로 직박구리(Red-Eared Bulbul)는 과일을 섭취하여 비타민 C를 얻는다. 비타민 C는 보충 먹이에 대부분 있으므로 결핍은 거의 없다. 결핍되면 건강한 깃털을 유지하는 데 문제가 생기며 전염병으로부터 보호받지 못한다.

비타민 D_3 : 비타민 D_3는 깃털에 내리쬐는 햇빛의 성분인 자외선에 의해 자연적으로 합성된다. 비타민 D_3는 보충 먹이로 충분히 공급될 수 있다. 결핍되면 인과 결합해서 체내 구석구석 칼슘 저장의 유통과 이동에 필수적인 장애를 받는다.

비타민 E : 비타민 E는 맥아 기름의 형태로 공급될 수 있고, 또는 보충 먹이의 일부로써 공급될 수 있다. 결핍되면 신진대사와 성장에 문제가 발생할 수 있다.

비타민 K : 비타민 K는 장내의 박테리아에 의해 합성되나 지금은 인공적인 형태로 널리 이용할 수 있다. 특히 피그패럿(Fig Parrot)과 아메리카가 원산지인 앵무 Bolborhynchus에게는 아주 필수적인 영양소이다. 결핍되면 혈액 응고 과정에서 중요한 역할을 할 수 없게 된다.

환약으로 만든 조그마한 먹이 '펠릿(Pellets)'

미국에서는 특히 구관조의 먹이를 작은 덩어리로 굳힌 환약 형태의 먹이를 개발하여 여러 종류의 새에게 먹인다. 이 환약은 인기 있는 상품이다. 이 먹이는 곤충 사료를 먹지 못하는 핀치류에게 좋은 먹이로 공급되며, 큰부리새와 그와 비슷한 종류의 먹이 조섭에도 꼭 첨부된다.

핀치류에게 환약을 쉽게 먹이려면 접시에 환약을 담아 잠길 정도의 물을 붓고 한시간 정도 불린 뒤에 먹이는 것이 좋다. 불린 환약의 크기가 상당히 커지겠지만 조심해서 다루면 부서지거나 분해되는 일은 없다. 환약으로 된 먹이 조섭은 씨앗을 먹는 새에게도 줄 수 있도록 만들어졌는데, 처음에는 쉽게 먹지 않는 경우가 있다.

환약은 일반용과 번식기용 두 가지로, 번식기용은 단백질 함량이 더 높다. 이 환약은 씨앗만을 먹이는 것보다 훨씬 더 균형 잡힌 먹이이지만 만일 새가 그것을 먹기보다는 으깨는 데 재미를 들이게 된다면 낭비가 될 수 있다. 처음에는 환약을 곡물 씨앗과 섞어 주어 먹이에 친숙해질 수 있도록 조장할 필요가 있다.

동물성 단백질

동물성 단백질은 모든 종류의 새들에게 공급되어야 한다. 특히 무소새와 같은 종은 많은 양의 단백질을 섭취해야 한다. 식성이 좋은 구관조는 평상시 먹이로 생고기나 잘게 썬 고기를 먹는다. 과일을 상식하는 새들도 동물성 단백질의 공급은 필요하다. 핀치류에게 고기를 먹이면 사납게 만든다는 일반적인 믿음은 잘못된 것이다.

얇게 썬 생고기는 육식성 새들에게 좋다. 가게에서 파는 잘게 썬 육포는 고기 조각이 서로 붙지 않아 낭비가 없어서 더 좋다. 붉은 부리의 수입산 무소새는 일반적인 형태의 고기는 먹지 않지만 잘게 썬 육포는 잘 먹는다. 왜냐하면 딱딱하고 달라붙은 덩어리보다 먹기가 쉽기 때문이다.

잘게 썬, 날로 된 쇠고기 심장을 먹이로 줄 수 있으나 적당한 양을 준다. 심장육은 낮은 함량의 지방에 반해 높은 비타민 B 때문에 인기가 있다. 저민 고기처럼 일반적으로 요구되는 칼슘과 인 사이의 1 : 1 비율 대신 1 : 60의 비율을 갖고 있다는 점도 의미가 있다.

익힌 양고기와 닭고기를 포함한 여타의 고기는 잘게 썰어 준다. 어떤 핀치류는 통조림으로 판매되는 고양이 먹이나 개 먹이도 먹는다. 반면 앵무새는 더 많은 단백질과 골수를 섭취하기 위해 요리된 뼈를 갉아먹기도 한다.

기타 살아 있는 먹이

꿀벌의 애벌레
꿀벌의 애벌레는 간유(肝油)의 약 10배에 달하는 비타민 D를 함유하고 있으며, 밀웜과 같은 비슷한 먹이에 비해 지방 함량이 낮다. 게다가 껍질이 부드러워 소화도 용이하다.

귀뚜라미
귀뚜라미는 최근에 이르러서야 조류 사육자들에게 널리 알려져 유용하게 쓰이고 있다. 귀뚜라미는 먹이 비용이 적게 들고, 보관하기도 용이하다. 귀뚜라미는 21~27℃의 기온에서 따뜻하게 보관해야 한다. 보관 기간은 짧게, 밀웜과 비슷한 환경에 두어야 한다.

번식을 시키려면 적당히 컸을 때에 부화장으로 옮긴다. 부화장은 전등으로 온도를 유지하고, 70%의 적당한 습도를 유지하기 위해 물이 담긴 얕은 접시를 넣어 둔다. 다양한 녹색 식물과 사과, 밀기울 등 귀뚜라미가 먹을 수 있는 먹이를 준다.

암컷은 축축하게 적신 모래나 토탄으로 된 단지 위에 알을 낳는다. 알은 27℃가 유지되도록 하고, 매일 스프레이로 습기를 유지시킨다. 메뚜기의 알은 2주 후 부화되며, 새끼가 태어난다. 어린 귀뚜라미는 6주 후 번식을 시작하기 전까지 5번의 변태를 한다. 어미 귀뚜라미는 그들의 새끼를 잡아먹는 경향이 있으므로 가능한 한 분리해 놓아야 한다. 새끼 귀뚜라미는 10mm 정도일 때 새 먹이로 쓰기에 가장 좋다.

메뚜기

메뚜기는 귀뚜라미와 유사한 환경에서 관리된다. 메뚜기의 새끼는 '호퍼(Hopper)'라고 하는데, 호퍼는 알에서 10일 후에 부화하고 2개월 후에 번식한다. 그러나 어린 메뚜기는 성장 과정에서 죽는 경우가 많다. 한 조사에 의하면 1/3 정도만이 살아서 번식을 한다고 한다. 만일 메뚜기의 분비물이 붉어지면 주로 내장에서 발견되는 기생충에 감염된 것이다.

모든 살아 있는 먹이는 깨끗한 플라스틱 보관기에 보관하여 새의 먹이로 활용한다.

구더기

구더기인 집파리와 금파리의 애벌레는 많은 종류의 새들에게 좋은 먹이가 된다. 그러나 구더기가 '보툴리눔(Botulinum)'이라는 치명적인 식중독을 옮긴다는 점을 간과해서는 안 된다. 이를 피하려면 구더기를 밀기울에 옮긴다. 어느 정도 시간이 경과하면 구더기가 썩은 음식을 먹었던 그들의 장을 비울 것이다.

우리나라에서는 낚시용품점에서 쉽게 구입할 수 있기 때문에 굳이 사육하지 않아도 된다. 그러나 더운 환경에서는 그들의 생주기가 비교적 빠르다. 구더기는 알에서 24시간 만에 부화해서 2주면 번데기가 되기 전에 가장 큰 크기로 자란다. 이때가 새에게 먹일 수 있는 기회이다.

밀웜(Mealworm)

밀웜은 단지 딱정벌레(Meal Beetle)의 생주기에 있어서 애벌레 상태를 말하며, 진짜 벌레는 아니다. 밀웜은 풍족하게 구할 수 있고, 구더기와 같은 메스꺼움도 없다. 아마 사육자에게 가장 널리 이용되는 살아 있는 먹이일 것이다. 밀웜의 생주기는 더 길어서 새로 부화된 애벌레는 25℃에서 성충이 되는 데 4개월이 걸린다.

먹이로서 밀웜은 결점이 많다. 밀웜의 껍질은 비교적 소화하기가 어렵다. 그래서 껍질을 벗겨 황갈색이 아닌 하얀색이 핀치류의 먹이로 이용된다. 밀웜에게는 대체로 밀기울만을 먹이는데, 이런 경우 칼슘의 결핍을 가져오고 규정된 1 : 2의

칼슘 : 인의 비율 균형이 깨지게 된다. 밀기울은 '골증식체산(骨症食滯酸)'이라는 물질을 가지고 있는데, 이 물질은 칼슘을 덩어리지게 해서 칼슘의 효용도를 떨어뜨린다. 같은 이유로 밀기울을 빼지 않은 밀가루는 칼슘의 공급원으로 적당하지 못하다. 영국에서는 법적으로 칼슘을 첨가하도록 한 하얀 밀가루와 밀기울을 섞어 주도록 하고 있다.

밀웜은 칼슘 외에 몸에서 만들어지지 않는 아미노산에 해당하는 지방산(Fatty)이 부족할 수 있다. 그리고 비타민이 부족하다. 특히 비타민 A의 경우가 그렇다. 그래서 가루 형태로 만든 비타민과 미네랄을 먹이에 첨가해서 주는 것이 추천된다.

밀웜을 보관하는 용기는 탈출을 방지할 수 있는 뚜껑과 통풍구가 있으면 된다. 밀기울 혼합물을 몇 cm의 깊이로 채운 후, 그 위에 작은 양의 귀리를 더 첨가한다. 닭 모이인 배합 사료가 전통적으로 사용되며, 더 균형 있는 영향을 준다. 몇 조각의 사과는 이들 벌레의 먹이로도 쓰이지만 습도를 올리는 데도 도움이 된다. 만일 환경이 너무 건조하면 서로 잡아먹는 일이 생길 수도 있다. 습도가 13%가 되면 성장을 멈추고, 먹이를 먹지 않는다. 최적 습도 70%에서 자란 것과 그렇지 않은 30%에서 자란 것 사이에는 50mg의 체중 차이가 난다.

이외에 곰팡이가 문제 된다. 딱정벌레는 번식을 위해서 약 25℃의 온도이어야 한다. 그리고 먹이를 주지 않은 채로 홀로 두어야 한다. 6주 정도가 지나면 알에서 애벌레가 부화된다. 그 후 3~4주가 되면 애벌레는 25mm 정도의 크기로 자라며, 이때 새들에게 먹이로 공급할 수 있는 적기가 된다.

종종 깊은 밀기울이 든 용기에서 밀웜을 꺼내기 어려울 때가 있는데, 특히 뭉쳐 있을 때는 용기 위에 물에 적신 삼베나 황마 조각을 두면 애벌레를 위로 모을 수 있다. 이때 용기는 어두운 곳에 두어야 한다. 만일 햇빛이 비치면 애벌레는 용기 밑으로 숨는다.

흰 벌레

이 작은 실 같은 벌레들은 매우 영양가 높고 어린 새끼와 어미 새들에게 좋은 영양을 제공해 준다. 쉽게 구매하기는 어렵지만 배양 물질로 쉽게 기를 수 있다.

흰 벌레를 기르려면 빈 통에 적신 토탄을 반 채우고 작은 배양 물질 조각을 놓는다. 그리고 먹이로서 우유에 적신 갈색 빵조각을 놓는다. 뚜껑을 덮고 통풍 구멍을 뚫어 20℃ 정도의 장소에 갖다 놓는다. 별도로 발효를 시작하기 전에 정기적으로 음식을 공급한다. 벌레를 수확하려면 약 4주의 시간이 걸린다. 번식기에 양이 늘어난 것을 사전에 잘 분리하여 배양한다.

일정한 시기를 두고 벌레를 분리시키는데, 자라나는 중간 벌레를 물 접시에 떨어뜨려 벌레들이 토탄으로부터 떠나려 몸부림칠 때 분리한다. 마이크로 벌레와 그라인더 벌레 같은 다른 유사한 벌레도 같은 방법으로 기를 수 있다.

먹이 그릇

플라스틱 그릇은 부드러운 먹이에서 모래까지 줄 수 있다. 또 씻기 쉽고 튼튼하며 잘 건조된다. 그런데 이 그릇은 강한 부리를 가진 앵무류에게는 적당하지 않다. 쉽게 깨지거나 떨어뜨려 내용물을 쏟을 수 있기 때문이다.

도자기 그릇이나 금속으로 된 그릇은 비싸지만 깨질 가능성이 없어 앵무새를 포함한 모든 새에게 유용하다. 호퍼의 여러 형태의 그릇은 꿩과의 품종이나 밴텀 닭 같이 꿩에 유사한 조류의 먹이통으로 쓰인다. 물그릇의 금속 꼭지는 파괴적인 앵무새에게도 이상적이다.

여름에는 특히 병아리가 있을 때에는 많은 물이 소비된다. 이 시기에는 수분 섭취량이 크므로 이에 상응하는 큰 물그릇이 필요하다.

오징어 뼈 클립은 새가 방해 없이 갉아먹도록 뼈를 고정시켜 준다.

새의 건강 돌보기

　우리나라에는 새를 전문적으로 취급하는 수의사가 전무하다. 그러므로 예방이 최선의 방법이다. 새로 분양된 새는 스트레스가 발병의 원인이 될 수 있으므로 쾌적한 환경은 물론 2주 정도 격리시켜 안정을 도모해야 한다.

　일반적으로 새들은 쾌적한 환경과 먹이, 안정된 분위기에서는 건강하고 병에 대한 저항력이 향상된다. 일상적인 건강 관리, 비상시 대처 방법, 병의 조기 발견, 병든 새 돌보기, 그리고 질병과 다른 새에게 영향을 주는 전염병에 대해 살펴보자.

일상적인 건강 돌보기

　기본적으로 새의 발톱과 부리 끝을 잘 관리해야 한다. 너무 자라면 먹는 데, 횟대에 앉는 습관에 방해를 받는다. 비정상적으로 새의 발톱이 길면 스스로 엉키거나 다칠 위험이 점점 커진다. 새의 발톱이나 부리를 자르는 데는 가위 대신 손톱깎이를 사용하는 것이 안전하다. 자르는 부위는 밝은 조명을 통해 비쳐 보면 핏줄이 보이는데, 핏줄을 다치지 않게 조심해서 자르고 다듬어 준다. 부리는 한번 자르기 시작하면 점점 빨리 자라는 경향이 있다. 그러므로 자주 잘라 주고, 신선한

자르기 전

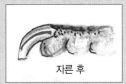

자른 후

새의 발톱은 핏줄이 상하지 않도록
주의하여 자른다.

나뭇가지와 오징어 뼈를 주어 부리나 발톱이 자연스럽게 자라도록 한다. 사랑새(잉꼬)는 부리의 과도한 성장에 민감하고, 다양한 핀치류 새의 발톱은 빨리 자라서 정기적인 발톱 자르기가 필요하다.

올바르게 새를 쥔 손의 모양

비상시의 대처 방법

새에게도 상해는 때때로 발생하고 치료는 상처에 따라 다르다. 새가 부주의하게 들창 유리로 날아가 부딪치면 어두운 곳에서 1시간 정도 안정을 시킨 후 새장에 넣는다.

출혈은 플라이트의 피멍만 보일 뿐 새의 외형은 이상 없어도 즉각적인 응급처치가 필요할 때가 있다. 지혈 도구는 찢어졌거나 너무 짧게 자른 발톱으로부터 나오는 피를 멈추는 데 쓰인다. 외형적인 상처는 그 즉시 딱지가 생겨 매우 빨리 지혈된다. 포유동물과는 달리 새는 높은 체온 때문에 보통 상처에 번식하는 박테리아가 침입하지 않아 감염되지 않는다.

날개와 다리의 상처는 피의 흔적이 보이지 않아도 움직임을 통해 간단히 알 수 있다. 이런 상황에서는 보다 세심하게 살피기 위해 새를 잡아야 한다. 새를 잡는 것만이 삐었는지, 금이 갔는지 알 수 있는 유일한 방법이다. 자신의 손가락을 부드럽게 움직여 새의 다리에서 뼈가 수직으로 움직이는 곳을 찾아본다. 이 곳은 골절이기 쉽고, 앉은 경우에 넓적다리에서 가장 많이 일어난다. 날개가 골절인 새는 비정상적으로 날개를 접고 잘 사용하지 못한다. 수의사의 충고를 받되 가장 좋은 치료는 다리에 아무 조치 없이 안정시켜 자연적인 치유를 유도하는 것이다.

예를 들어, 앵무새 다리에 무엇인가를 맨 채로 두는 것은 어렵다. 골격 부분이 몸체에 가까우면 부목은 댈 수가 없다. 왜냐하면 새의 골격 구조 때문에 외적인 지지만 그 부분에 한다. 새의 날개가 골절되었을 때는 쉬게 하고 날지 못하게 한다. 낮은 횟대를 설치하고, 섣부른 비행과 착지를 못하게 조치한다. 정상적인 환경에서 부러진 뼈는 몇 주 내에 빨리 아문다. 많은 경우, 특히 날개 골절은 치료 기간이 길지 않으며, 다친 새는 정상적으로 완치되어 활동하게 된다.

병의 초기 신호

심한 병의 초기 신호는 깃털이 곤두서고, 똥의 외형이 변하고, 활동이 급격히 줄어든다. 병든 새는 대부분의 시간을 웅크리거나 자거나 혹은 오랫동안 두 다리로 서서 횃대에서 쉰다. 보통 건강한 새는 한 다리로 선다.

전염병의 전염 과정에서는 식욕이 떨어지고, 그 다음 녹색 똥을 본다. 먹이와 같은 다른 요인이 똥의 견고함에 영향을 줄 수 없다. 앵무새의 똥은 일반적으로 녹색이므로 다른 근거의 신호가 필요하다.

병든 새의 일반적 돌보기

따뜻하게 체온을 보존해 주는 것은 병든 새의 치료에 매우 중요한 요인이다. 새의 체온은 27℃ 정도를 유지해야 한다. 온도 조절 장치로 히터가 작동되는 특수 우리에 새를 두고, 새의 회복에 따라 서서히 온도를 낮춰 준다.

새장 안의 새를 건강하게 하려면

질병은 언제든지 새장 안에 침투할 수 있다. 전염 위험성이 있는 것은 가급적 새장 안에 유입하지 않는 것이 좋다. 먹이와 물그릇은 횃대 밑에 두지 않는다. 횃대에서 떨어진 오물로 먹이통이 오염되기 때문이다. 먹이는 건조하게 관리해 주고, 물은 매일 신선한 물로 갈아주어 미생물이 서식하지 않게 한다.

새장의 기초적인 것들이 불량하면 설치류나 야생 조류가 들어올 염려가 있다. 야생 조류가 새장 안에 들어와 배설하면 기생충이나 전염병에 감염될 위험이 높아지게 된다. 횃대가 오염되면 발병에 원인이 되므로 횃대는 항상 깨끗하게 유지하고 자주 소독해 준다.

새의 질병

털 뽑는 병

깃털의 병은 완치하기 어려운 고질병 중 하나로, 뚜렷한 치료 방법이 없다. '깃털 뽑는 버릇(Feather-plucking)'은 특히 앵무새 종류와 같은 새에게 흔한데, 심각한 질환이다. 이런 현상은 성소기에 더 많다. 새가 먹이를 원할 때 자신의 털을 빼내는데, 심하면 모조리 뽑을 수도 있다.

이 병은 한 가지 요소가 아닌 여러 가지 복합적인 원인에 의해 일어난다. 대표적인 원인으로 영양 결핍을 들 수 있다. 어떤 새들은 마른 씨라는 제한된 먹이만이 제공되거나 다른 종류의 먹이는 안 먹음으로써 영향을 받는다. 다양한 진드기와 이를 포함한 기생충의 만연은 깃털이 빠지게 하는 원인 제공할 수 있다. 왜냐하면 새들에게 직접 자극을 주기 때문이다. 그러나 실제로 그런 예는 매우 드문 것으로 밝혀졌다. 특히 오랜 기간 세대를 이룬 새들에게는 찾아보기 어렵다. 더욱이 밴텀닭같이 외부 기생충의 조성이 힘든 새는 닳거나 다쳐서 털을 뽑을지는 몰라도 기생충이 원인일 수는 없다.

앵무새처럼 지능적인 새 종류, 더구나 야외 새장에서 기르는 이 종류는 다른 새의 깃털은 뽑아도 자신의 털은 뽑지 않는다. 이런 요소들이 조합되면 스트레스가 특별한 요소가 되어 깃털 뽑는 행위로 나타날 수 있다. 새가 많이 모인 곳에서는 권태나 스트레스 때문에 그런 행동을 할 수 있다. 작은 새장 안에 하루의 대부분을 혼자 둔다면 앵무새에게 작은 자극을 주어도 깃털이 빠지게 된다. 이런 나쁜 버릇을 들이지 않으려면 환경을 즉시 개선해 주어야 한다. 짝 없이 혼자 지내는 늙은 앵무새는 스트레스를 받기 더 쉽다. 대부분의 앵무새는 천성적으로 사회적인 새이고, 일생 동안 많은 유대를 갖는다. 짝을 이루어 적당한 플라이트에서 둥우리를 틀면 깃털 뽑기는 틀림없이 저절로 사라질 것이다. 새 깃털은 자연적으로 나오고 새들은 그의 파괴적 충동 대신 둥우리에 구멍을 낼 것이다.

많은 앵무새는 본능적으로 빗속에서 목욕하는 것을 즐기는데, 좁은 새장 안에서는 그럴 수가 없다. 결과적으로 깃털은 윤기 나는 모습을 잃고 새들은 스스로 깃털을 정돈하려는 강렬한 의지를 깃털 뽑기로 대처한다. 치료법은 정기적인 목욕을 습관화한다.

사실 잘 보살피는 앵무새는 깃털 뽑기를 하지 않는다. 새장 환경에 적응이 안 되는 어른 새, 주인으로부터 보살핌이 부족한 새, 애정 결핍으로 관리되는 새는 이러한 털 뽑는 습관에서 벗어날 수 없다.

사랑새 역시 그들의 어린 새끼 새들을 내쫓기 위해 털을 뽑기도 한다. 핀치류의 털 뽑기는 상태가 더욱 심각하다. 이 증상을 설명하기 위한 수많은 가능성들이 그동안 제기되어 왔다.

어린 새끼가 털이 나는 시기를 전후해서 날개털을 잃는다는 것은 미미한 경우에서부터 평생 불구가 되는 경우도 있다. 최근의 연구들은 세균 감염이 그 주요 원인이며, 현재로서는 효과적인 치료 방법이 없다고 밝히고 있다. 이 병은 다른 새들, 즉 왕관앵무에게는 전염되지 않는 것 같다.

털의 포낭(包囊)

카나리아에 있어 깃털의 포낭은 깃털 구도의 비정상에서 기인되며, 그 결과 정상적으로 나타나야 할 자리에 융기부가 생긴다. 이 상태는 성공적으로 대응할 수 없다. 이것은 종기와 혼동되기도 하는데, 사실 새들에게 있어 피부 종기는 알려져 있지 않다.

세균성 질병

불결한 환경에서는 세균성 질병이 일어나기 쉽다. 이 병은 소화기 계통에 영향을 미치는 장염과 같이 발생하여 즉시 치료하지 않으면 빠른 속도로 생명에 위험을 줄 수 있는 상황까지 발전한다. 초기에 손을 써야 약효를 볼 수 있지만 항생제는 세균성 질병에 효과적일 수 있다. 항생제는 분말 형태를 물에 녹여 투여하거나 수의사가 앞의 약품을 주사할 수도 있다. 비둘기와 같이 알약의 형태로 약을 투여할 수 있는 종도 있다.

만일 세균성 질병이 새장 안에 발생한다면 병에 걸린 새를 격리시키고 주위 환경을 완전히 소독한다. 먹이통과 물통은 분비물에 의해 쉽게 전염될 수 있으므로 잘 씻고 철저한 소독이 이루어져야 한다.

더러운 횃대는 발바닥이 붓고 염증이 생기는 토착세균성 질병을 야기할 수 있다. 이것은 반 죽성 먹이를 먹는 새장에서 발병한다. 치료는 어렵지만 항생제 요법으로 치료할 수 있다. 눈병 역시 더러운 횃대의 접촉을 통해 전염된다. 손상된 눈의 털 주변은 지저분해지고, 눈 주위가 부풀어 오른다. 손상된 눈을 닦아 주고, 적절한 안과 연고와 물약을 투약해 치료하면 쉽게 낫는다. 이 치료를 매일 수차례 해 준다. 겉으로는 어느 정도 다 나은 것처럼 보일지라도 질병 치료는 며칠간 계속해야 한다. 이것이 항생제 치료의 표준 과정이다.

바이러스형 질병

세균성 전염병이 적절한 항생제의 처방으로 극복될 수 있다면 바이러스성 질병은 효과적으로 치료할 방법이 거의 없다. 그러므로 밀도가 조밀한 곳에서는 사망

률이 매우 높다. 그러나 다행히도 바이러스성 질병의 발병 가능성은 상당히 희박하다.

가축산업에 있어서의 경제적 의미 때문에 가장 중요하게 취급되는 바이러스성 질병이 '뉴캐슬 질병' 혹은 '양계의 흑사병' 등이다. 이런 질병 때문에 대부분의 나라에서는 특히 앵무새에 폐렴이나 장티푸스 비슷한 심각한 병원체가 유입되는 것을 막기 위해 보증 검사를 의무화하고 있다. 그 증세는 아무런 징후 없이 갑작스런 사망에 이르는 경우에서 신경계, 호흡계에 이상이 오는 경우에 이르기까지 다양하다. 가벼운 감염의 경우 산란하는 알의 개체 수가 급격히 감소하는 것이 감염된 가금에게 나타나는 전형적인 보기이다.

핀치류의 탈모

금복(핀치류)과의 탈모로 알려진 상태는 특히 사랑앵무와 관계가 깊다. 주요한 날개 부분의 깃털이 사라져 그 결과로 새는 날 수가 없게 된다. 지금까지 그 정확한 원인은 밝혀지지 않고 있다.

눈의 감염

눈의 감염은 두건 모양의 큰부리새에게서 보는 바와 같이 피부 주변에 해를 입힐 수 있다. 만일 양쪽 눈 모두 손상을 입는다면 그것은 좀 더 심한 상태를 의미한다. 수의사의 도움을 청한다.

토착병

일반적으로 불결한 환경에서 발생하는 토착병은 핀치류나 사랑새(잉꼬) 종류의 새에게서 자주 볼 수 있으며, 만일 치료하지 않고 방치한다면 토착병은 다리로 금방 퍼질 것이다. 치료 결과는 금방 호전되며, 눈 주위의 부기가 사라지기 시작한

24시간 후에도 적절한 약물 투여는 매일 계속해야 한다. 치료제로 들기름을 바르는 것은 우리나라 사육자가 즐겨 이용하는 방법이기는 하나 치료에 대한 효과는 미지수이다.

가장 중요한 바이러스 중 하나가 천연두 바이러스인데, 이때 대부분의 경우 머리 주위에 농포(膿疱)가 형성되어 이것이 발전하면 호흡에 곤란을 겪게 된다. 고름이나 진물을 통해 다른 새들에게 전염되기 쉬우나 한 번 완치되면 다시는 이 병에 걸리지 않는다. 비둘기·앵무새·카나리아 등이 이런 유형의 바이러스에 가장 피해를 입기 쉬우며, 직접 또는 곤충에 물림으로써 전염이 된다.

버섯병(Fungal infections)

조류에 자주 나타나지는 않지만 특별한 집단에서 볼 수 있다. 버섯병은 화밀(花蜜) 같은 과일을 주식으로 하는 진홍앵무와 같은 새들에게 해를 끼친다. 버섯에 의해 만들어지는 것이 입 안에서 관찰할 수 있는데, 이들은 소화기 아래로 뻗어 내려가 치명적인 결과를 가져올 수 있다.

간장(肝臟)에 저장되어야 할 비타민 A의 부족은 이러한 전염병에 쉽게 걸리는 원인이 된다. 또 덥고 습윤하며 통풍이 잘 안 되는 환경에서 잘 걸린다. 균상종(菌狀腫)은 보통 호흡기 계통에서 발달하여 몸의 다른 부분으로 퍼져나갈 수도 있다. 체중 감소나 운동 후의 가쁜 호흡 등 고질병의 증상들이 이 병의 전형적인 모습이다. 몇몇 진정제가 있기는 하지만 불행히도 아직까지 이 병을 치료할 수 있는 방법은 없다.

기생충

관상 조류를 집 안에서 키우는 사람에게 기생충이란 그다지 관심의 대상이 되지 않으나 많은 새들이 밀폐된 공간에서 사육될 때 기생충은 중요한 의미를 갖는다. 이런 상황에서는 모든 새들이 즉시 전염될 수 있다.

기생충은 크게 조류의 표면에서 발견되는 경우와 몸 내부에서 발견되는 2가지로 나뉜다. 기생충들은 몸에서 발견되면 쉽게 제거될 수 있으며, 새의 건강에 큰 위협이 되는 것은 아니다. 그러나 붉은 치즈벌레의 경우는 예외이다. 이 조그마한 기생충들은 특히 흰 배경 속에 작고 붉은 점처럼 보인다. 이 붉은 빛깔은 조류의 피를 빨아먹은 후에 두드러지게 나타난다. 붉은 치즈벌레는 둥지나 다른 후미진 곳 등 조류와 가까운 곳에 산다. 이런 기생충들은 어린 새끼들에게는 빈혈의 원인이 되기도 하고, 성장에 큰 장애가 된다. 따라서 정기적으로 새 둥지를 소독하고 청소해 줘야 한다. 특히 몇몇의 품종은 다른 종보다 기생충에 민감한데, 예를 들어 잉꼬는 치즈벌레에 가장 취약하며, 호금조는 기낭(氣囊) 치즈벌레에 심각한 피해를 입는다.

피부병 치료는 단순이 애완동물 가게에서 판매하는 약을 외피에 바르거나 매일 발병한 곳에 석유를 바르면 쉽게 효과를 본다. 이들 석유 물질은 치즈벌레가 호흡하는 과정을 방해하여 결국은 죽게 한다. 병의 증상이 사라진 뒤에도 당분간은 치료를 계속하여 모든 기생충을 완전히 박멸하도록 한다. 피부병에 노출된 새들은 완전히 치료될 때까지 격리시키고, 새장과 둥지를 완전히 소독한다.

기낭 치즈벌레는 그 이름이 의미하듯 기도를 방해한다. 특히 꿩의 경우 다른 기생충―기관개취충(Gapeworm)은 호흡기 질환을 일으킬 수 있다. 기관개취충은 숙주(宿主)의 많은 부분을 차지하여 꿩 군(群) 속에 같이 사는 새들 역시 전염성 곤충을 갖고 있을 때는 그로부터 해를 입을 수 있다. 이 곤충은 기생충 회로 중에서 새에 의해 알을 운반하는 때는 중간 숙주로 활동한다. 아무리 노력해도 안 되면 감염된 새는 부리를 열거나 하품을 하거나 또는 기관을 따라 기생충을 뱉어 내려고 애를 쓴다. 나이 든 새들은 이를 어느 정도 이겨 낼 수 있으나 어린 새의 감염은 치명적인 위험이 따른다.

기생충을 제거하는 부수적인 방법은 가능한 재발 방지를 위해 조류 환경을 깨끗이 하는 것이다. 특히 원형벌레에 의해 자주 습격 받는 호주산 작은 앵무 패러키트의 경우 이 방법이 적용된다. 이 벌레들은 중간 숙주생활을 할 필요 없이 분비물을 통해 곧바로 다른 새에게 전염된다. 새의 창자 안에서 기생충의 커다란 알이 산란된다는 말은 상대적으로 비위생적인 상황의 새장에서 기인되었다는 것이다. 많은 사육자들은 정기적으로 구충제를 투약한다.(양육 기간 전인 봄과 가을철에 구충제를 재투약한다.)

편형벌레들은 많은 기간 동안 중간 숙주생활을 하므로 원형벌레보다는 덜 심각한 편이다. 그러나 여전히 비둘기들은 종종 이들 기생충들을 지니고 다니며, 새로 수입된 진홍앵무는 그들 창자 내에 기생하고 있는 편형동물을 제거하기 위해서 적절한 예방 조치가 필요하다. 최근에는 효과적인 약이 많이 이용되고 있으며, 수의사에 의뢰하여 구충제를 구입할 수 있다.

회충에 해를 입은 새의 경우는 색깔이 엷어지는 것을 제외하면 별다른 증상이 보이지 않는다. 보다 일반적인 원인이 되는 것은 원생동물 때문이다. 이 미생물들은 가축용·사냥용 조류와 모두 관련되어 있으며, 콕시듐증(Coccidosis)으로 알려진 병을 일으킨다. 핀치류와 사랑새를 포함한 다른 새들도 역시 위험하다. 이것은 병에 민감한 새들에게 약을 탄 먹이를 줌으로써 고칠 수 있다. 이 약은 밀집된 공간에서 많은 새를 키우는 사육장 같은 데서 널리 사용되며 흔히 '콕시도스테이츠(Coccidostats)'라고 부른다. 원생동물로 인해 일어나는 병은 분비물을 통해 전파되

원형동물

편형동물

편형동물은 머리의 뾰족한 가시와 흡착기로 창자에 정착한다.

편형동물의 성숙한 알은 새의 분비물을 통해 몸 밖으로 배출된다. 구충 작업의 모체는 이 사이클을 통해 적당한 시기를 찾아 박멸하는 데 있다.

이 알은 습기가 적당한 환경에서 깨어나 일정 기간을 거친 후 다른 새에 기생한다. 이 알들은 수년간 생존할 수 있다.

새의 창자 안에 살며, 소화된 상태의 음식물 영양소를 빨아 먹는다.

기생충에 의한 태어난 알들은 중간 숙주에 의해 발전되고, 이에 조류가 피해를 입는다.

* 성충은 수천 마리의 알을 까서 창자를 통해 새의 체외로 분비케 하여 주위 환경을 오염시킨다.

* 이 기생충은 테이프형이다. 작은 머리로부터 더 큰 꼬리를 갖고 있다.

기생충 생활 주기

며, 특히 오염된 먹이의 제공은 심각한 위협이 된다.

'설폰마미드(Sulphonamides)'라고 알려진 일단의 약들은 전통적으로 앵무새의 치료에 각광을 받아왔으나 최근에는 새로운 약들이 전문가에 의해 조제될 수 있다. 새들은 콕시다이얼(Coccidial) 전염병에서 성장하면서 면역력을 가지게 되는데, 이것이 바로 대부분의 결정적인 감염 증세가 어린 새에 주로 나타나는 이유가 된다.

종기(腫氣)

사랑새(잉꼬)는 양성이고 암과 비슷한 형태의 종기로부터 가장 큰 위협을 받는다. 만일 새가 종기를 앓고 있다고 의심되면 전문가를 찾아가는 것이 좋다. 만일 내부 종기인 경우, 그 증상은 병이 훨씬 진행된 후에야 뚜렷해진다. 어린 새를 위협하는 내부 종기는 거의 중년이나 노년층 사랑새들의 만성적인 체중 감소의 원인이 된다. 이런 상황에서는 납막의 색이 변하는가 하면, 새가 점차로 병들어 결국에는 횃대에도 오르지 못하는 상태가 된다.

세계의 애완조 3

카나리아

金糸雀, CANARY / *Serinus Canaria*

카나리아는 연작류(燕雀類)의 작과(雀科)에 속하는 새로, '금사작(金糸雀)'이라고도 한다. 카나리아는 주로 명조(鳴鳥)로 사육되고, 관조(觀鳥)로서의 가치도 있는 품격 높은 조류이다. 카나리아의 확실한 초기 역사 자료는 없으나 혈통의 조상은 아프리카 대륙 서북부 해안의 카나리아 군도와 마테리라, 아조레스 등의 섬과 인접된 곳에서 유래되었다는 것이 정설이다.

카나리아는 사육조의 범주 안에서 작출된 품격 높은 새로, 그 원종은 야생종 '카나리아(Serinus Canarius)'이다. 영명은 '와일드 카나리아(Wild Canary)'라고 되어 있다. 이 종은 아프리카 서해안의 작은 군도를 원산지로 두고 있다. 14cm 크기에 황갈색을 띤 이 종은 14C경 유럽에서 사육되기 시작하였고, 유럽 전 지역으로 퍼진 것은 16C경으로, 이미 품종 개량이 한창 진행되고 오늘날 각종 카나리아의 시원으로 자리 잡게 되었던 것이다. 개량의 특징은 울음〔發聲〕과 체형, 체색에 주안점을 둠으로써 오늘날의 카나리아가 탄생한 것이다. 현재도 유럽에서는 카나리아의 개량이 계속적으로 추진되고 있으며, 새로운 체형이 작출되고 있다.

카나리아가 본격적으로 사육되기 시작한 것은 16C 말엽부터이다. 이탈리아에서 시작된 카나리아 사육은 독일로 유입되면서 전 유럽으로 확산되었다. 그 당시 색상의 변형은 힘들었지만 프랑스의 '뒤셰스 드 베리(Duchesse de Berry)'란 조류 사육장 감독인 에르비유(Hervieux)가 카나리아에 대한 이해할 만한 사육 안내서『Traite' des serins de Canari』를 출간한 1709년까지는 백색과 황색의 카나리아만 기록되어 있었다. 에르비유는 새의 깃털을 기초로 하여 오늘날 인정되는 혈통과 구별되는 29가지 특징을 정리했다. 이 부류는 카나리아의 진화 초기에 존재하였다.

독일의 조류 사육자들은 이러한 새들의 노래 소리에 열광하였다. 반면 베네룩스 3국에서는 보다 큰 관심이 새로운 신체적 체형의 특징을 부각시키는데, 혈통의 교정 연구에 초점을 맞추었다. 카나리아 애호가의 지역적 특징으로 혈통의 체계적인 계보가 정립되고 오늘날과 같은 많은 종이 창출된 것이다.

빅토리아 시대의 조류 사육은 전시 목적으로 다양한 노력이 경주되었고, 애완동물로 선택적인 사육은 그 열기를 더해 갔다. 그리하여 카나리아의 전문적인 클럽이 19C 풍토를 조성하는 데 큰 역할을 하게 되었다.

다수의 혈통이 멸종된 것도 있으나 남아메리카의 핀치류와 '검은두건방울새'를 카나리아 혈통에 접목시켜 붉은색 계통을 작출하는 데 성공하였다. 근래의 경향을 보면 헌신적인 조류 연구가의 노력으로 사라질 수밖에 없었던 옛 혈통을 복원하는 데 기여하고 있다.

종(種)에 관한 술어는 특별한 모습을 나타내는 범위 안에서 발전되어 왔다. 밝은 색조를 띤 카나리아는 깃털의 멜라닌(Melanin) 색소 결핍에 의해 나타나며, 새들은 어두운 녹색이나 푸른색을 띤 야생 카나리아를 닮아 단색으로 나타내는 반면, 흰 카나리아는 밝은 빛을 띤다. 잡색 깃털의 새가 깨끗한 깃털의 영향을 받을 때는 엷은 잡색으로 나타난다. 만일 멜라닌 색소가 강하면 이 새들은 심한 잡색을 띠게 된다.

어떤 경우에는 약간의 밝은 깃털 부분이 나타나는데, 직경 19㎜를 넘지 않거나 3개의 꼬리나 날개의 깃털을 덮지 않는다면 이 새들은 규정 미달로 확정짓는다. 반대로 밝은색 새의 어두운 깃털은 일시적인 것으로, 이는 문제 되지 않는다. 황색 카나리아의 색깔과 관련 있는데, 그 새의 색깔에 관계없이 깃털의 형태와 색소 분포에 적용된다. 황색 카나리아의 깃털은 색소로 인해 비교적 조잡하다.

황갈색 카나리아의 깃털은 좀 더 부드럽고 가장자리에는 색소가 없다. 이는 일종의 보호색으로 이용되어 적으로부터 자신을 보호하는 수단으로 이용된다. 황갈색 카나리아와 짝지어 산란시킬 때 깃털의 피낭(被囊)에 이상이 생길 수 있다. 이런 상태는 유전적인 결함 때문에 치유가 불가능하다. 따라서 황갈색 새들은 이런 문제를 막기 위해 노란색 새들과 짝을 지어 주는 것이 좋다.

카나리아의 먹이 섭취

카나리아의 먹이는 혼합 사료로 한다. 혼합 비율은 번식기와 비번식기로 구별하여 주는 것이 좋다. 단, 우기(雨氣)에는 곰팡이와 세균에 오염될 수 있으므로 껍질 있는 사료로 주는 것을 원칙으로 한다. 아래 표는 카나리아 사료의 일본, 베네룩스 3국, 한국의 표준치를 대비한 기록이다.

각국의 사료 기본 비율 / 비번식기

사료 \ 국가	조	피	카나리아 씨드	평지씨	들 깨	유채씨	기 장	기 타	비 고
한 국	4	2	2	1~2	2	1	1	청채 칼슘	
일 본	2	5	1	1	1	2	1	비타민	
유럽국	–	수수 2	2	2	소나무씨	3	3	종합비타민	

각국의 사료 기본 비율 / 번식기

사료 \ 국가	조(난조)	피	카나리아 씨드	평지씨	들 깨	유채씨	기장	기 타	비 고
한 국	4	2	2	1~2	2	1	–	찐 계란	청채 칼슘
일 본	2	5	1	1	1	2	1	찐 계란	청채 칼슘
유럽국	–	수수 2	2	2	소나무씨	3	3	종합비타민 계란분말가루	염록체 분말가루

특히 청채와 칼슘을 잊어서는 안 된다. 육추(育雛) 시 청채는 매우 선호도가 높은데, 어린 새의 소화를 돕고 질병 예방에도 큰 도움을 준다. 청채를 줄 때 특히 유의해야 할 점은 농약을 깨끗이 제거해 주어 농약 중독으로 낙조되는 것을 미리 예방해야 한다. 그 외에 깨끗한 모래도 잊어서는 안 된다. 모래는 모래주머니에서 사람의 치아 같은 역할을 해 주어 소화 작용을 돕는 데 결정적인 역할을 한다.

자급사료(自給飼料)

요즘 시중에서 판매되는 사료의 종류는 다양하다. 여러 종류의 곡물을 분말로 만들거나 '국수'처럼 만들어 적당한 크기로 자른 것도 있는데, 조류 사육에 충분한 영양을 공급할 수 있다.

먹이로 사용되는 곡물류

밀, 수수, 옥수수, 귀리 등의 곡물을 분말 처리하여 약간의 염분액(鹽分液)으로 반죽하여 국수 가락을 만들어 급여한다.

카나리아의 번식

새들은 보통 이른 봄부터 번식한다. 11월까지 난방을 하지 않은 실내에 두었다가 12월 초에는 20~25℃로 온도를 올려 준다. 전등불은 30~60분 정도로 켜놓아 일조량을 연장시킨 후 발정 사료인 '난조'를 공급한다. 건강한 종조는 2주 정도 지나면 발정(發情)을 하게 된다.

카나리아의 발정은 쉽게 감지할 수 있다. 수컷이 암컷을 유혹하기 위해 계속 반복하여 울기 때문이다. 새의 항문 부위가 부풀어 올라 있다면 좀 더 확실한 근거가 된다.

카나리아의 번식을 위해 여러 가지 다양한 처리 체계가 사용되는데, 필요하다면 한 마리의 수컷이 2~3마리의 암컷을 거느릴 수 있다. 이를 '복식교배(複式交配)'라 하는데, 암컷을 수컷 이웃에 두고 따로 새장에 넣어 둔다. 일단, 암컷은 발정이 시작되면 수컷을 유혹하기 위해 횃대 앞으로 몸을 굽혀 날개를 퍼득이면서 먹이를 요구한다. 이때 수컷을 합사시키면 교미가 이루어진다. 교미가 끝나면 다시 본래의 새장으로 옮겨 하루가 지난 다음 날 다시 반복적인 교미를 갖게 한다. 이렇게 하면 틀림없이 유정란을 얻게 된다.

카나리아의 알은 불그스름한 갈색 반점이 있는 청록색이다. 낳은 알들은 매일 제거, 보관하고 모조알과 바꿔 놓는다. 보관된 알은 둔부(공기주머니가 있는 곳)가 위로 가게 비교적 서늘한 상온 10℃에 보관하면 오래 보관이 가능하다. 마지막 알은 다른 알과 달리 청색을 띤 알을 낳는다. 이를 '지란(止卵)'이라고 한다. 지란이 산란되면 보관된 알과 모조알을 일시에 바꿔 같은 시간에 포란(抱卵)하게 한다. 13일이 경과하면 일제히 부화되어 3주쯤 육추되면 둥우리에서 나오게 되지만, 10여 일간 어미로부터 먹이를 받고 드디어 독립한다. 이때쯤 되면 다음 산란이 시작되며, 곧 포란으로 들어가는 것이 보통이다.

어린 새끼는 큰 새장으로 옮겨 방사시켜 체력을 증진시킨다. 이때 청채나 칼슘 등과 모래를 충분히 줄 필요가 있다. 카나리아는 1년에 4회 정도의 새끼를 반복적으로 생산할 수 있고, 그 새끼들은 가을에 환우(換羽, 털갈이)를 마치고 드디어 성조(成鳥, 어미 새)로 성장된다.

번식기가 되면 자극을 피하고 안정시키는 것이 중요하다. 그래서 새장 앞부분을 가려 주는 것도 좋은 방법이다. 카나리아는 2년 되는 해에 번식하고 10년 넘게 잘 자란다. 애완용 카나리아는 아주 가끔씩 이상한 말을 배울지도 모르지만 본래 노래하는 새이고, 잉꼬처럼 길들여지지는 않는다.

> **참고** **염토(鹽土) 만들기** 진흙에 일정량의 칼슘 가루와 숯가루(참나무)를 섞어 소금물로 반죽하여 적당량의 크기로 잘라 건조시킨 후 앵무과 새들에게 급여한다.

무정란(無精卵) 방지법	• 유조(幼鳥, 어린 새) 때는 활동을 충분히 시킬 것
	• 어린 새끼에게 농후 사료를 급여하지 말 것
	• 암수를 같은 새장에 넣지 말 것
	• 비만을 막아 줄 것
	• 짝짓기는 연령이 비슷한 것을 택하나 수컷이 약간 나이가 많을 것
	• 횃대의 굵기는 적당한 것을 사용할 것
	• 암수 발가락에 이상이 없을 것
	• 아침 교미 시에 작업을 삼갈 것

교미시키는 요령

카나리아의 교배 방법은 단식법(單式法)과 복식법(複式法)의 두 가지가 있다. 단식법은 암수 한 쌍을 같은 새장에 넣어 번식시키는 것이고, 복식법은 암수를 분리하여 교미 시에만 수컷을 이용하는 방법이다.

포란(抱卵)과 육추

포란(抱卵)

카나리아의 지란이 산란되면 모조 알인 가란을 꺼내고 보관된 알을 모두 함께 안긴다. 이는 카나리아 새끼의 성장이 하루 사이에도 크게 차이가 나기 때문이다. 예를 들어, 2일 이상 차이가 날 때 나중 새끼가 어미로부터 먹이를 받아먹지 못할 만큼 크기에 차이가 난다. 14일간 포란 기간을 끝으로 부화된 새끼는 어미의 각별한 모성애로 다른 종의 새보다 신경이 예민하기 때문에 불안감을 조성하는 일체의 행위를 피하는 것이 매우 중요하다.

복식 교배법　　수컷 한 마리로 암컷 3~5마리를 수정시키는 방법이다. 전문 사육가들이 주로 이용하는 것으로, 암컷이 있는 새장 앞에 수컷의 새장을 놓고 발정용 농후 사료와 삶은 계란 노른자를 암컷보다 1주일 먼저 급여하여 발정을 유도한다. 그런 다음 차례로 암컷을 발정시켜 수컷을 합사한 후, 1일 2회(아침, 저녁)씩 교미를 유도하는 방법으로 순번에 의해 다음 암컷을 차례로 교배시켜 나간다.
▶ 수컷에게 발정용 사료를 암컷보다 1주일 먼저 급여하여 발정을 유도한다.
▶ 발정용 사료를 5일 간격으로 급여하여 암컷의 발정 시기를 조절한다.

검란(檢卵)

모든 조류의 알은 포란 중 무정란은 물론 도중에 발아(發芽)가 중지된 알도 생긴다. 포란 후 7일쯤 검란을 하여 이상이 있는 것은 즉시 제거시켜야 한다. 왜냐하면 무정란이나 중사된 알에서 유독 가스가 방출되어 유정란에 피해를 주기 때문이다. 14일 포란 기간 동안 7일과 10일 두 차례의 검란은 양질의 새끼를 얻는 지름길이다.

부화(孵化)

포란한 지 13~14일이 지나면 드디어 부화가 된다. 때로는 하루, 이틀 늦는 경우도 있다. 이는 포란 기간 중 착실하게 포란하지 않았기 때문이다. 일단 부화가 되면 24시간에서 48시간은 보온을 유지해 주고 면역질이 함유된 '초유'를 먹인다. 이틀 동안 별도의 먹이 없이 보낼 수 있는 것은 '난황'이라는 노른자의 영양분이 체내에 남아 있어서 2일간의 영양소로 소비하기 때문이다. '초유'란, 부화 후 2일간 노란 액체의 즙을 토해내 먹이는 것을 말한다. 이것은 새끼가 건강하게 자라는 데 절대적인 작용을 하는 면역체의 중요 산물이다. 이는 인공적으로는 조달할 수 없는 중요하고 절대적인 요소로, 어미만이 조달할 수 있다.

육추(어린 새 사육법)

부화 후 1주일이 경과되면 새끼는 눈을 뜨고, 몸 전체는 솜털로 덮이기 시작한다. 이때 난조를 만들 때 1개의 계란 흰자도 사용하여 단백질의 공급을 충분히 해 주는데, 이는 어린 새끼의 성장을 돕는 데 긴요하다.

출생 후 10일이 지나면 날개깃이 나오며 온몸이 깃털로 덮이고, 2주가 되면 성장은 더욱 빠르게 진행되고 식욕이 극도로 왕성해진다. 3주가 되면 드디어 카나리아의 형태를 갖추고 둥지 밖으로 나올 채비를 한다. 25일쯤 되면 모이를 먹고 독립할 준비를 하게 된다. 25일이 지나면 어미의 다음 산란 준비가 진행된다. 새끼가 자라던 둥우리를 바닥 가까이에 내려놓고 새로운 둥우리를 준비해 준다.

새끼는 27~28일경 분리하여 해질 무렵 다른 새장으로 옮긴다. 이때 '해질 무렵'으로 시간을 정하는 것은 이때가 새끼에게 안정감을 주기 때문이다.

분리 후 사후 관리

한배 새끼를 함께 같은 장에 넣고 찐 계란과 배합 모이를 바닥에 뿌려 준다. 청채와 칼슘, 깨끗한 물은 물론 모래를 깔아 주는 것도 잊지 말아야 한다. 이와 같은 사후 관리는 10일쯤 계속되고, 그 후부터 농후 사료를 점차적으로 줄이고 대신 일반 사료를 점진적으로 늘려 준다. 60일이 지나면 날림장으로 옮겨 충분한 운동과 일광욕(반사광)을 시켜 튼튼한 종조로 만들어 간다. 단, 직사광선은 피해야 한다.

링(Ring, 가락지)의 구조

링은 부화 후 5~7일 사이에 발목에 낀다. 카나리아의 다리에 알루미늄으로 만든 링을 끼워 그 새의 국명, 지명, 소유자, 출생 연도, 협회에 등록된 것을 알기 쉽게 표시한다. 유럽 각국은 링을 사용하여 카나리아 생산량을 파악하고 잉여 생산을 막아 값의 하락을 막는다. 특히 우량종을 보장하는 수단의 하나로 링을 전통적으로 이용한다. 링의 유무는 그 품종의 가치와 직결되므로 링이 없는 것은 상품 가치를 상실한다. 링의 종류에는 베네룩스 3국이 인정하는 센터링과 각 나라 조합의 링, 각 지방 구역의 링, 자체 사육자의 링 등 다양한 종류가 있으며 그 상품 가치는 엄청난 차이를 둔다.

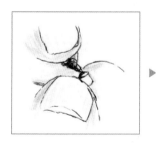  

새의 다리에 링 끼우기

종조(種鳥) 선택과 암수 감별 요령

유럽 여러 나라들은 카나리아 종조를 선택할 때 특별히 관심을 갖는다. 새의 전체적인 체형이나 몸의 균형에도 신경을 쓰지만 새 자체의 혈통에 지대한 관심과 신뢰를 둔다. 카나리아의 생산량에 대한 기준과 양질의 개체 수에 대한 품질 보증서나 이에 상응하는 가락지(Ring)의 표식으로 종조를 믿고 선택한다.

종조는 봄철에 태어난 것을 선호한다. 인위적인 수단에 의해 대량 생산된 새는 경계하고 주의할 필요가 있다. 과다한 약물 복용(항생제나 영양제)과 필요 이상의 농후 사료를 급여하여 조기 번식된 새는 선택하지 않는다. 특히 한정된 조사(鳥舍) 안에서 대량 생산된 종조를 분양 받지 않는 것도 좋은 방법이다.

종조 고르는 법

- 어린새를 구입한다(산란의 경험이 없는 처녀 총각새를 선택한다. 성조를 구입할 경우 실패할 위험이 있기 때문이다.).
- 눈이 둥글고 크며 활력이 있는 새를 고른다.
- 체형이 날씬하고 깃털에 윤기가 나는 새를 고른다.
- 부리, 발톱, 날개에 이상이 없는 새를 고른다.
- 식욕이 왕성하고 활동적인 새를 고른다.
- 깃털의 색상이 밝고 선명한 새를 고른다.
- 상애가 잘 맞는 새를 고른다.
- 잡털이 섞이지 않은 새를 고른다.
- 항문이 깨끗한 새를 고른다.

암수 감별법

카나리아는 겉모습으로 암수가 확실하게 구별되지 않는 종으로, 어릴 때에는 구별이 불가능하다. 그러나 생후 2개월 이후 10여 일간은 암수를 구별할 수 있다. 이른 아침 일출과 동시에 수컷은 머리를 45° 위로 치켜들고 목 부분의 털을 움직이며 우는 시늉을 한다. 따로 분리하여 링을 채워 표시하고 분리시킨다.

TIP | **외형으로 나타난 수컷의 특징**
- 같은 연령의 무리 중 색깔이 짙고 날씬하며 보기가 좋은 새는 수컷일 가능성이 높다.
- 환우기(換羽期, 털갈이)가 지나면 성조가 된다. 발정이 나면 수컷은 항문 부위가 유난히 뾰족하게 돌출된다. 암컷은 돌출 부위가 완만하게 둥글다.

카나리아의 건강 관리

대부분 사육조는 반사광을 좋아한다. 가능한 한 남향과 동향에 창문이 있도록 하여 일출 시에 햇빛이 사육장 깊숙이 들어오도록 하는 것이 새의 건강에 좋다. 단, 한낮의 직사광선은 해롭다.

비품 준비

새장(Cage)

새장은 일반 금속장보다 나무판으로 만든 것이 좋다. 그러나 해충의 발생 등 관리 문제가 따르므로 금속장을 많이 이용한다. 금속장과 장 사이에 가림대를 설치하여 안정감을 도모해 준다.

둥우리

짚으로 만든 접시형 둥우리를 이용하나 유럽에서는 진흙으로 빚은 토분형 접시를 선호한다. 토분형은 해충의 유입을 막으며 해충 발생을 억제하고 장기적으로 사용할 수 있어서 좋다. 짚으로 만든 둥우리는 계속 사용하려면 매 사용 때마다 사용 후 오물(汚物)을 깨끗이 제거하고 수증기로 소독한 후 건조시켜 재사용한다.

횃대

횃대의 굵기는 유정란을 얻는 데 대단히 중요하다. 새에 따라 횃대의 굵기를 선별해야 한다. 재료는 나무로 만든 것과 플라스틱으로 만든 두 가지의 종류가 있다. 외국에서는 플라스틱 횃대는 가급적이면 사용하지 않는다. 카나리아는 다른 종의 새와 달리 다리와 발가락 부분이 몹시 약하다. 그러므로 횃대의 면이 거칠거나 오물이 묻어 있다면 발가락과 발톱에 이상이 올 수 있다.

먹이 그릇

카나리아는 먹이를 헤집고 먹는 나쁜 버릇이 있다. 그러므로 먹이 그릇에 가로대를 마련해 주는 것이 좋다.

물그릇

카나리아는 수욕(水浴)을 좋아하는 종으로, 목욕 그릇을 따로 준비하거나 긴 모이통을 대용(代用)한다. 바닥에 물이 흩어지고 고농도 사료인 난조와 들깨, 그리고 오물로 인해 곰팡이가 생겨 불결해지기 쉽다. 그러므로 칸막이용 특수 목욕통을 이용하면 좋다.

채소꽂이

신선한 채소를 오래도록 주기 위해 채소꽂이를 이용한다. 그러나 여름철에는 오래 꽂아 놓으면 부패될 위험이 있으므로 주의한다.

산좌용(産座用) 짚풀

우리나라에서는 흔히 산좌용 짚풀을 가늘고 부드러운 소초(풀 종류)로 사용하고 있다. 그러나 오염된 것은 알에 손상을 준다. 좀 더 좋은 재료는 마닐라 삼을 10cm로 절단하여 깨끗이 씻어 사용하면 좋다. 유럽 여러 나라에서는 굵은 무명실을 2~3cm로 잘라 작은 통에 넣어 판매한다. 그러나 가장 좋은 산좌용 재료는 포유류의 털이다.

모래종이(Sand Sheet)

종이 위에 식용 접착제를 이용하여 모래, 칼슘, 야채 가루 등 새에 필요한 성분을 아래 함량을 기준으로 만든 편리한 보조품이다. 실내용 새장 안에 깔아 주면 먼지와 오물을 쉽게 처리할 수 있으며, 새의 영양에도 기여할 수 있다. 우리나라에서는 아직 이러한 모래종이가 판매되고 있지 않으나 유럽에서는 일반적인 소모품으로, 사육자가 애용하는 필수품이다. 모래를 깔아 주면 먼지를 일으켜 새와 사육자의 건강을 위협할 수 있으므로 오래 전부터 서구에서는 모래종이를 사용하고 있다.

모래종이 횟대 커버(Sand Perches Cover)

이것은 횟대에 감아 사용하는 것으로, 새 발바닥과 발톱 건강에 도움을 준다.

> 참고 **모래종이의 구성물** 방수용 종이 1장, 식용 가루 아교 4%, 소독된 식용 모래 76%, 칼슘 가루 16%, 마른 청채 가루 3. 5%, 식용 색소 0. 5%

붉은색 카나리아의 작출

붉은카나리아는 롤러카나리아와 랜드시스킨(붉은방울새)과의 교잡종이다. 그러므로 깃털의 붉은 색소는 유전형질의 원인 때문이다. 붉은색 카나리아에게 카로틴(Carotene)이 함유된 사료를 급여하면 카로티노이드(Carotinoid)라는 붉은 색소가 피낭에 흡수되어 붉어진다. 이때 이 새의 유전형질과 카로티노이드가 결합하여 깃털을 붉게 한다. 한 번 착색되었더라도 환우기에 다시 급여해야 아름다운 붉은색 체모를 유지할 수 있다. 그러나 다른 품종은 이러한 유전형질이 없어서 착색이 되지 않는다.

카로틴 모이 만들기와 먹이 주는 시기

카로틴 모이는 일본에서 조제되어 상품화된 지 오래 되었다. 근래에는 좁쌀 크기의 정제도 나와 있어 편리하게 먹일 수 있다. 대체로 12g들이 앰플로 25~30마리를 붉게 착색시킬 수 있는 분량이다. 불투명체 용기에 샐러드 오일 1홉을 넣고 카로틴 1앰풀을 섞어 만든다. 이 혼합액을 '카로틴 오일'이라 하는데, 햇빛에 닿으면 카로틴 성분이 없어지므로 어둡고 신선한 장소에 단기간 보관해야 한다.

혼합 방법은 빵가루나 계란 노른자 가루에 카로틴 오일 2스푼을 넣어 혼합해 카로틴 모이를 만든다. 짧은 시간 내에 먹이려면 2시간 정도 굶겼다가 주는 것이 효과적이다.

어린 새는 생후 2개월부터 붉은색 깃털이 나올 때까지 계속하여 급여한다. 부화 전 1주일이 되면 어미에게 카로틴 먹이를 급여하여 부화된 새끼가 카로틴 성분을 체내에 유입할 수 있도록 하는 경우도 있다. 성조기에는 환우기로부터 시작하여 털갈이가 완전히 끝날 때까지 계속하여 급여하면 아름다운 깃털을 유지할 수 있다.

TIP | 카로틴 먹이 급여 시에는 햇빛에 노출되지 않도록 직사광선을 피한다. 또 물은 계속 주지 말고 하루에 오전, 오후 두 차례씩 1시간 30분 양만 준다.

붉은카나리아 쌍 맞추기	붉은카나리아는 무복(無覆)과 유복(有覆)을 골라 짝을 짓는다. 단, 수컷을 무복으로 하고, 암컷을 유복으로 한다. 이는 유복이 대체로 체질이 강하고 모성애도 깊어 포란과 육추력이 뛰어나기 때문이다. • 유복 : 깃털 끝 부분만 희고 나머지는 모두가 붉은색 계통인 새 • 무복 : 깃털 전체가 붉은 단색으로 된 계통의 새. 무복은 개체 수가 적어 유럽 현지에서는 가격이 비교적 높다.
천연성분 홍당무(당근) 사용할 때 요령	우리나라에서는 카로틴 앰플을 구하기가 어렵기 때문에 당근을 이용한다. 당근즙 안에는 카로틴 성분이 함유되어 있어 깃털의 착색에 널리 이용되어 왔다. 주의할 점은 당근즙을 급여할 때 물을 주면 소기의 목적을 달성하는 데 지장을 준다. 당근즙을 주기 반나절 전에는 물을 주지 말아야 한다.

와일드 카나리아
Wild Canary

- 분포지 : 아프리카 서북부 카나리아 군도 일대의 작은 섬과 마데이라(Madeira), 아조레스(Azores) 섬
- 크기 : 12. 5cm
- 먹이 : 카나리아 씨드, 각종 식물의 종자 및 청채류
- 암수 : 암컷은 색상이 연하고 부리 양쪽에 회색 줄무늬가 있다.
- 특징 및 사육 관리 : 매력적인 목소리를 가진 새. 수컷은 서로 공격성이 강한데, 번식기에는 공격적인 성향이 더욱 강해진다. 이 종은 유럽에서도 발견되지만 아프리카 해안 지역에 제한되어 서식한다. 한때는 사육 카나리아 모든 종류가 유럽 계통에서 얻을 수 있는 것으로 생각했고, 그 중에서 야생 카나리아는 당연히 유럽 계통과 분류된 하나의 종으로 여겼다. 그러나 세린(Serin) 계통이 유럽에서 진화 단계에 이용되었던 새라는 점으로 보아 그 종이 오늘날의 카나리아 작출에 기여된 것이다. 야생 카나리아가 광활한 지역에서 소수의 무리로 발견되고 있다. 카나리아 섬 이름이 이 새의 이름에서 명명된 것으로 생각되지만 사실은 그렇지 않다는 설도 있다. 1498년, 스페인에 의해 야생 카나리아가 처음 소개되었고, 아직까지 카나리아 섬에서 이 세린은 유럽에서 쉽게 구할 수 없는 희귀종이 되었다. 야생 카나리아는 원래 변덕스러운데, 번식기에는 매우 공격적으로 변하기 쉽기 때문에 혼합된 무리에서 함께 사육하기 어렵다. 왁스빌(Waxbill) 새끼처럼 새끼들이 성장할 때 벌레(Live Food)에 의존하지 않으므로 적당한 사육용 먹이와 성공적인 번식을 위해서 혼합 사료를 줄 수 있는 편리함 때문에 애완 조류로 가능할 수 있었다. 만약 야생 카나리아를 사육조로 택했을 때 어려울 경우, 일반 카나리아를 가모로 택하면 된다.

파이프팬시카나리아
Fife Fancy Canary

1940년대에 스코틀랜드 동부의 파이프 주에서 작출되었다. 보더팬시카나리

아의 축소판인 이 종은 점차적으로 널리 알려졌다. 1957년 스코틀랜드 커콜디 (Kircaldy)에서 열린 최초의 모임에서 파이프팬시카나리아는 크기가 그들의 가까운 종보다 2.5cm나 작은 11cm를 초과하지 않는다는 규정의 일치를 보았다. 아름다운 털색은 깃털이 가늘고 야무진 소형 카나리아의 상징성을 유감없이 자랑한다. 성질 은 밝고 활기차며, 다양한 색상 중에서 황색과 황갈색이 인기를 끌고 있다.

와일드카나리아

파이프팬시카나리아

오색방울새(European Goldfinch / *Carduelis cardue*) 오색방울새는 유럽~아시아 서부 지역에 분포하는 새로, 크기는 12.5cm이다. 혼합 사료, 채소, 식물의 씨앗, 살아 있는 벌레 등이 주 먹이이다. 수컷은 얼굴이 붉은색이며, 뒷머리는 흰색이다. 암컷은 수컷과 비슷하나 머리의 적색 부분과 흰색 부위가 좁다. 자연적인 색상과 새의 노래 소리가 아름다워 유럽에서 인기가 대단하다. 번식도 가능한데, 오색방울새와 카나리아와의 교잡종을 통해 카나리아 노래 소리의 발전은 물론 다양한 색상을 얻을 수 있다. 이 새는 한 쌍씩 짝을 이루며 기르는 것이 안전하다.

글로스터카나리아
Gloster Canary

이 종은 두 부류가 있다. 우관(羽冠)이 있는 것과 없는 것이 있는데, 우관은 눈 위에 삭모(槊毛, 송이처럼 축 늘어진 짧은 관(冠))를 쓰고 있다. 또 다른 종은 평평한 평두(平頭)로, 번식이 잘 되고 건강하며 가모(Foster Parents)로 많이 이용된다. 이 종은 우모(羽毛)의 복륜에 따라 무복륜과 유복륜으로 나눌 수 있다. 붉은카나리아는 아직도 품종 개량이 진행 중이며, 짙은 적갈색이나 짙은 오렌지·빨강에서 묘한 파스텔 색상까지 작출되고 있다.

개량 카나리아 Domestic Canary	야생에서는 서식하지 않는 종으로, 인위적인 작출에 의해 탄생된 종이다. 크기는 다양하며, 먹이로는 카나리아 씨드, 혼합 사료, 청채 등이 있다. 암수는 외형적으로 확실하게 구별되지 않으나 발정 시기에 수컷이 운다. 개량 카나리아는 색상이 매력적이고 쾌활하며, 노래 소리가 매우 뛰어나다. 카나리아는 개량되면서 더욱 아름다워지고, 색상도 18C 초부터 흰색과 노란색이 카나리아 색상과 밀접한 관계를 가져왔다. 다양한 색상은 이로부터 시작되었다.

글로스터팬시카나리아
Gloster Fancy Canary

이 활기찬 품종은 1920년대로 거슬러 올라간다. 보더팬시와 크리스트롤러 순종에서 유래된 품종이다. 이 종의 볏 모양은 '코로나'로 표현되며, 평편한 머리는 '요정(傜挺)'으로 표현된다. 근래에 들어와 불행하게도 이중 색상이 깃털 포낭에서 발생하여 이 새의 특징적인 색깔이 줄어들고 있어 안타깝다. 글로스터팬시는 좋은 관상용 품종으로, 초보자도 보더팬시보다 사육하기 쉽다.

글로스터팬시카나리아 개량종

코로나의 볏은 도가머리카나리아처럼 눈을 덮어 가리지 않고 그 새의 우아한 자태에 매력을 준다. 코로나는 치명적인 인자로 인해 같은 계통과 짝짓는 것이 불합리하다. 글로스터의 양쪽 형태는 넓은 범위의 색깔을 나타낸다. 이 혈통은 대개 아무런 문제없이 아주 쉽게 번식한다. 또 순수한 혈통을 얻는 데도 어려움이 없다.

글로스터팬시카나리아

노란 엉덩이 세린
Yellow-Rumped Serin / *Serinus atrogularis*

- 분포지 : 아라비아 남동부, 앙고라와 희망봉, 아프리카
- 크기 : 11. 5cm
- 먹이 : 작은 씨앗들, 혼합 사료, 야채, 살아 있는 벌레
- 특징 및 사육 관리 : 매혹적이고 활력에 찬 목소리를 가졌다. 한 쌍으로 유지되며, 번식할 때 수컷은 특히 공격적이다. 이 종의 노래하는 능력은 비록 뛰어나지는 않으나 검정 목을 가진 카나리아처럼 잘 알려져 있다. 세린은 개별적으로 깃털에서 약간의 차이는 있으나 이것들이 새 종족으로서 확실한 지침은 아니다. 가장 두드러진 차이점은 목에 어두운 빛이 보이는 흔적들일 것이다. 세린은 최소 8종의 아종이 아프리카의 광대한 지역에 알려져 있다. 이 지역에서는 엉덩이가 노란 것이 세린의 특징이므로 이 사실이 반영되어 '노란 엉덩이 세린'이라고 부르게 되었다. 수컷의 조력자로서 암컷은 컵 모양의 둥지를 만든다. 한 쌍은 흔히 3개의 알을 낳는데, 새끼는 암컷 혼자 기른다. 비록 암컷이 둥지를 떠날 때 수컷이 잠시 알을 품고 있어도 그 시간이 2주이며, 첫 번째 알을 품는 기간이 다소 길다. 그 이유는 암컷이 알을 낳자마자 진지하게 알을 품지 않아 기간이 늘어난다. 생육먹이(Live food)는 특히 새끼들의 초기 성장에 반드시 필요하며, 그 외에 Grass Seedheads는 좋은 재배먹이이다. 어린 새들은 2주일이 지나서야 날아갈 수 있고 엉덩이가 노란 부분으로 구별되는데, 성숙한 새보다는 희미한 색이다.

롤러카나리아
鳴金鳥, Roller Canary

- 출산지 : 일본을 통해 유입된 품종으로, 출산지는 독일의 산 하르츠(HARZ)
- 특징 및 사육 관리 : 이 새는 명조를 목적으로 개량된 품종답게 다른 카나리아보다 울음소리가 뛰어나다. 17C 말, 노래 소리를 과시할 목적으로 작출된 이

품종은 다양한 특징으로 종류를 분류한다. 어린 카나리아의 울음소리를 가르치는 데 사용되어 '훈련용 선생(School master Bird)'이라고 부른다. 음역은 3옥타브까지 발전시킬 수 있다. 타종의 카나리아와 특별히 다른 점은 없지만 소리가 이 새의 장기인 만큼 사육 장소에 특히 주의를 요한다. 충분한 훈련을 쌓은 숙련된 어미 새는 문제없지만 어린 새는 다른 품종의 카나리아 울음소리에 영향을 받아 롤러카나리아 본래의 소리 맛을 잃어버릴 수 있기 때문이다. 울음소리는 13음절이 롤러카나리아의 표준이므로 심사 대상의 득점은 그 이상의 음절로 우열을 가린다. 발성력은 1옥타브가 7음절이므로 최고 3옥타브면 곧 21음절까지 낼 수 있는 발성력을 의미한다. 정말 대단한 것이다. 이렇게 유전적으로 음력이 좋은 품종의 새와 교배시킬 필요가 있다. 고가의 새를 작출하는 것이 개체 수에만 의존하는 것보다 훨씬 좋은 사육 관리이다.

곱슬카나리아
卷毛金雀, Frilled Canary

- 출산지 : 오스트리아의 무명 조류 사육자에 의해 작출된 것을 일본이 수입하여 더욱 개량시킨 품종이다.
- 크기 : 15~17cm
- 특징 및 사육 관리 : 새장은 넓고 긴 것이 좋다. 수직형의 품종이기 때문에 상단 횃대와 천장의 높이를 여유 있게 해 주는 것이 좋다. 이 종은 다른 품종의 카나리아보다 교미 자세가 높기 때문에 무정란이 나올 확률이 크다. 교배상의 문제점은 유복과 무복의 쌍짓기를 원칙으로 하며, 암컷을 유복으로 하는 것도 모성애가 강해 새끼를 비교적 잘 기르기 때문이다.

TIP | **곱슬(프릴)카나리아의 깃털 감상** 프릴카나리아의 기묘한 깃털의 변이는 예술적 감흥을 준다.
 – 깃털의 겉 부분과 속 부분이 말려 서로 떨어진 상태의 관찰
 – 앞가슴 깃털이 몸의 중간선 쪽으로 곱슬하게 말려 있는 상태로의 예술적 감상
 – 깃털의 끝부분이 말려 위를 향해 있고, 목털은 날개에까지 퍼져 있는 상태의 감상

리자드카나리아

Lizard Canary

리자드카나리아는 현재 생존하고 있는 카나리아 중에서 가장 오래된 품종으로, 눈에 띄게 매력적이어서 인기가 높다. 그러나 이 새의 유래는 확인된 바 없다. 리자드의 몸에 있는 독특한 형태는 파충류와 닮았다. 리자드는 머리꼭대기의 깃털이

붉은 카나리아

눈에 띄는 오렌지색과 붉은빛의 요소는 현재 새로운 색상을 지닌 카나리아 중에서 가장 보편적인 새이다. 이 카나리아는 남미종인 검은머리방울새(Hooded Siskin, Spinus Cucullatus)와 짝지어 생긴 혼합종으로, 1920년대 처음으로 개량된 종이다. 이 종은 다산계이므로 새끼를 계속 번식시킬 수 있다.

깃털은 컬러 푸드(Color food)를 이용하여 항상 오렌지색을 유지하고 붉은색의 길이를 최대한으로 한다. 털갈이하는 동안에는 털갈이 후 색깔에 영향을 미칠 노란색 흡입량의 최소화를 위해 귀리 같은 것을 먹는다.

만일 사육자가 컬러 푸드를 사용하지 않을 경우 강판에 간 홍당무를 공급하여 카나리아 색깔에 영향을 줄 수 있다. 본래 색소인 카로틴은 깃털 내의 혈액 공급으로 흡수할 수 있다. 사육자가 적당한 컬러 푸드를 선택하여 적당한 양만 먹여 준다면 새의 색깔 유지에 대해 그렇게 큰 걱정을 할 필요는 없다.

붉은 인자(因子)를 갖고 있는 카나리아는 자연스럽게 매력적인 붉은색을 띤다. 컬러 푸드의 지나친 사용은 다음 털갈이 때까지 카나리아의 외모를 망칠뿐만 아니라 짧은 기간 내에 오히려 붉은빛을 감소시킨다.

이 붉은카나리아의 색깔에 또 영향을 미치는 것은 깃털 구조이다. 어떤 새는 깃털 가장자리에 흰 부분이 있어서 마치 서리가 내린 것처럼 보인다. 이 새들은 야생조와 비교해 보면 약간 부드러운 깃털을 가졌다. 이와 같은 차이점은 카나리아의 번식 때에 발견되기도 하지만 그리 선명하게 나타나지는 않는다. 번식을 위해서는 깃털 조직이 각각 다른 2마리로 구성되어야 한다. 같은 새와 또 한번 짝짓게 되면 보통 방법으로는 나타날 수 없을 만큼 부드러운 깃털이 나는 포낭(包囊)을 생기게 하며, 피부 밑의 곱슬거리는 털은 새의 등 모양같이 부풀어오른 형태를 갖게 된다.

리자드카나리아(무모자)

확실히 헝클어져 있는데, 꼭 모자처럼 보인다. 머리 위의 털색에 따라 '모자', '반모자', '무모자' 등 3종이 있다. 황색을 '금색 리자드'라 하고, 황백색(황갈색)을 '은색 리자드'라 부른다. 머리 부분의 색조는 일반적이지만 없는 종도 있다. 환우기를 2회 이상 지속하면 색상도, 우모(羽毛)도 거칠어진다. 그러므로 자연 색조를 짙게 보존하려면 사육에 특히 유의해야 한다. 리자드카나리아는 이렇게 색채도 다양한데, 애완동물로서 인기가 많은 카나리아 중 리자드는 예외적이다.

이 종은 우문(羽紋)의 반이 선명함과 정형인 것이 생명이다. 색상 관리가 요구되기 때문에 교배 시에 충분히 유의해야 한다. 모자 모양의 정형인 것과 사육 중에 대형화하는 경향이 있지만 체형은 중형에 고정시켜야 한다.

스카치팬시카나리아

細金系雀, Scotch Fancy Canary

카나리아 중에서 일찍이 볼 수 없었던 매력적인 변이된 품종이 호소카나리아이다. 일본에서 개량된 것으로, 그 원종은 스카치팬시카나리아이다. 명치유신 중기에 동경과 니가타에서 약간의 변이된 형으로 개량되어 왔는데, 오늘날 양자의 장점만을 뽑아 교배하여 일본산 호소카나리아로 고정되었다. 19C 영국에서 사육된 것이 100여 년간에 걸쳐 오늘날의 아름다운 작품이 창출되었다. 크기는 12~13cm의 작은 새로, 머리는 작고 목은 가늘고 길며, 앞쪽으로 약간 굽어 있다. 꼬리는 모가 나지 않고 등은 둥글고 체형은 서 있는 직립형으로, 꼬리는 몸 앞쪽으로 반달형으로 감는다. 따라서 횡으로 보면 체우(体羽)가 단단한 나무에 삼일월장(三日月將)의 정지 자세가 된다. 발의 모양은 팔 자형으로 벌어져 있다.

일반 새장에서 사육할 수 있고, 번식도 잘 된다. 가는 몸에 머리 부분에서 배 부분에 걸친 선의 흐름과 등의 곡선이 신비롭고 아름답다. 관리 중 체형상 아름다운 꼬리 깃을 더럽히는 것이 흠이다. 수욕(水浴)을 충분히 시키는 것도 필요하지만 새장 안을 청결하게 하는 것이 무엇보다 중요하다. 이 종은 건강하고 번식도 잘 되어 초보자도 쉽게 사육할 수 있다.

화이트카나리아

白金系雀, White Ground Canary

백색 품종은 300년 전부터 독일에서 사육되었던 우성의 백(白), 최근에 뉴질랜드에서 유전적으로 열성의 백색 품종 중에서 작출된 것이 주종을 이룬다. 원래 롤러카나리아에서 개량된 것이다. 요즘은 거의 모든 품종에서 개량할 수 있지만 과학적인 배려가 필요한 귀한 품종이다. 사육 관리는 일반 카나리아와 동일하다. 깨끗한 사육장과 청채를 급여하면 눈부신 순백색의 아름다움을 만끽할 수 있다.

노위치카나리아
Norwich Canary

18C 초 영국 동부 지역에서 작출된 종이다. 카나리아 중에서 가장 훌륭하게 만들어진 품종이다. 할 수 있는 한도만큼 최선을 다해 개량된 예술품으로, 손색없는 찬사를 받고 있는 종이다. 노위치카나리아는 많은 변종을 수반하는 모체로서 진가를 발휘한다. 색조에 감탄할 만큼 화려한 것이 계속 창출되고 있다.

노위치팬시카나리아
Norwich Fancy Canary

이 종의 작출 동기는 병든 카나리아에게 원기를 돋우기 위해 약간의 고춧가루를 급여했던 데서 비롯되었다. 이로 인해 색상에 극적인 변화가 시작된 것이다. 이 새는 19C 말엽에 이렇게 우연한 기회에 작출된 품종이다.

노위치팬시카나리아

기버이탈리쿠스카나리아
Gibber Italicus Canary

곱슬카나리아의 혈통 중에서 근래에 진화 개량된 것은 스페인에서 처음으로 번식된 '기보소 에스파뇰(Giboso Espanol)'이다. 이 새는 목 부분에 부가적인 척추를 지닌, 특별히 긴 목을 가졌다. 이 품종은 노란색 깃털만이 있으며, 가슴뼈와 다리 윗부분에 깃털이 없는 것이 특징이다.

기버이탈리쿠스카나리아

랭커셔카나리아
Lancashire Canary

가장 오래된 개량 품종 중 하나이다. 약 200년 전 영국의 맨체스터에서 만들었다. 영국에서 개량된 품종 중 가장 대형으로, 우관종(羽冠種)과 평평두형(平平頭型)의 두 종류가 있다. 색조는 없고 현재는 순황색 아니면 황갈색이 보통이다. 랭커셔카나리아의 원래 혈통은 제2차 세계 대전 말기에 사라졌던 것을 조류 연구가의 끈질긴 연구로 다시 재생된 귀한 품종이다.

이노카나리아
붉은 눈, Ino Canary

1964년 벨기에에서 작출된 베르잔의 사육가가 시나몬 붉은카나리아 한 쌍을 작출하였다. 엷은 털색과 빨간 눈의 돌연변이에서 적색, 황색, 백색의 털색 3가지 품종을 만들어 냈다. 이 중에서 흰색 붉은 눈 카나리아는 다른 동물에서도 잘 나타나는 '알비뇨 현상(白化現想)'과는 성질이 다르다. 이 형질은 열성이기 때문에 부모의 형질을 갖고 있을 때만 나타난다. 이노카나리아는 털에 멜라닌 성분이 감소되면 흐린 색이 된다.

요크셔카나리아
Yorkshire Canary

새를 사육하는 데 소요되는 시간은 많은 노력과 함께 과학적인 사고를 요한다. 요크셔카나리아는 영국 요크셔 지방에서 개량 작출된 것이다. 19C 후반 이 품종은 일반적으로 인기를 얻지 못했다. 그러나 오늘날에는 자태와 색상의 다양화로 색조로서 인기를 얻고 있다. 크기는 18cm 정도이며, 현재 그 수가 급격히 줄어들고 있다. 실제 생존하고 있는 것은 제2차 세계대전 이후 아주 적은 수에 의해 그 명맥이 유지되고 있다.

요크셔팬시카나리아
Yorkshire Fancy Canary

어떤 품종도 외모로 이와 같은 극적인 변화를 준 것은 찾아볼 수 없다. 1860년대에 이 종은 매우 가늘고 길어서 결혼 반지를 통과할 정도였다. 길이는 17cm로 대단히 긴 새이다. 이 종은 랭커셔카나리아와 노위치팬시카나리아의 교접을 통하여 작출된 것으로 추정된다. 이 종의 작출은 고도의 기술과 끈임 없는 연구의 결과물로, 고급 품종 중 최고의 성공작이다. 체형은 활처럼 휘어져 있는 것보다 바로 서 있는 체형이다.

요크셔팬시카나리아

벨지안카나리아
Belgian Canary

벨기에에서 개량된 가장 오래된 개량종으로, 영국에서는 19C 후반에 인기가 좋았으나 그 후 급격하게 개체 수가 줄어들어 멸종된 것이 아닌가 염려되는 품종이다. 벨지안카나리아는 색채를 보기 위해 만든 것이 아니기 때문에 특징적인 색을 갖고 있지 않다. 그러나 이 품종은 카나리아 세계에서 가장 기묘한 모습을 하고 있는 종류 중 하나이다.

번식력은 보통이나 구입하기가 어렵고, 사육하기도 쉽지 않다. 이 종은 요크서팬시카나리아 같은 다른 품종의 발전에 중요한 역할을 했다. 모습의 기묘함 때문에 합격할 수 있는 기준에 미치지 못한 것은 유감이다.

런던팬시카나리아
London Fancy Canary

이 품종은 리자드카나리아와 가까운 근선(近線)으로, 1930년대에 절종되고 말았으나 다시 만든 종이다. 영국 런던을 중심으로 작출되었으며, 날개와 꼬리 부분만 검고 몸체 색은 노란색으로, 꾀꼬리의 수컷과 흡사하다.

보더카나리아
Border Canary

영국에서 작출된 품종으로 인기 있는 종이다. 번식이 용이하고 모성애가 강해 다른 고급 카나리아의 가모 역할도 충실히 해 낸다. 세계 도처로 보급된 것은 최근의 일이다. 이 품종은 동작이나 모습 등 체형을 보고 즐기기 위해 사육되고 있다. 이 새의 움직임과 활동적인 동작은 이들의 가치를 인상적인 경지에까지 끌어올려 준다.

보더팬시카나리아

Border Fancy Canary

이 종은 카나리아 혈통 중 가장 널리 알려진 새이다. 19C 초반, 영국과 스코틀랜드 사이의 국경 지방에서 최초로 작출된 이후 노위치 혈통에 의한 영향으로 체구가 커졌다. 이 종은 그들의 작출가를 신뢰하기 때문에 새로운 종의 카나리아로 등재되어 세계에 널리 보급되었다. 이 종은 활기찬 기질이 특징이다.

보더팬시카나리아

우관(羽冠) 도가머리카나리아
Crested Canary

우관을 쓴 도가머리카나리아의 역사는 1793년부터 비롯되는데, 도가머리, 노위치가 가장 오래된 품종이다. 노위치와 닮은 이 종은 혈통이 고정된 독립적인 것으로 정착되었다. 우관(羽冠)을 가져오는 유전자는 우성이지만 사육자는 같은 우관이 있는 품종끼리는 짝짓기를 삼가는 것이 좋다. 유전자의 편성상 우관 유전자를 갖고 있지 않은 것(우관 없음.), 우관 유전자를 1개 갖고 있는 것(우관 있음.), 우관 유전자를 2개 갖고 있는 것(발생 도중 사멸됨.)의 3개 편성을 두고 있다. 우관 유전자를 2개 갖고 있는 것은 중사가 되므로 우관 유전자를 1개 가진 것과 갖고 있지 않은 것을 교배하고, 우관이 있는 새끼를 50% 얻는 것이 새끼들에게 이롭다.

파리잔프릴카나리아
Parisian Frill Canary

프랑스와 이탈리아 등지에서 작출된 종으로, 곱슬 털 혈통의 새들 중 최대이며, 크기는 무려 21cm에 달한다. 이 품종의 특징은 나선형(螺旋形) 발톱을 갖고 있는 것이다. 관상용으로서는 최고에 속하며 상당히 잘 진화된 품종으로, 서 있는 자세가 지팡이를 짚고 있는 노신사(老身土)의 완숙한 멋을 유감없이 풍긴다.

파도비안프릴카나리아
Padovian Frill Canary

이 혈통은 1974년 이탈리아 파두아시의 이름을 따서 명명되어 표면상으로 인정되었다. 형태는 파리잔프릴카나리아를 닮았지만 모질과 생김새에서 차이가 난다. 평평한 머리는 그 끝이 특징적인 꽃다발 모양을 갖추지 못했기 때문에 비록 몸의 깃털이 특색 있다 해도 프랑스 계통의 것과 큰 차이는 없다. 그래서 제대로 인정받지 못하고 있다. 또 이와 흡사한 품종으로 밀란프릴(Milan Frill)과도 구별된다.

파리잔프릴카나리아

파도비안프릴카나리아

아메리카싱어카나리아
America Singer Canary

1930년대에 보더팬시카나리아와 교접된 롤러카나리아로부터 작출되었다. 이 품종은 미국인이 선호하며, 유럽에서는 인기가 없다. 털색은 날개에 점이 있는 것이 특징이나 울음소리는 대단히 뛰어난 명금종이다.

교잡종 카나리아
Mule Canary

야생종의 새와 교배시켜 작출된 품종으로, 야생종의 울음소리와 형태가 닮아 애조가의 호기심과 색다른 흥미를 유발하여 사랑을 받아왔다. 보통 잡종들은 번식능력이 없는 것이 일반적이나 잡종 중에도 우연히 번식력 있는 것이 발견되었고, 붉은색 카나리아가 작출된 것이다.

Bull Finch Canary Mule Hybird

그 외 다양한 카나리아

마스크허팬시카나리아

서브스화이트블루오팔
카나리아

히말리안그린팬시
카나리아

레드오렌지쿡팬시카나리아

포러스티드로스어켓오팔
카나리아

옐로럼푸드시더터

하우스팬시카나리아

앵무

櫻鵡

사람들은 앵무새의 재능에 경탄한다. 앵무새는 인간의 말이나 소리를 흉내 내서 사람들에게 흥미를 끈다. 앵무새의 이런 능력 때문에 어떤 지역에서는 신성(神聖, Holiness)시되기도 한다.

길들여진 충실한 애완용 앵무새는 주인과 가족들에게 동물과의 대화(교감)를 경험하게 한다. 그리하여 진정한 유대의 범위를 규명하는 연구가 시도되고 있다. 말하는 앵무새와의 우정은 주인에게 심미적 위안과 안정감을 주어 건강에 일조한다. 큰 앵무새의 경우는 관심의 욕구가 크므로 많은 시간을 할애해야 한다.

미국 인디애나 주의 퍼듀대학에서 행한 실험에 의하면, 앵무새는 자신의 환경 조건에 대하여 이해하고 있다는 사실이 증명되었다고 한다. 최근까지 앵무새들은 자신이 배운 소리의 의미를 모르는 것으로 알려져 있었다. 앵무새가 아침 시간대에만 '굿 모닝'이라는 아침 인사를 선택하는 것처럼 앵무새가 특별한 말을 적절하게 골라 교류할 수 있다는 것은 오랫동안 알려져 왔다. 앵무새가 말하는 실제적 방법은 현재 분명치 않다. 그러나 새가 후두부도 없이 소리 내는 방법은 언어 장애인들에게 도움을 줄 수 있다는 차원에서 의학적 연구 과제가 되기도 한다.

호주 사랑새(잉꼬)는 애완 조류 중 세계에서 가장 유명하다. 환경에 맞게 색상을 바꾸고 우아한 비행을 하는 이 사랑새는 가히 매혹적이다. 최근 들어서 어미 새 없이 성공적으로 부화되어 육추되고 있는 사실이 속속 나타나고 있다. 그래서 알들을 부화기에 옮기면 암컷은 얼마 안 있어 재산란에 들어간다. 따라서 주어진 번식기 안에 더 많은 새끼를 늘려 생산할 수 있다.

앵무새 고르기

일반적으로 새끼를 선택하는 것이 좋다. 앵무새는 수입된 성숙한 새를 구입하는 것이 더 좋아 보이지만 양육하기에 앞서 몇 년 동안의 정착 기간이 필요할 수 있다. 집에서 부화된 어린 새는 성숙하는 데 거의 비슷하거나 약간 더 긴 기간을 필요로 한다. 그러나 좀 더 짧은 기간에 번식이 가능하며, 상대적으로 안정된 번식을 보장받을 수 있는 이점이 있다.

앵무새 잘 기르기

앵무새는 지적인 새이므로 권태롭지 않도록 정신적인 자극이 필요하다. 따라서 다양한 종류의 장난감을 구입하거나 만들어 준다. 예를 들면, 미끄러져 내려갈 수 있도록 하거나 구멍 난 조그마한 나무 조각을 단단한 철사 줄에 고정시켜 놓아도 된다. 이런 것들은 새들에게는 훌륭한 놀이기구가 되며 즐거움을 준다. 알맞은 유형의 장난감은 오히려 새의 건강문제를 해결해 주기도 한다. 그러나 새장 안이 장난감으로 어지러워져서는 안 된다. 탁구공이나 거울은 앵무류에게 있어서 좋은 장난감이다.

앵무새의 놀이기구는 자연적인 행동을 자극할 수 있는 유형의 것들이어야 한다. 예를 들면 분무기는 새로 하여금 건강과 모양을 내도록 하며, 이는 깃털을 양질의 상태로 유지시켜 준다. 분무기가 처음 사용될 때 앵무새가 놀라게 되는데, 익숙해지면 날개를 펼치며 받아들이게 된다. 이것은 깃털 먼지를 최소화시켜 주며, 목욕 식별하기를 빠르게 배운다. 깃털 먼지에 대해 알레르기 반응을 일으키는 사람과 호흡 증상을 밝히는 데 매우 중요하다. 특히 유황앵무는 털갈이할 때 비교적 많은 양의 먼지를 내는데, 매일 미지근한 물로 스프레이 하여 깃털이 건조해 부서지지 않도록 해 준다.

사육되는 새들은 동반자로서 인간에게 전적으로 의존한다. 따라서 소유자와 앵무새와의 육체적, 정신적 상호 교류가 매우 중요하므로 격일 또는 매일 새에게 헌신할 수 있도록 시간을 낸다.

앵무새는 같은 종이나 비슷한 종에 대해 지극히 우호적이나 다른 종에 대해서는 공격적이어서 물기도 한다. 따라서 고양이나 개와 같은 다른 애완동물에 대해 주의를 기울여야 한다. 뜻하지 않은 동물들이 가까이 오면 매우 날카로운 소리를 낸다. 초기 단계에서부터 모든 과의 새들에 대한 경계와 일상적인 연습을 포함한 돌발적인 상황을 방어하지만 호의를 가지는 다른 새들을 방해하지 않는다.

앵무새가 홀로 오랫동안 정신적 자극 없이 있게 된다면 문제가 발생할 수도 있다. 이때에는 라디오를 틀어 놓아 앵무새를 배려해 준다면 권태감을 어느 정도 경감시키는 데 도움이 될 수 있다.

애완 앵무새는 처음부터 짝이 필요하다는 것은 인정되어 왔다. 비슷한 종의 새를 두세 마리 동시에 구입하게 된다면 어느 정도 주인의 손을 덜 수 있다. 새들은 서로서로 모양을 내고 여유를 즐기기 때문에 권태를 극복하게 된다. 비록 사육자가 많은 시간 동안 함께하지 못해도 경쟁의식과 질투심으로 권태감을 이길 수 있다. 만약에 집에 다른 새가 있다면 새 하나를 더 구입하기보다는 집안에 있는 새를 소개시키는 것도 좋다.

깃털과 털갈이

조류는 단순히 비행 능력에 의해 특정지워지지 않는다. 사실 조류라고 해도 일부는 날지 못하기도 하고(키위, 타조, 펭귄 등), 반대로 포유류인 박쥐와 같은 것은 날개를 가지고 있기도 하다. 따라서 진정 '조류'라고 특정 짓는 이유는 조류에게만 유일한 깃털이 있기 때문이다. 깃털의 상태는 그 새의 전체적인 건강 상태를 밝혀 줄 수 있는 중요한 열쇠이다.

건강한 새는 매끄럽고 윤기 나는 깃털을 가지고 있으며, 그 건강미를 유지하기 위해 항문 주위에 있는 기름샘에서 부리로 기름을 발라 깃털을 치장한다. 새가 털갈이할 때 날개깃에서 새로운 털이 생겨나는 것을 볼 수 있다. 이때 날카롭고 매끄러운 가시털들은 피부로부터 돋아나는 새로운 털을 보호해 주고, 각각의 털들이 꼬이지 않고 정상적인 상태를 유지할 수 있도록 새의 부리로 다듬어 가는 과정에서 싸고 있는 껍질이 제거된다. 비록 이 꼬챙이 같은 대롱의 날개깃과 꼬리 깃털이 자라는 과정에서 가장 두드러지게 나타나지만 그런 가시털은 대개 몸통 부분의 털이 솟는 과정에서도 볼 수 있다. 특히 사랑새가 털갈이할 때 머리 부분에서 뚜렷하게 나타난다.

털갈이의 빈도는 호르몬에 의해 결정된다. 정상적인 환경에서는 대부분의 새들이 둥지를 떠날 수 있을 나이가 되면 즉시 털갈이를 할 수 있다. 그러나 이 단계에서 모든 털이 완전히 빠질 수는 없다. 예컨대, 카나리아 같은 종은 털갈이 때 날개와 꼬리털이 완전히 없어지지 않는다. 그러므로 어린 새는 완전한 첫 번째 털갈이가 될 때까지는 아직 날 수 없는 상태로, 점진적인 환우(換羽)를 한다. 성장기의 털갈이 후부터는 대부분의 새들이 매년 털갈이를 하는 경향이 있지만 가정에서 사육되는 새의 경우 이러한 패턴은 긴 조명(照明)에 노출되거나 인위적으로 온도를 높

부화기(孵化器)　　　　자체 부화를 정상적으로 시도할 때 어미 새에 의한 거부로 도중에 실패하는 일이 종종 있다. 이때 사용하는 인공적인 기구가 '부화기'이다. 부화기는 온도와 습도, 통풍 등을 과학적으로 연구하여 자연 부화 상태를 유지하도록 한 인위적인 조작된 기구이다. 닭이나 꿩 그리고 기러기류나 오리류 등과 같이 부화되자마자 새끼들이 스스로 먹이를 먹을 수 있는 종이 있는가 하면, 그렇지 못한 앵무새나 핀치류, 또는 카나리아 등은 어미 새 없이 인위적인 육추는 불가능했다. 그러나 베이비 푸드 같은 양질의 어린 새 먹이의 식품이 개발되어 보급됨으로써 이러한 불가능한 사육조도 성공적인 부화는 물론 육추도 인간이 대신할 수 있게 되었다. 이제 애완조는 인간에 의해 부화되고 육추되어 고가의 가치를 인정받고 있는 것이다.

이는 환경의 영향으로 나타나기도 한다. 이렇게 새가 1년 내 자주 털갈이하는 경우를 자연스러운 털갈이라고 한다. 자연스러운 털갈이인 환우 시에는 몸 표면에 드문드문 있는 부스럼이 더 이상 번지지 않는다. 그런데 만일 부스럼이 번진다면 이것은 특히 앵무새의 경우 새 스스로가 자기 털을 뽑아 버리고 있는 것이다. 이는 치료하기가 어려우며, 또 이런 새들은 애완용으로서 가치를 상실하게 된다.

털이 무질서하게 나는 것은 앵무과의 새들에게는 일반적인 현상이다. 사랑새의 경우 '핀치 몰트(Finch Molt)'라고 하는 병에 상당히 민감하다. 특히 이소(移巢)한 지 얼마 안 된 어린 새에게 잘 걸린다. 날개깃이 충분이 성장하지 못하면 비행 능력에 지장을 주게 된다. 이런 증상은 관상 가치에도 치명적이다. 이런 혈통의 새는 유전적으로 문제가 있는 것이므로 번식용으로서도 적합하지 않다. 또한 헝클어진 털을 가진 새는 기생충(Chewing louse)과 같은 곤충들이 기생하고 있다고 볼 수 있다. 이 때에는 다른 새들과 같이 생활하고 있다면 전염을 막기 위해 제거시키는 것이 바람직하다.

부리와 머리

가끔 새의 부리를 검사해 봐야 한다. 때로는 윗부리와 아랫부리가 정확하게 맞물려지지 않는 선천적인 문제점인 부정 교합을 보일 수도 있다. 이는 사랑새에게 가장 잘 나타나는데, 윗부리가 아랫부리보다 비정상적으로 더 성장하는 경우, 위가 튀어나온 경우, 아랫부리가 혀 아래로 혹은 윗부리가 혀 아래로 파고드는 경우, 아래가 튀어나온 경우 등 여러 형태가 있다. 이는 유전적 결함에 의해 이루어지는 현상으로, 치료가 불가능하므로 이런 종자는 폐기 처분해야 한다.

새에게서 기생충을 제거하기란 쉽지 않다 그러나 납막(Cere)이 부리와 접하는 부위는 항상 신중히 살펴볼 필요가 있다. 이곳에 피부의 틈을 통해 피부 조직으로 스며드는 진드기(Mite)에 의해 야기되는 초기 증세가 나타난다. 이 기생충은 횃대나 직접적인 접촉에 의해 부리 주위에 산호처럼 딱지가 생기게 하는데, 상당히 빠르게 새장 안에 퍼진다. 처음에는 부리 표면에 경미한 찰과상이 생긴 것처럼 나타난다. 증세가 진행되면 이 벌레들은 피부 조직 자체를 악화시켜 부리의 비정상적인 성장을 가져온다. 이 기생충은 다리에도 해를 입힐 수 있다.

새의 머리 부분은 나이를 측정하는 데 가장 믿을 만한 자료를 제공한다. 예를 들어 비록 다른 부분이 그들의 부모와 비슷하다 해도 어린 앵무새의 경우 눈동자 주위의 홍채는 예외 없이 검다. 눈은 맑고 콧구멍이 안 막혀 있으며, 그 크기에 있어서도 차이가 있다. 눈 부위의 융기는 코의 감염에서 비롯될 수 있다. 이런 문제는 근래 수입된 앵무새들에서 자주 발견된다. 이런 경우에는 콧구멍의 한쪽이 더 커 보이는데, 이것은 상당 기간 피부 조직을 상하게 하거나 새가 불안 상태가 되면 증세가 악화되는 고질병으로 진행된다.

먹이와 혼합 사료

호주 앵무새는 일반적으로 곡물과 오일 씨앗의 혼식을 먹고, 다른 대륙의 앵무새는 전통적으로 대부분의 오일 씨로 이루어진 혼식을 한다.

해바라기씨는 여러 가지 형태의 혼식 주재료로 사용되며, 그 중에서도 껍질을 까지 않은 하얀색이 가장 영양가가 있다. 가능하면 작은 해바라기씨를 선택하는 것이 좋다. 보통 낟알은 알맞은 크기이고, 더 큰 것은 외피가 벗겨지므로 낭비가 심하다. 땅콩은 껍질째 나오거나 벗겨서 나올 수 있다.

앵무새 혼식의 또 다른 재료는 잇꽃씨(해바라기씨보다 통통함.)와 삼이다. 옥수수도 섞을 수 있으나 보통 작은 새가 먹기에는 힘들다. 그런데 옥수수알맹이는 최근 젖을 뗀 앵무새나 병을 회복한 새들에게 유용한 먹이가 된다. 부드러워질 때까지 끓이고, 먹이기 전에 식힌다. 이렇게 하면 옥수수도 쉽게 소화된다.

앵무새 혼식에 넣는 다른 곡물로 '귀리'가 있다. 그러나 아주 작은 앵무새에게는 다른 곡물도 먹일 수 있는 사랑새 혼식이 좋다. 기장도 앵무새 먹이로 많이 사용된다. 특히 새끼를 가졌을 때 좋다. 따뜻한 물에 하루 종일 담금으로써 씨가 쉽게 발아되기 시작해 이때 화학적인 변화가 일어나므로 먹이의 단백질 함유량이 증가한다.

젖은 씨앗을 급여할 때는 반드시 충분히 헹군 후에 준다. 특히 남아 있는 젖은 씨는 24시간 이상 새장에 남겨두지 말아야 한다. 씨에 곰팡이가 생겨 자칫하면 치명적인 독성을 만들 가능성이 높기 때문이다.

그 외에 요즘에는 완두콩, 강낭콩, 편수와 같은 다양한 콩을 사용하고 있다.

새의 훈련

1단계 훈련

훈련 과정은 각 새들의 특성에 따라 다르게 진행된다. 비슷한 종의 앵무새라 할지라도 성격적인 요소는 매우 다르다. 어떤 새는 다른 새보다 대담하고 감성적이다. 이미 인정된 애완용의 유순한 새들은 매우 빠르게 정착하지만 새들의 신뢰를 얻기 위해서는 시간이 걸린다.

손으로 기른 어린 앵무새는 적응하기가 매우 쉽다. 사육자를 먹이의 공급자로 인식하는 경향이 각인된다 해도, 스스로 먹이를 먹을 수 있어도 먹이를 청하는 경향이 있다. 이런 새들은 손에 있는 과일이나 먹이를 기꺼이 먹으며, 또한 인간에 대한 두려움이 없기 때문에 길들이기가 매우 쉽다.

성숙한 어미 새를 훈련시킨다는 것은 매우 어렵고 오랜 시간을 요하게 된다. 때론 무익한 것이 될 수도 있다. 그렇지만 기본적인 기술은 모든 경우에 동일하다.

새들은 먹이를 사육자로부터 직접 공급받고 먹게 된다. 처음에는 새들이 흥분하며 경계할 수 있다. 앵무새는 손가락을 깨물려고 하지는 않으므로 새장 안으로 손을 깊게 넣어 비교적 큰 과일 조각을 줘 본다. 새들이 가까이 있을 때 갑자기 손을 빼거나 놀라게 해서는 안 된다. 만약 새들이 사육자의 근접에 신경질적이라면 먹이를 꼭 확인하도록 한 후에 바닥에 떨어뜨려야 한다. 차츰 앵무새와 가깝게 되고, 곧 먹이를 먹기 시작한다. 새장 안에서 앵무새가 손 안에 있는 것에 익숙해질수록 열린 새장 문을 통해 이 과정을 반복해야 한다.

아침과 저녁 지속적으로 1회에 15~30분 이상 규칙적인 반복 훈련이 필수적이다. 간단히 말해 많은 훈련의 어려움은 사육자와 어린 새가 충분한 시간을 갖게 함으로써 소기의 목적을 이루게 된다.

2단계 훈련

일단 새들이 손에 있는 먹이를 먹게 되면 이제는 직접 접촉할 단계로 진입한다. 앵무새의 발톱이 부리만큼 날카롭기 때문에 첫 단계에서는 한 짝의 가죽 장갑이 필요하다. 앵무새가 놀라면 앵무새의 발톱이 피부에 구멍을 낼 정도는 아니지만 고통을 줄 정도로 꽉 쥐는 경향이 있기 때문이다. 그러므로 앵무새의 발톱에 상처가 나지 않도록 가죽 장갑은 필수적이다.

앵무새는 단어 또는 곡조에 한하지 않는 상당할 정도의 암기력을 가지고 있다. 따라서 '잡기'를 목적으로 이용되는 장갑의 외형이 공포와 비명 발생의 원인이 되지 않도록 훈련을 목적으로 특수화시킨 장갑을 사용하는 것이 중요하다. 이런 과정에서 새들은 관련된 사람들을 무척 싫어하게 될 수도 있다. 새들은 때때로 특정 성(性)에 대해 편애하기도 하는데, 길들여진 앵무새는 가끔 남자 또는 여자 중 하나를 싫어하는 것으로 밝혀졌다. 이런 경우는 이전의 소유자에게 학대받았거나, 그 결과로 적개심이 남아 있을 때 더욱 그렇다.

손으로 사육된 앵무새는 어릴 때부터 손에 익숙해져 있기 때문에 손에 잡히는 것에 대해 거부감을 드러내지 않는다. 새들은 손 또는 팔을 횃대로써 그리 확신하지 않지만 갓 깬 어린 새끼 단계에서는 주위에 많이 의존하게 된다. 첫 단계는 앵무새를 설득(유인)하여 자신 있게 손에 앉히는 일이다. 새장에 새가 있을 때 손에 접촉될 때까지 횃대 쪽으로 천천히 움직여야만 한다. 처음에는 앵무새가 새장 옆으로 피하게 되지만 결국 장갑 낀 손으로 새 다리를 만지는 것이 가능할 것이다. 손을 천천히 횃대 위쪽으로 직접 올리게 되면 새는 손에서 잘 다루어질 수 있게 될 것이다.

다음 단계는 앵무새를 제자리에 둔 상태에서 손을 움직이는 것이다. 이 단계에서는 앵무새를 손으로 들어서 새장 밖으로 꺼내는 것이 가능할 것이다. 이것은 매우 어려운 일이다. 새들은 아마 문에 가까이 갈 때까지 장갑 낀 손에 앉아 있을 것이다. 그러나 다음에는 새장으로 다시 날아 들어갈 것이다. 그렇지만 용기를 갖는다면 이런 일은 극복될 수 있다. 만약 앵무새가 새장 안에서 손바닥 위에 기꺼이 앉게 된다면 이것은 나가기를 거절하는 것이므로 작은 먹이로 새를 유혹해 본다.

일단 새장을 나오게 되면 대다수 앵무새들은 지붕 위에 있는 것을 행복해한다. 이때 적당한 횃대 위치를 제공하여 최후의 수단으로 새를 들어 올리는 것이 필요하다. 앵무새가 비교적 유순하다면 목 부위를 어루만지기 시작하는 것은 가능해질 것이다. 목 부위는 한 쌍의 새 사이에 상호 부리로 애무하는 위치인데, 이런 행동

| 비만 예방 운동시키기 | 새장 안에서 사육되는 앵무새는 비만의 위험성이 매우 높다. 이런 증상은 새의 건강과 수명에 지대한 영향을 끼친다. 때로는 비만 때문에 외과 수술이 필요하게 되며 합병증이 생기는 위험도 감수해야 한다. |

이러한 위험은 체중 증가가 원인이다. 가령 해바라기씨, 땅콩, 삼씨와 같은 과다 지방의 공급에도 불구하고 항온과 영양을 유지하는 데 적은 에너지 소모는 물론 운동할 기회가 거의 없는 좁은 새장 속의 새들에게는 일어날 수밖에 없는 환경의 결과이다.

먹이의 조섭(調攝)을 감소시키고, 동시에 새들의 흥미를 자극할 만한 다양한 놀이물을 제공하는 것도 비만을 줄이는 방법 중 하나이다. 과일과 야채 등의 먹이 변화는 앵무새가 먹이를 거절할 수 있다. 그러나 과일과 청채를 정기적으로 제공한다면 곧 먹게 될 것이다. 새장 밖에서 비상근을 움직이도록 횃대를 고무줄로 하여 새들이 앉게 되면 고무줄의 반동으로 다시 날기를 되풀이할 수 있게끔 방법을 모색해 보는 것도 좋다.

은 그들 간에 유대를 강화하는 몸짓이 된다.

확실히 가정적으로 사육된 새는 사람들과 쉽게 친해진다. 이미 길들여져 있어서 주저 없이 사육자의 손에 있는 먹이를 가져가는 새도 있다. 사육자 손에 앉은 새장 밖의 새는 더 느긋해진다. 앵무새는 종종 새장 위에 느긋하게 앉고, 그곳이 편안하게 훈련받는 장소가 될 수 있다.

빠른 움직임으로 새를 놀라게 하지 말아야 한다. 새장에 손을 넣는 것으로 시작해 새의 다리에 다가가고, 앵무새 쪽으로 손을 천천히 움직인다. 다소 움츠러들지만 곧 위험하지 않다는 감정이 생기고, 특히 과일 조각과 같은 맛있는 먹이를 줄 때 새는 장갑 위에까지 간다. 처음부터 손을 움직이지 말고 점차적으로 조금씩 손을 올린다. 아마 새는 여전히 장갑 위에 앉아 있을 것이다. 그 다음에 다른 손으로 과일 조각을 주면 새는 그것을 가지고 가서 앉아 있는 동안 먹을 것이다. 어떤 새들은 다른 새보다 더 빠르게 반응한다.

더욱 좋은 결과를 위해서는 다른 사람의 움직임으로 앵무새가 산란해지지 않도록 방에는 혼자 있어야 한다. 새장 문을 열기 전에 고양이나 강아지 같은 애완동물들을 먼저 방에서 몰아내고 문을 닫아야 한다. 새가 방 안을 날게 되면 창을 통해 날아가려 하기 때문에 커튼으로 큰 창문을 가리는 것이 좋다. 창문과의 충돌은 치명적일 수 있으며, 최소한 새가 기절할지도 모른다. 방 안에서 날다가 다칠 수 있으므로 어떤 사육자는 날개깃을 잘라 주기도 한다.

말하기와 말 가르치기

새들이 인간의 언어(말)를 흉내 내는 능력은 몇 세기 동안 계속 사육자를 매혹시켜 왔다. 새들이 단어에 대한 의미를 이해하는 능력이 있는지 없는지에 관하여 상당한 논쟁이 있었지만 실제로 사육자와 의사소통을 할 수 있고, 적절한 단어를 구사할 줄 아는 것으로 밝혀졌다.

미국의 인디애나 퍼듀(Purdue)대학에서 실험한 최근의 연구는 아프리카의 회색앵무는 사육자와 논리적 추리를 할 수 있는 능력이 있다고 보고했다. '알렉스(Alex)'라 명명된 이 연구에 이용된 새는 질문에 답하여 다른 목록 사이를 구별하고 어떤 뜻있는 태도로 '노(No)'라는 단어를 이용할 줄 알았다.

의학자들이, 새가 분명히 말할 수 있는 기관에 대해 연구하는 이유는 인간에게는 있는 정상적인 발성에 필요한 '후두'를 새는 가지지 못했기 때문이다.

새에게 말할 수 있도록 가르치는 과정은 간단하다. 이는 기초적 사육 과정으로서 동시에 실행되어야 한다. 반복 녹음된 음성기기가 도움을 줄 수 있지만 새의 관심을 집중시키는 데 있어서 인간의 어려움을 대신할 수는 없다. 낱말 또는 문장을 가능한 한 정기적으로 반복하고 점차적으로 마스터함에 따라 이해하는 단어의 수가 증가하게 된다. 어떤 새는 특히 더 재능 있음이 증명되기도 하였다. '스파키(Sparkie)'라는 이름의 이 새는 기록적으로 가장 말 잘하는 사랑새(Budgerigar, 잉꼬)로, 8년 동안 개별적 낱말 558개를 마스터했고, 8편의 동시(童詩)를 처음부터 끝까지 암송하는 능력이 있었다.

사랑앵무

잉꼬, Budgerigars Family : Psttacidae

- **분포지** : 대부분의 서식지는 호주이며, 동부 해안과 타스마니아(Tasmania)를 제외한 전 지역인 유목지(幼木地)에서 생활한다.
- **크기** : 18cm
- **먹이** : 혼합 사료의 혼합물과 카나리아 씨드와 기장 또는 귀리 등을 급여하면 좋다. 그 외에 청채와 당근, 오징어 뼈 등의 무기질도 가끔 급여한다.
- **암수** : 납막(콧구멍 주위의 나출된 피부)의 색깔로 암수를 구별한다. 암컷의 납막은 갈색 또는 우유색이며, 수컷의 납막은 푸른색 또는 자주색을 띤다.

사랑앵무는 애완 조류 중의 애완 조류이며, 가장 인기 있는 품종이다. 박물학자 존 골드가 호주로부터 유럽에 처음으로 소개한 살아 있는 앵무새는 그의 형인 찰스 콕센에 의해 번식을 시작했고, 그 다음에 다른 새들을 호주에서 수입하였다. 그후, 40년이 지난 후에 100만 마리 앵무새의 상업적 목적으로 번식 연합체가 결성되고, 이에 대한 수요를 충족시켜 일을 하게 되었다. 야생인 사랑앵무는 호주의 내륙을 가로질러 서식하면서 유목 생활을 한다. 거대한 무리의 이 새들은 적당한 지역에 모일 수 있고, 먹이가 떨어지면 다시 이동한다.

사랑앵무는 건조한 지역에서 살도록 잘 적응되어 있다. 이들은 물 없이도 며칠 동안 견딜 수 있지만 신선한 먹이 공급은 새를 가정적으로 길들이는 데 유용하다. 집단으로 키울 수 있고, 사람과 친숙하다. 어릴 때부터 키우면 손노리개용으로 쉽게 길들일 수 있다.

현재 사랑앵무의 외형은 몇 세대의 인공적인 번식을 거치면서 급진적으로 바뀌었고, 동시에 개체 수도 엄청나게 증가하였다.

사랑앵무의 색상 변화(Color mutations)

사랑앵무가 널리 보급되어 인기를 끌게 된 원인 중 하나는 다양한 색상의 변이 때문이다. 대부분의 야생종은 밝은 녹색을 띤다. 최초의 관상용은 노란색이었다. 이 색은 1872년 벨기에에서 연속적으로 나타나기 시작했다. 이런 종류의 새들은 검은 눈과 뺨에 엷은 자주색을 띠는 반점들을 가지고 있는데, 이로부터 7년 뒤 벨기에서 나온 루티노(Lutino) 변종과의 구별이 가능하다. 루티노종은 빨간 눈에 얼굴에는 반점이 있고, 미나리아재비와 같은 노란색 체모로 온몸을 덮고 있다. 이러한 변종의 출현으로 초기 루티노 혈통은 점차 사라져 가고 있다.

1878년에는 파란색 변종이 출현했는데, 곧 사라졌다가 1881년에 다시 나타났다. 이런 새는 1910년 영국 런던의 홀티컬튜얼 호텔에서 처음 공개되었는데, 당시 상당한 관심을 불러일으켰다.

전반적으로 밝은 녹색으로의 변신은 1915년 검은색 변화가 가능하게 되었을 때부터 예견되었던 것이 현실로 나타난 것이다. 이것으로 짙은 녹색과 몸 안에 두 검은 색소를 지니고 있는 올리브색의 새가 출현하게 되었다. 이러한 파란색 계통의 사랑앵무가 계속 나타남에 따라 비슷한 색깔의 것들이 코발트 모브(Cobalt Mauve) 등으로 계속 진전되어 갔다.

또한 1930년 이전에 단색에서 파란색과 흰색, 녹색과 노란색으로 혼합된 형태가 처음으로 등장했다. 그러한 새들은 잡종으로 알려지기 시작했고, 유전적으로나 외형적인 두 개의 변화로 구분되고 있다.

그리고 1930년대에는 검은색과 파란색 요소들이 혼합되어 짙은 보라색이 나오면서 보라색 계통이 출현하게 되는데, 색깔은 드물지만 지금도 여전히 인기를 누리고 있다.

1933년 열성 잡종이 처음 나왔고, 동시에 호주에서는 우성 잡종이 출현했다. 이들은 외형적으로 우성 잡종이 덴마크산 열성 잡종보다 더 크다. 눈의 모양으로 봐도 서로 구별이 된다. 열성 잡종은 짙은 보라색이며, 반면에 성숙한 우성 잡종은 검은색 동공에 흰 홍채를 지니고 있다. 성숙한 수컷의 납막은 두 변종을 구분하는 데 또 다른 결론을 제공한다. 우성 잡종의 경우 이 색은 파란색이며, 열성 잡종의 경우는 항상 자주색이다. 특히 기질상으로도 열성 잡종이 본성적으로 더 자주 날아다니는 경향이 있는 등 근소한 차이가 있다.

1930년대에 다른 색깔 계통으로는 회색 형태가 있다. 잡종의 경우와 같이 이것도 열성과 우성이 있는데, 전자는 제2차 세계대전 중에 사라졌다. 회색 변종은 비록 1936년 중 독일에서 독자적으로 발생하기도 했지만 대체로 호주산에서 파생된 것이 널리 퍼져 있다. 이 시기 전에는 깃털이 흰색으로 대체된 파란 사랑앵무에게서 노란색이 나올 수 없는 것으로 알려져 있었다.

루티노에서 또 다른 혈통이 1936년 서독에서 출현했다. 붉은 눈에 순백색을 띤 알비뇨〔白化現想〕는 이보다 전인 1931년에 나타났다. 이러한 종류의 새들은 유전적 원리가 좀 더 확실히 밝혀짐에 따라 루티노를 보다 잘 교잡시켜 발달시킨 것들이다.

1936년 노랑 얼굴을 가진 파란색 사랑앵무 역시 당시에는 큰 파란을 일으켰다. 그리고 그 형태는 곧 회색 사랑앵무에게로 이어갔다. 기본적인 체모색의 변화는 차치하고 점이나 특히 날개에 주는 돌연변이는 잘 정립되어 있다. 시나몬(Cinamon)앵무는 등 뒤의 자연적인 검은색이 묽어져 있고 푸른색 점이 있으며, 또한 붉은 눈을 갖고 있다. 노란 날개·흰 날개·회색 날개 역시 알려져 있고, 또한 우유빛 색깔은 머리 부분의 점들의 분포를 변화시키기도 하며, 색상을 묽게 하고 전시를 위해 날개 위에 V 자형의 모양을 창출하기도 한다. 우유빛 색상은 다른 어떤 새들과도 혼합될 수 있어서 밝은 회백색의 새와 같은 것을 만들 수 있다.

깃털의 변화도 생겼는데, 그 중에 세 가지 깃 장식의 변종이 두드러진다. 이런 유형의 새는 1935년 호주에서 처음 출생하였는데, 독립된 혈통으로 프랑스와 카나리아에서 발달하였다. 술이 있는 변종은 이마 위에 술이 달려 있고, 반면 원형 변종은 머리 주위에 깃털 장식이 있다. 반원형의 경우에는 볏이 머리 앞부분까지 있다. 다시 말해 볏이 있는 변종의 경우 다른 어떤 색상과도 결합이 가능하다.

위에서 말한 일반적 변이 외에도 수많은 다른 사랑앵무새의 변종이 있으며, 앞으로도 계속 새로운 변종이 출현할 것이다. 가장 최근의 변종은 1978년 호주에서 출생된 이래 널리 보급되기 시작한 스팽글(Spangled)이다. 등 뒤의 점들은 마치 왕관앵무(Cockatiel)와 같고 검은 점이 중앙선을 지나고 있다. 허리의 점 역시 흡사하게 영향을 받은 것이다.

세끼세이사랑앵무(일반 사랑새)

원산지는 호주 남부 지역과 동부 해안을 제외한 모든 지역에서 광범위하게 서식한다. 주로 곡물을 먹이로 하기 때문에 원산지에서는 농민들의 기피 조류로 알려진 해조(害鳥)로, 박해받고 있다. 우리나라에서 가장 많이 기르는 품종으로, 건강하여 기르기 쉬우며 번식도 연중 무리가 없다. 일반적으로 초록색 종류가 원종이지만 많은 색상과 체형이 변화되어 고급 사랑새의 작출로 일반종과 고급종으로 대분된다. 고급종은 예물종으로 구분되어 외국에서는 고가로 거래되고 있다.

> **참고** **고급 사랑앵무(잉꼬)** 일반 사랑앵무를 색조와 체모, 그리고 체형의 변화를 인위적으로 개량하여 고품격 사랑앵무를 만들어 낸 품종으로, 보통 '예물종(藝物種)'이라 하여 고가에 거래되는 품종이다.
>
> **클리어윙(Clearwings)** 이것은 파랑과 녹색의 색상과 관련된 흰색과 노란색의 날개를 가진 사랑앵무(잉꼬)를 말한다. 1940년대 초, 벨기에에서 작출된 종이다.

켄슨사랑앵무(Kenson)

켄슨사랑앵무는 체모가 파란 하늘색을 띠고, 등 쪽에는 V 자형 청색 반문이 있다. 또한 이마에 황색 띠를 이루고 있는 종은 '레인보우켄슨'이라 부르는데, 체형이 크고 아름답기 때문에 애조가에게 인기 있다. 그 외에 녹색 계통의 레인보우켄슨도 있다.

> **참고** **하프사이더(Half- siders, 켄슨계)** 매우 희귀한 품종의 새일수록 몸 색상이 정확하게 두 부분으로 대칭되어 있기 때문에 항상 관심의 대상이 된다.
>
> **팰로우(Fallow, 켄슨계)** 다양한 담황색의 변종은 빨간 눈에 의해 특징되며, 독일의 변종에서 유래되고 있다. 체모의 농도는 선명하다.

오파린사랑앵무

오파린사랑앵무는 켄슨잉꼬계나 하루퀸계와 일반 사랑앵무와의 교잡으로 작출된 품종으로, 색채 변이가 다양하다. 일반적으로 흰색 머리에 체모는 코발트색이나 회색 또는 자색계의 엷은 색을 띠는 종과 황색 머리에 체모는 엷은 노란색을 띠는 것이 있다.

Dark-eyed Clears 성조가 되었을 때 사랑앵무(잉꼬)들은 검은 눈동자(동공) 주위에 보통 하얀 원의 홍채(Irides)는 결핍되고, 체모가 흰색과 황색인 품종을 닮아 순수한 색상을 유지하고 있다.

시나몬오파린그레이사랑앵무

시나몬오파린블루사랑앵무　　라이트그린오파린피드사랑앵무

하루퀸사랑앵무

체모의 대부분이 황색을 띠고 하반신은 올리브색 아니면 녹색을 띠고 있어 두 가지 색상을 감상할 수 있다. 이 종은 켄숀사랑앵무에 비해 체격이 작다. 날개는 검은색의 반점이 있고, 머리와 안면에 검은 반점 무늬가 있다. 흰색 하루퀸은 온 몸이 흰색이며, 아랫배 중심 부위가 청색을 띤다. 날개에는 흑색 무늬의 반점으로 이루어져 있다. 이 품종 중에는 청색계, 자색계, 청자색계 등이 있다. 이 밖에도 흑 색·황색·청색 하루퀸이 있는가 하면 크림색 계열의 하루퀸도 있다.

루티노사랑앵무(잉꼬)

온몸의 체모가 짙은 노란 색으로, 그 화려함은 애조가 의 관심을 끌기에 충분하다. 고가의 명품일수록 노란색 계통의 새가 많다. 특징은 홍 채가 엷은 포도색을 띠고 있다.

라이트 옐로(Light Yellow) : 밝은 노란색의 품종은 1870년대 네덜란 드에서 최초로 변이종이 작출되었 다. 다양한 노란 색조는 예를 들어 다크와 올리브 옐로(Dark & olive yellow)로 알려져 있기 때문에 현재 검 은 인자의 새로 알려져 있다.

루티노황색빨간눈잉꼬

화이트(White) : 흰색 체모 형태인 품종은 검은 눈 색 깔의 기초를 이루는 백화현상으로부터 구분될 수 있다. 1920년에 처음으로 작출되어 사육되었으며, 이 품종이 유행된 이후로 색이 엷어지기 시작했다.

모란앵무
Lovebirds

- **먹이** : 혼합 사료에 귀리의 증량과 해바라기씨와 청채 및 보레 등을 주 사료로 한다.
- **번식 요령** : 일부는 암수 구별이 쉬우나 대개는 감별이 어렵다. 분홍머리모란앵무(Peach-faced lovebird)나 흰눈테모란앵무(White-eye-ring lovebird)는 암수 감별에 세심한 관찰을 요한다. 암컷은 둥지에 접근할 때 꼬리를 벌리는 습관이 있다.

모란앵무는 가장 인기 있는 품종으로, 색채의 다양성에 감탄하지 않을 수 없다. 앵무새들 중 널리 보급되었으며, 가정에서 사랑받고 있다. 몇몇 종류는 자유 번식 습성으로 광범위한 돌연변이를 일으켜 9종이 새로운 품종으로 인정받게 되었다. 검은목모란앵무(Swindern's lovebird, Black-collared lovebird)는 아직까지도 아프리카 야생종으로서 그 명맥을 훌륭히 이어가고 있다.

모란앵무는 꼬리가 짧고, 아프리카와 그 근해의 섬에서 분포하고 있다. 모란앵무는 둥지를 틀 때 둥지 틀 곳에 재료를 모아 놓고 부리로 운반하거나 깃털을 모아 놓은 곳에서 훔쳐오기도 하는데, 이는 각 종에 따라 조금씩 다르다. 노랑목검은모란앵무(Yellow-collared Lovebird 또는 Masked lovebird)와 그의 동종들은 위험을 막기 위해 둥지 안에 반원형 구조물을 다시 크게 짓는다. 모란앵무는 극히 공격적인데, 특히 산란기에는 더욱 심하다. 이는 암컷이나 새끼를 보호하기 위한 극진한 수컷의 가족 사랑 때문이다. 보통 암수 한 쌍은 그들끼리 살아간다. 특히 변종일 경우에는 그들의 번식을 알기 위한 세심한 관찰이 중요하다. 산란 수는 보통 3~8개, 평균 성공률은 50~60%이다. 암컷은 23일 동안 포란하고, 수컷은 포란 기간 내내 암컷과 나란히 보금자리를 지킨다. 다양한 색채를 가진 분홍머리모란앵무는 현재 길들여지고 있으며, 특히 북아메리카와 유럽에서 많은 사람들이 자유롭게 거래하고 있다. 가장 흔한 변종은 파스텔블루모란앵무(Pastel Blue lovebird), 다크팩터모란앵무(Dark Factor lovebird), 루티노파이드모란앵무(Lutino Pied lovebird), 노랑모란앵무(Yellow Masked lovebird) 등이다. 모란앵무는 다른 종에게 심술궂고 공격적인 경향을 보인다. 날개는 표면이 그물 모양의 조직으로 덮여 있고, 사실상 이중 구조로

되어 있다. 호주의 조류 사육사들은 모란앵무가 성공적으로 집단 체제에 적응할 수 있도록 해 준다. 모란앵무는 일찍이 내한성(耐寒性)에 익숙해져 있다. 모란앵무는 매우 매력적인 종이며, 사육할수록 보람과 즐거움이 크다.

빨간머리모란앵무
Fischer's Lovebird / *Agapornis rosei collis*

- 서식지 : 서남 아프리카 탄자니아
- 크기 : 14~15cm
- 먹이 : 해바라기씨, 기장, 카나리아 씨드, 청채와 과일
- 암수 : 외견상 암수의 차이는 없다.
- 특징 및 사육 관리 : 분류학자에 의해 노랑목검은모란앵무(Masked Lovebird)의 아종으로 간주되나 색상에 있어 아주 다르다. 이 종은 흑모란앵무와 유사한 조류 역사를 갖고 있기는 하나 1920년대에 유럽에서 사육되고 그 후 번식이 시작되었다. 그러나 성격과 매력적인 체모의 색상 등으로 볼 때 이 종은 사랑새(잉꼬)와 함께 이상적인 애완용 새이다. 모란앵무는 외국에서도 인기가 높다. 일명 '분홍머리모란앵무'로 불리는 복숭아빛 얼굴을 가진 모란앵무는 호주에서 잘 알려진 품종으로, 산란 수는 4~6개 정도이며, 포란 기간은 23일 걸린다. 생후 6주쯤 되면 털이 나기 시작할 때 부리의 흑색 반점을 통해 어린 새로 확인될 수 있다. 이 어린 새는 어미새보다 색상이 엷고 덜 뚜렷해서 구별하는 데 무리가 없다. 새들이 먹이를 스스로 찾아 먹을 수 있을 때가 새를 구입할 절호의 기회이다. 손수 사육한 새의 경우는 사람의 손에서 자랐기 때문에 인간과 쉽게 적응할 수 있다. 빨간머리모란앵무는 말도 할 수 있는데, 더 큰 앵무새처럼 시끄럽지도 않아 어쩌면 사랑새보다 더 많은 장점을 갖고 있다. 최근에는 더 자극적인 여러 색상들이 작출되고 있다. 대부분의 경우 녹색보다는 훨씬 비싼 가격으로 유통되며, 기르는 데도 어려운 점이 없다. 이 새로운 새들로 인해 조금 이국적인 이름이 붙여지기도 한다. 크레미노앵무(Cremino Lovebird)는 비록 분홍빛 얼굴이지만 레몬색 체모를 가지고 있으며,

빨간머리모란앵무

반면에 루티노(Lutino)는 머리가 짙은 적색 깃털과 붉은색 눈을 가지고 있지만 이 종은 홍채가 노란색을 띠고 있다. 비록 몇몇의 빨간머리모란앵무 얼굴을 가진 모란앵무들은 푸르게 보이기도 하지만 여전히 그 깃털에 녹색의 흔적이 연어빛 분홍 얼굴을 상쇄시켜 주로 파스텔계의 푸른색으로 표현되기도 한다. 이 변종은 1963년 네덜란드에서 처음 출현했다. 복숭아빛 얼굴을 가진 모란 앵무의 잡종색은 매우 다양하다. 노란색이 주종을 이룬다고 생각하기 쉽지만 전체적으로는 푸른색에 가까운 색상이다. 녹색과 파스텔 계통 새의 푸른색 3 가지 모양이 현재 확인되고 있는데, 그 결과로 노란색 올리브 잡종과 같은 혼합색을 얻을 수 있다. 만일 파스텔계의 새가 푸른색의 잡종 요소와 결합된다면 결과적으로 파스텔색도 푸른색과는 배치되는 엷은 노란색을 띤 색이 나올 것이다. 복숭아빛 얼굴의 노랑 형태는 가끔 금빛 색조라 불리는데, 이와 반대로 비단빛 색조가 출현될 날이 곧 올 것이다. 최근 가장 진화된 형태는 노란 얼굴의 혼합형이다. 색상의 발전된 형태는 앞으로도 계속될 것이다.

노랑목검정모란앵무

Masked Lovebired / *Agapornis personata porsonata*

- 서식지 : 아프리카 탄자니아 북동부

- 크기 : 14cm

- 먹이 : 해바라기씨, 기장과 카나리아 씨드, 청채, 과일

- 암수 : 외관상 차이 없다.

- 특징 및 사육 관리 : 원종은 모란앵무의 대표적인 새로, 이 종에서 품종 개량이
  이루어져 다양한 색상의 모란앵무가 작출되었다. 아름다운 이 새는 눈 주위가
  흰색 테두리로 둘러져 있어 흰눈테모란앵무(White-eye-ing) 집단의 한 종류로
  본다. 일본에서는 '보당잉꼬'라고 하는데, 단추(보당) 모양 같다 하여 붙여진
  이름이다. 이 품종은 분홍머리모란앵무(Peach-Faced Lovebird)와 신체적 특징
  뿐 아니라 둥지 짓는 습성에서도 다르다. 노랑목검은모란앵무는 깃털보다는
  부리로 둥지 짓는 재료를 옮기고, 그 결과 둥지는 부피가 큰 경향이 있다. 만

노랑목검정모란앵무

약 신선한 잔나뭇가지를 빼앗긴다면 이들은 오래된 기장가루와 심지어는 신문지 조각을 포함하여 이용할 수 있는 모든 것을 실제로 사용한다. 이 새는 번식 면에서도 훌륭하지만 분홍머리모란앵무만큼은 아니다. 1920년대에 발견된 야생 변종에서 유래된 푸른색 모양의 이 새는 지금 정착하여 잘 자란다.

분홍머리모란앵무
Peach-faced Lovebird / *Agapornis roseicollis*

- 서식지 : 아프리카 서남부에서 서북 보츠와나에 걸쳐 분포한다. 해안에서 1500m 고지까지 살고 있으며, 주로 건조 지대를 선호한다.
- 크기 : 16cm
- 먹이 : 일반적인 혼합 사료도 좋지만 약간의 해바라기씨를 증량하고 마(麻)의 열매를 급여하면 좋다. 좁은 새장의 새에게 과식은 금물이다. 비만이 되면 번식은 불가능하기 때문이다.
- 암수 : 암수가 같은 색으로, 외관상 구별은 어려우나 골반이 크고 넓은 쪽이 암컷이다.
- 특징 및 사육 관리 : 일반적으로 널리 알려진 종이다. 일본명은 '고사꾸라'이다. 체모는 밝은 녹색을 띠며, 머리와 얼굴은 붉은색, 목과 가슴에 걸쳐서 엷은 복숭아색이다. 허리와 꼬리는 밝은 청색으로, 꼬리의 밑면은 연한 홍색과 흑색을 띤다. 대단히 건강한 품종이며, 옥외 금사에서도 월동을 한다. 현재 이 새는 충분히 사육조로 변신, 정착하였기 때문에 새장에서도 번식이 용이하다. 중형의 새장이 필요하며, 가능하면 실내보다 옥외 금사에서 사육하는 쪽이 번식 성적이 훨씬 좋다. 둥지는 모란앵무 번식 상자를 넣고 약간의 톱밥이나 대팻밥을 산좌용으로 이용하면 된다. 산란 수는 일반적으로 4~6개 정도이며, 포란 기간은 23일, 육추 기간은 40일 이후 이소(離巢)한다. 둥지에서 떠난 어린 새끼는 밤이 되면 둥지로 돌아오는 버릇이 있다. 새끼의 체모는 적색기가 없고 전체 색은 갈색을 띤 녹색으로, 부리는 검다. 독립 시기는 부리의 흑색이 모두 사라진 후가 적당하다. 성조가 되는 시기는 생후 6개월이 지나면

분홍머리모란앵무

생식 기능을 나타낸다. 이 종은 연 3~4회 번식하는데, 여름철에는 둥지를 떼어 내고 휴식을 시키는 것이 건강을 지키는 비결이다.

골든체리모란앵무

Golden-Cherry Lovebird / *Agapornis roseicollis*

- 크기 : 크기는 16cm
- 특징 및 사육 관리 : 온몸의 색깔이 노란색으로, 눈부신 화려함은 타종에 비해 월등히 자극적이다. 눈은 붉고 이마와 얼굴과 윗가슴은 분홍색으로, 체모와의 노랑 색상 대비가 화려함을 더욱 돋보이게 한다. 부리는 황색을 띤 살색이며, 날개 끝은 백색이다. 이 새는 분홍머리앵무의 변종으로, 일본에서 작출된 품종이다. 사육조에 의하여 작출된 품종이며, 사육 관리는 용이하다. 이 새의 짝짓기는 본종끼리의 교잡을 원칙으로 한다. 타종과의 교잡은 절대로 피해야 한다.

검은뺨모란앵무

Black cheeked Lovebired / *Agapornis personata nigrigenis*

- 크기 : 14~15cm
- 특징 및 사육 관리 : 원산지는 아프리카의 중남부 지역이다. 앞이마는 붉은색을 띤 갈색, 뒷머리는 어두운 황색을 띤 녹색, 목과 뺨은 어두운 황록색을 띤다.

청모란앵무

Blue Masked Lovebird

- 크기 : 14~15cm
- 특징 : 부리는 연한 분홍색, 머리는 흑색, 가슴과 배와 목은 흰색, 날개와 등은 짙은 하늘색, 아랫배는 연한 하늘색, 발은 회색이다.

청모란앵무

코발트피치모란앵무

Cobaltpeach-Faced Lovebired / *Agapornis roseicollis*

- 크기 : 16cm
- 특징 및 사육 관리 : 분홍머리모란앵무의 변종으로, 체리블루보다는 색이 짙고 녹색의 잔영이 있는 청색이나 회색빛이 혼합되어 있다. 허리는 진한 코발트 색이며, 이마와 머리 부분은 연한 분홍색을 띠고 있다. 얼굴과 목 부위는 흰 색을 띤 살색이다. 부리는 황색을 띤 살색이며, 등과 날개는 색이 짙고 복부와 꼬리는 흐리다.

크림알비노피치모란앵무

Crem-albino peach-faced Lovebired

- 크기 : 16cm
- 특징 및 사육 관리 : 분홍머리모란앵무의 변종으로, 눈은 빨갛고 이마는 연분홍 색, 얼굴과 목 부분은 우유빛 연노랑색이다. 성조가 될수록 색이 짙어가며, 고 상한 기품으로 변한다.

백모란앵무

White Masked Lovebired

- 크기 : 14~15cm
- 특징 및 사육 관리 : 부리는 살색이다. 검은머리모란앵무의 백색 변종으로, 머 리와 가슴은 흰색을 띠며, 등 부위는 연한 하늘색을 띤다. 그러나 머리 부분에 는 흑색 잔영이 엷게 나타나므로 이 새와 교잡이 가능한 품종은 황모란앵무 와 청모란앵무로, 교잡하면 새로운 색상을 얻을 수 있다. 이는 다른 모란앵무 종과 교잡해서 태어난 새끼들의 색상이 온전하므로 근친을 피하면서도 건강 한 종자를 얻을 수 있기 때문에 사육자들이 많이 활용하는 종이다. 일본명은 '시로보당'이라고 한다.

노랑모란앵무
Yellow Masked Lovebird

- 크기 : 14~15cm
- 특징 및 사육 관리 : 부리는 적색, 눈은 흑색, 이마와 안면은 적색, 목 부분과 아래턱은 오렌지색 또는 주황색을 띤다. 뒷머리는 황색을 띤 갈색이다. 등과 날개는 짙은 녹색에 날개 끝은 흑색이다. 허리 부분은 감청색, 아랫배는 연녹색, 발은 회색이다. 일본명은 '야마부끼'이다.

모브피치모란앵무
Mauve peach-faced Lovebird

- 크기 : 16cm
- 특징 및 사육 관리 : 분홍머리모란앵무의 변종이다. 앞이마와 얼굴, 목 부분은 연한 분홍색, 앞가슴에 이를수록 아주 엷은 연분홍색을 띤 흰색이다. 등과 날개는 먹물을 칠한 듯 연한 흑색을 띠고 허리는 자색이다.

아비시니안모란앵무
Abysinian Lovebird / *Agapornis taranta*

- 크기 : 15~16cm
- 특징 및 사육 관리 : 원산지는 아프리카 중동부이다. 부리는 붉은색이며, 앞이마는 붉고 눈은 까맣다. 눈 테두리는 붉은색, 턱 밑에서 아랫배에 걸쳐 꼬리까지는 연한 연녹색을 띤다. 날개 끝은 흑색에 노랑 줄무늬가 섞여 있고, 등과 날개는 짙은 녹색이다. 머리 위 뒷부분은 붉은색과 노란색이 혼합된 갈색이며, 다리는 회색이다.

아비시니안모란앵무

왕관앵무

Cockatiels Nymphicus hollandicus

왕관앵무

- **서식지** : 해안 지방을 제외한 호주 대부분의 지역에서 서식한다. 주로 동부 지역에 많이 서식하고 있는 데 반해 타스마니아(Tasmania)에는 서식하지 않는다.
- **크기** : 30cm
- **먹이** : 곡물의 낟알, 혼합 사료, 카나리아 씨드, 기장, 해바라기씨, 채소
- **암수** : 외관상으로 구별하기 어려우나 수컷의 꼬리 아랫면에 노란색 줄무늬가 있다.

친숙도가 높고 손노리개로 사랑받고 있는 품종이다. 호주의 건조 지대에서 온 앵무과의 한 종인 왕관앵무(Cockatiel)는 사랑새(잉꼬)가 그랬던 것처럼 1840년경에 유럽에 처음으로 선보였다. 처음에는 장식된 모습이 마치 유황앵무처럼 알려져 19C 말까지도 '왕관앵무'라는 이름으로 불리지 않았다. '왕관앵무(Cockatiel)'라는 말은 이 종을 '작은 유황앵무(Cockatoo)'라는 뜻의 'Cacotilho'라는 포르투갈 어에 어원을 둔 'Kakatielje'라는 네덜란드 말에서 나온 명칭이다.

사실 왕관앵무는 많은 면에서 유황앵무(Cockatoo)와 공통점을 지녔다. 두 종류 다 대부분의 다른 새와는 달리 어미 새가 모두 포란하고 육추한다. 왕관앵무의 관모는 똑바르지 않고 뒤로 조금 구부러져 있는데, 이것은 유황앵무의 특징이기도 하다. 왕관앵무는 유황앵무와는 달리 긴 꼬리가 있고 전체적으로 체구가 날씬한 편이다. 또한 두 앵무는 전혀 다른 소리를 가지고 있는데, 왕관앵무는 듣기 좋은 목소리를 갖고 있는 반면 유황앵무는 거칠고 찌르는 듯한 소리를 낸다. 왕관앵무의 친숙도는 유황앵무에 비하면 문제되지 않는다. 따라

서 왕관앵무는 공격성도 없는 성품에 친숙도가 뛰어나 애완용으로서 이상적이며, 세계 도처에서 널리 사육되고 있다.

왕관앵무는 야생에서보다도 더 많은 색상이 새장 안에서 이루어지고 있다는 사실은 정말 놀라운 일이다. 가장 대표적인 변이는 역시 루티노인데, 이것은 회색과 관련된 점이 오렌지색의 볼에 남아 있지만 몸 전체적으로 엷은 레몬색을 띠고 있다. 미국의 조류 사육학자인 문(Moond) 여사에 의해 1950년 처음으로 출현한 문빔(Moon beam)은 초기에는 파격적인 가격으로 거래되었지만 점차 보급되어 지금은 회색왕관앵무보다 조금 비싸다.

왕관앵무는 암수가 새끼를 품는 것뿐만 아니라 알을 포란할 때 교대하는 앵무과에 속하는 특이한 종이다. 둥지 안에 있을 때 위협을 받는다면 자신의 몸 털을 부풀리고 앞뒤로 움직이며 소리를 냄으로써 침입을 막기 위해 위협한다.

포란 기간은 19일이며, 부화 후 어린 새끼는 노란 솜털로 덮여 있다. 왕관앵무는 훌륭한 모성애를 갖고 있다. 미국 학계는 곰팡이에 의한 '칸디다증'의 감염이 갓 부화된 왕관앵무가 죽는 주원인이라고 하였다. 이 병에 대비한 예방책은 알을 부화시키기 전에 음료수에 투약된 V. A를 성조에게 공급하면 효과적이라고 한다.

어린 새끼 특히 루티노왕관앵무가 일단 자라면 어른 새는 그들의 어린 새끼의 털을 뽑기 시작한다. 이것은 어른 새가 다시 둥지를 틀려는 신호이다. 먼저 알을 간 새끼가 30일이 되어서 둥지를 떠나기 전에 암컷은 다음 알을 낳는다. 왕관앵무는 번식을 잘 하므로 기회가 주어진다면 1년 내내 산란한다. 그러므로 둥지를 봄부터 가을까지 마련해 주어야 한다. 불행히도 왕관앵무는 집단으로 키울 때는 오직 하나의 둥지만을 고집한다. 그래서 수많은 알을 한 곳에 낳는다. 새가 많은 알을 안전하게 포란할 수 없기 때문에 소수(5마리 정도)의 새끼만을 얻게 되고 나머지는 버리게 된다.

왕관앵무는 1년 내내 야외에서 안전하게 키울 수 있다. 추위에도 강하고 비교적 수명이 길어 20~29년 동안 생존이 가능하다.

얼룩무늬왕관앵무

화이트왕관앵무

시나몬왕관앵무

Cinnamon Pearl Pied

이 종은 왕관앵무의
개량종으로, 많은 사육자
에게 인기리에 사육됨으로써
증식되고 있는 품종이다.
사육 조건은 왕관앵무와 같고,
여러 종의 색상 형태를 구성하는
것 중 하나이다. 시나몬과 더욱
일반적인 루티노의 변이는 모두
열성적 변이로, 성(性)과 연결되어 있다.
인기 있는 일반적인 루티노의 경우, 색상은
일정치 않을 수 있다. 순결한(Buttercup) 것으로
묘사된 흰색보다도 이들은 더욱 노란색을 띤다.
가장 좋은 색상의 번식 무리를 선택해 짝지음으로써
이와 같은 새를 얻는 것은 가능하다.

시나몬왕관앵무

패러키트와 패럿

Parakeet & Parrot

패러키트는 긴 꼬리를 갖고 있는 경우가 많다. 뉴월드종으로,
술어학에서 미국과 호주와의 표현이 상이할 뿐이다.

오스트레일리아패러키트

Australian Parakeet

• **특징 및 사육 관리** : 이 종은 인기 있는 새 중의 하나이다. 화려하고 사육하기

쉬우며, 번식도 잘한다. 오스트레일리아패러키트는 다른 패러키트보다 덜 파괴적이고, 목소리도 아름답다. 주로 곡류 이외에 해바라기씨를 포함한 씨앗이 주 먹이가 된다. 각각의 쌍으로 길러야 한다. 이 새는 습기 있고 추운 날씨를 싫어하지만 일반적으로 건강하고 체질이 강한 품종이다. 오스트레일리아패러키트는 땅에서 먹이를 먹는 경향이 있으므로 배설물을 통해 옮기는 기생벌레의 위험이 가장 크다. 예방책으로 새로 구입한 새에게는 기생충 약물을 먹여야 한다. 번식철인 봄과 여름철에는 반드시 번식을 한다. 특히 몸집이 큰 종의 수컷은 공격적인 성향을 나타낼 수 있고, 암컷을 심하게 괴롭힌다. 이때 죽을 수도 있다. 만약 암컷이 심하게 학대를 받는다면 수컷의 날개 깃털을 잘라 비행에 장애가 되도록 진지하게 생각해 볼 필요가 있다. 오스트레일리아패러키트는 번식 기간 내내 오직 둥지만을 사용하고, 그 외 기간에는 둥지를 만들지 않는다. 보통 1회 복란은 4~5개 정도이고, 포란 기간은 19일 정도 걸리는데, 종에 따라 약간의 차이가 난다. 어린 새끼는 깃털이 다 난 후 가능하면 빨리 옮겨야 한다. 이유는 수컷이 어린 새끼를 공격하기 때문이다. 오스트레일리아패러키트는 다른 종과는 달리 깃털이 다 나면 곧 스스로 먹이를 먹기 시작하며, 어미 새는 다시 재산란을 준비한다.

도라지앵무

Turquoisine Parakeet / *Neophema pulchella*

- **원산지** : 호주 남동부
- **크기** : 20cm
- **먹이** : 작은 곡물류, 해바라기씨, 청채, 당도가 있는 과일(사과)
- **암수** : 수컷 날개에만 빨갛고 큰 반점이 있다.
- **특징 및 사육 관리** : 조용하고 매력적이나 종종 번식하지 않는 경우도 있다. 암컷과 수컷은 서로 분리시켜야 하지만 때때로 왕관앵무와 함께 키울 수도 있다. 도라지앵무는 비교적 작은 새장에서도 잘 자라며 아주 쉽게 둥지를 트는 작은 앵무류로, 화려한 구성원 중의 하나이다. 작은 앵무류는 애완용으로서

도라지앵무

는 부족하다. 왜냐하면 말할 줄도 모르고, 특히 닫아 가두어 놓으면 변덕스럽기 때문이다. 또 얇은 두개골 때문에 상처가 나거나 죽는 일이 자주 일어난다. 도라지앵무는 새장 바닥에 떨어진 먹이를 잘 주워 먹는다. 그래서 청결한 새장 관리에 신경을 써야 한다. 따라서 장기 기생충 위험에서 보호하려면 새로 구입한 새들을 새장에 넣기 전에 바닥 소독을 철저히 한다. 도라지앵무의 소리는 소란스럽지 않고 아름다우며, 새장을 파괴하지 않는다. 도라지앵무를 구입할 때는 어미 새보다는 어린 새가 좋다. 어린 새끼들은 어미 새에게서 발견되는 병들도 덜 발생하며, 번식 성공률이 높다. 도라지앵무는 1회 복란에 보통 5개의 알을 낳는다. 포란 기간은 18~19일 정도이며, 어린 새끼들은 아주 빨리 자라서 4주 전에 독립할 수 있다. 암컷이 재산란으로 들어갈 무렵이면 수컷은 어린 새끼에게 공격적인 성향을 보인다. 가능한 한 새끼를 다른 장소로 옮기는 것이 중요하다. 왜냐하면 도라지앵무는 극도로 흥분하기 쉬워서 새장 철망에 부딪쳐서 치명상을 입기 때문이다.

붉은허리앵무

Red-rumped Parrakeet / *Psephotus haematonotus*

- **원산지** : 호주 동남부에 분포하며 초원이나 목초지, 농경지에 살지만 건조 지역을 선호한다.
- **크기** : 25~27cm
- **먹이** : 일반 혼합 사료에 해바라기씨, 마씨, 청채류, 보레 등을 별도로 급여해야 한다.
- **암수** : 수컷은 안면과 머리는 금속 광택이 나는 청록색이다. 배는 황색, 등과 날개 역시 청록색이다. 암컷은 전신의 체모가 암록갈색이다. 얼굴·목·가슴·배는 회색을 띠며, 허리는 적색부는 없으나 드물게 희미한 적색 흔적이 있다. 부리는 흑회색이며, 다리는 연한 흑갈색이다.
- **특징 및 사육 관리** : 체형은 날씬하며 꼬리는 길다. 붉은허리앵무는 호주산의 중형 앵무로는 초앵무류와 함께 가장 잘 알려진 품종이며, 널리 사육되고 있다. 이 종은 건강하고 기르기 쉽고 번식도 용이한 편으로, 목소리도 매혹적이어서 많은 애조가의 사랑을 받고 있다. 관상용으로 비행할 수 있을 정도 공간의 사육장이면 번식도 용이하고, 비닐로 바람막이를 해주면 월동도 가능하다. 호주에서 처음으로 나타난 노란색 변이는 유럽에서 널리 알려졌고, 희귀한 푸른 형태 또한 기록되고 있다. 금사에서는 1년에 2회 정도의 번식이 가능하다. 봄과 여름에 번식하며 번식 등지는 25~30cm로, 깊이는 50~60cm의 종형 형태가 좋다. 산좌 안에는 대팻밥이나 잔가지를 넣어 준다. 산란 수는 대개 4~7개 정도이며, 포란 기간은 21~22일이다. 육추식(育雛食)은 빵 또는 카스텔라에 익숙해 있는 새에게는 새끼의 성장에 매우 좋다. 청채는 거르지 않고 주고, 과일(사과)도 주면 좋아한다. 육추 기간은 20일 정도 지나면 스스로 먹이를 먹는다. 이 시기가 되면 암컷은 재산란에 들어가며, 수컷은 새끼를 쫓기 위해 괴롭히기 시작한다. 이 경우는 새끼를 다른 곳으로 옮겨야 한다. 둥지에서 떠난 새끼는 엷은 녹색 흔적이 있는데, 수컷의 새끼는 적색 털이 있어 구별하기 쉽다. 어린 새끼가 성조가 되려면 1년이 걸린다.

붉은허리앵무 ♂

붉은허리앵무 ♀

대본청앵무(알렉산더앵무)

Great-Alexandrine Parakeet / *Psittacula eupatri*

- 원산지 : 인도의 남부에서 스리랑카, 미얀마, 태국에 분포하며, 1500m 정도의 높은 산림이 울창한 곳에서 살고 있다.
- 크기 : 55~60cm, 꼬리가 길다.
- 먹이 : 육추식은 시판되는 새끼용 베이비 푸드가 있다. 조금 성장하면 성조의 먹이인 해바라기씨나 카나리아 씨드를 바닥에 뿌려 주면 먹게 된다. 어미의 먹이는 마 열매나 혼합 사료를 주고 부식으로 과일을 급여한다.
- 특징 및 사육 관리 : 체모는 녹색이며, 머리나 가슴은 회청색을 띠고, 턱에는 검정색의 띠가 마치 수염처럼 나 있으며, 머리 뒤쪽에서 역으로 연한 복숭아색의 띠가 둘러싸여 있다. 암컷은 목에 검정색 띠가 없다. 부리는 굵고 붉다. 다리는 녹회색을 띤다. 튼튼한 금사에서 사육하는 것이 좋다. 어미 새의 포획보다도 어린 새끼가 수입되는 경우가 많아 손노리개용으로 기르면 좋다. 따라서 보온에 신경을 쓰고 영양가 높은 먹이를 급여해야 한다. 암수의 판별이 쉽고 한 새장에 한 쌍을 수용하면 1회 산란에 3~4개의 알을 낳고 번식한다.

대본청앵무
(알렉산더앵무)

검은목띠앵무

Indian-Ring-necked Parakeet / *Psitta cula kramari manillensis*

- 원산지 : 북아프리카 지역과 아시아의 서파키스탄에서 인도, 미얀마, 유럽 등 여러 지역에서 서식한다.

- 크기 : 40cm

- 먹이 : 앵무새 혼합 사료와 소나무씨, 견과, 과일, 채소류

- 암수 : 암컷은 수컷의 목 주위에 있는 특징적인 검은색 띠가 적다.

- 특징 및 사육 관리 : 모습이 화려하며, 말할 수 있는 능력이 있다. 이 품종은 어떤 앵무새보다 넓은 지역에 분포되어 있고, 유럽에 소개된 최초의 앵무새였다. 고대 로마 시대에는 매우 고가에 거래되어 노예들보다 더 비싸게 팔렸으며, 드물고 귀한 보석으로 장식된 새장에서 키우기도 했다. 인도에서는 사랑의 목소리를 흉내 내는 이 앵무새의 능력 때문에 신성시되기도 했다. 그들의 부리와 전체적인 크기로 인도와 아프리카산 품종을 구별할 수 있다. 인도산은 크면서 검은 아래턱을 가지고 있고, 아프리카산은 부리 아래에 엷은 붉은색 줄무늬가 있다. 이 새는 애완 조류용보다는 조류 사육장에서 더 많이 키운다. 이 새는 강한 부부애가 없다. 연중 대부분 암컷이 수컷을 지배하고 번식기간 외에는 깃털을 다듬어 주는 애정 표현을 볼 수 없다. 그리고 이 품종은 활동적이다. 외모상 화난 듯해도 어린 새끼 앵무는 길들이기 쉬우며, 말하기 위한 몇 개의 단어를 구사한다. 어린 새는 암컷과 흡사하며, 짧은 꼬리에 노란 홍채보다는 회색 홍채를 갖고 있다. 이 새의 특징적인 빨간 줄무늬는 최소한 3~4년이 되어야 나타난다. 이 종은 다른 앵무류보다 일찍 둥지를 트는 경향이 있어서 알과 어린 새끼가 부화되면 추위에 노출되기 쉽다. 그러므로 금사에 바람막이를 해 주어 보호한다. 이 새는 1회 복란에 5~6개의 알을 낳고, 포란 기간은 23일 걸린다. 깃털은 7일이 되면 나기 시작하고, 부화된 새끼는 낙조되는 경우가 드물다. 직접 기르기 위해 초기 단계에 어린 새끼를 옮기는 것은 잠시 후 다시 번식하도록 독촉하는 것이다. 이 종은 일반적으로 번식도 잘되며, 암수 감별이 쉽고 기르기가 쉬워 많은 애조가들에게 사랑을 받고 있다.

다만 소리가 크고 아주 시끄럽다는 것이 단점이다. 애조가들의 사랑을 받는
만큼 이 앵무는 여러 변종이 작출되고 있는데, 어떤 변종은 야생에서 자연스
럽게 변이된다. 이 새는 성조가 되기까지 3년 이상이 걸려 변종 개발이 느리
다. 각각 쌍으로, 집단으로 사육할 수 있다.

검은목띠앵무

포도소청앵무

Plum-headed Parakeet / *Psittacula cyanocephala*

- 원산지 : 스리랑카를 포함한 인도, 아시아 동부 대륙의 도처
- 크기 : 33cm
- 먹이 : 혼합 사료와 해바라기씨, 귀리, 카나리아 씨드, 기장, 과일, 청채류
- 암수 : 수컷의 머리는 붉은 자주색이다.
- 특징 및 사육 관리 : 활발하고 매력적이다. 이 종은 수염앵무보다는 조용한 새로, 시끄럽지도 않고 파괴적이지도 않다. 그리고 사육하는 데 어렵지도 않다. 타종과 혼합하여 사육 가능하나 번식기에는 분리하여 수용해야 한다. 이 앵무류는 상애가 맞는 쌍을 얻는다면 번식의 반은 성공이다. 특히 이 앵무는 암수가 서로 비슷하며, 또한 성숙된 암컷의 부족으로 쌍 맞추기가 쉽지 않다. 산란 수는 4~5개 정도이며, 포란 기간은 23~24일이다. 번식 시기는 이른 봄으로, 부화된 새끼를 암컷이 밤에 품어 주지 않는 경향이 있어 새끼를 추위에 잃을 수도 있으므로 번식기에는 보온에 특히 주의해야 한다. 정상적인 환경에서 부화 기간과 날 수 있는 시기는 수염앵무와 비슷하다. 그러나 번식에 실패한다면 이 종은 그 해 다시 번식하는 일이 거의 없다.

포도소청앵무

선녀앵무

Princess Wales Parrakeet

- 원산지 : 호주 중서부 내륙 지역
- 크기 : 35cm
- 특징 및 사육 관리 : 수컷의 머리 위는 하늘색, 목에서 가슴 부분은 연분홍색, 눈은 주황색을 띤다. 수컷의 눈 테두리는 붉은색을 띠는데, 암컷에게는 없어서 암수 구별이 쉽다. 부리는 산호빛 붉은색을 띠고, 다리는 갈색이다. 암컷은 머리 위의 색이 보랏빛을 띤 회색이며, 부리는 수컷보다 덜 붉다. 이 새는 번식기 3~4월이 되면 암컷은 4~6개 정도의 알을 낳는다. 포란 기간은 21일 정도 걸려 부화한다. 이 새의 둥지는 다른 앵무새와 달리 45° 경사진 것을 사용한다. 이는 암컷이 둥지 출입 시 알의 손상을 막기 위해 특별히 고안된 것이다. 둥지 내부 산좌 소재는 대팻밥이나 볏짚 등을 깔아 준다. 육추 기간은 35일 정도 걸리며, 18개월이면 어린 새도 성조가 된다. 이 새의 변종으로는 황색, 청색, 흰색 등이 있다.

멀가앵무

Mulga or Many Coloured Parakeet

- 원산지 : 호주
- 크기 : 27~30cm
- 먹이 : 혼합 사료에 피 · 해바라기씨를 첨부하고, 곡류인 수수, 국수 등과 과일류, 청채, 보레를 급여한다.
- 특징 및 사육 관리 : 체모의 대부분은 청록색이다. 이마는 황색, 뒷머리는 빨간색, 꼬리 부분과 아랫배는 빨간색, 날개는 황색의 가로 무늬가 있다. 암컷의 등은 암녹색이 수컷보다 흐리며, 날개에는 빨간색 부분이 있고, 부리는 청회색이나 수컷보다는 덜 선명해 암수 감별이 용이하다. 온순하며 조용한 새로, 목소리도 일품이다. 색상이 고와 실내용으로 무난한 품종이나 번식기에는 민감한 편이므로 자극을 피한다. 추위에는 민감하며, 대형 사육장을 마련해 주

면 번식도 가능하다. 옥외 금사에서 사육하면 순조로운 번식 과정을 만끽할 수 있다.

세네갈앵무

Senegal Parrot / *Poicephlus senegalus*

- **분포지** : 아프리카 대륙 세네갈 동쪽에서 차드(Chad)에 이르는 넓은 지역에 서식한다.
- **크기** : 23cm
- **먹이** : 앵무새 혼합 사료와 땅콩을 급여한다. 땅콩은 길들이는 데 이용한다.
- **암수** : 외견상으로는 암수 구별이 어렵다.
- **특징 및 사육 관리** : 홀로 또는 쌍으로 키우는 것이 좋다. 작지만 전형적인 앵무새 모습을 갖췄고, 유순하며 몇 마디의 말도 배울 수 있다. 이 세네갈앵무는 아프리카에 한정되어 있는 9개의 정방형 꼬리를 가진 앵무새의 일종으로, 3가지 모두 아종은 복부 색깔로 근거를 가려 볼 수 있다. 복부 색깔은 노란색으로부터 오렌지색을 거쳐 빨간색까지 변화하고 있다. 빨간 색채의 새는 동아프리카에 한정되어 있는 독특한 '레드 벨리드 패럿(Red-bellied parrot)'과 혼동해서는 안 된다. 세네갈앵무는 집 안에서 애완용으로 널리 길렀으나 지금은 금사에서 기

세네갈앵무

른다. 어린 새는 부리가 핑크빛이고 검은 홍채를 통해 구별할 수 있다. 눈 색깔은 자라면서 점차 밝아져 회색빛으로 변하고, 마침내 어른 새가 되면 노란색으로 된다. 값싸게 구입할 수 있고, 다루기 쉬우면서 큰 종의 모든 속성을 지니고 있기 때문에 새로 깃털이 난 세네갈앵무는 훌륭한 애완조로 사랑받고 있다. 암수 쌍은 실내에서 둥지를 틀도록 해야 한다. 이 종은 3~4개의 알을 낳으며, 포란 기간은 28일이다. 이 새의 소리는 비교적 도시화된 지역의 정원 조류 사육장에 적합하다. 비교적 조용한 새이고, 높은 톤의 휘파람 소리이나 소란스럽지는 않다. 어떤 쌍의 경우는 극히 신경이 예민한데, 시끄럽거나 누군가 다가가면 둥지 안으로 몸을 숨긴다. 번식기에 암컷은 둥지 근처에서 꼬리를 번쩍거림으로 자신을 과시하는 행동을 한다. 사람의 접근으로 인한 번식 장애를 막으려면 금사 안에 큰 통을 준비해 둔다. 더 어둡고 아늑한 공간을 마련해 줌으로써 번식 욕구를 촉진하는 데 유용하다. 이 새는 번식기에 아주 파괴적으로 변하는데, 강렬하게 씹는 행위로 인해 횃대는 자주 갈아주어야 한다.

녹사당조(綠砂糖鳥, 버날초록앵무)

Vernal Hanging Parrot / *Loriculus vernalis*

- 분포지 : 인도의 서남부에서 동부, 동북부, 동파키스탄, 미얀마, 타이, 인도차이나 반도, 안다만 등 대단히 넓은 지역에 분포한다.
- 크기 : 12~13cm
- 먹이 : 수입 직후는 거의 과일로 먹이를 공급해야 한다. 카나리아 씨드를 주면 쉽게 혼합 사료에 적응한다. 곡식을 주식으로 하면 건강을 유지하게 되지만 가끔 유아용 우유를 줄 때 빵에 적셔서 주면 건강과 장수를 보증하게 된다. 1일 1회 약간의 과일을 급여해 주고, 간식은 잠자기 전에 주는 습관이 좋다.
- 특징 및 사육 관리 : 소형 사랑새로 귀여운 품종이다. 체모는 온몸이 황록색인데, 머리 부분은 짙다. 턱에서 목, 가슴에 걸쳐 엷은 녹색에 청색 기운이 돈다. 복부로 내려오면서 색은 더욱 엷어지고 허리와 꼬리는 갈색이 도는 진한 적

색이다. 부리는 엷은 살색에 붉은 기운이 돌고, 다리는 등황색이다. 암수는 같은 색이나 수컷이 진하다. 소형 새장을 이용해 실내에서 기르기에 적합한 작은 새이며, 먹이는 연식(軟食)을 선호하므로 청결에 주의한다. 이 새의 특징은 박쥐 모양으로 거꾸로 매달려 노는 성질이 있으므로 새장 상단에 횃대를 설치해 줄 필요가 있다. 밤에 잠을 잘 때도 항상 거꾸로 매달려 잔다. 이 새는 나는 동작 이외에는 다리를 이용하여 장소를 이동하는 버릇이 있기 때문에 구부러진 나무나 경사진 정지 목을 매달면 재미있는 동작을 볼 수 있다. 새장에 사랑새용 둥지를 사용한다. 생나무를 넣어 주면 껍질을 벗겨 산좌용으로 쓰기 위해 둥지로 운반한다. 이 새는 추운 밤에는 둥지에 들어가서 잠을 잔다. 산란은 보통 3~4개 정도이며, 포란 기간은 21일 걸린다. 육추는 30여 일 걸리는데, 먹이를 스스로 먹게 되면 분리하여 젖은 먹이를 준다.

사당조(砂糖祖)

Blue-crowned Hanging Parrot / *Loriwlus galgulus*

- 분포지 : 말레이 반도, 수마트라, 보르네오에 분포한다. 서식처는 저목(底木)의 산림으로 밝은 장소를 좋아하며, 나무 종류에는 구애받지 않는다.
- 크기 : 12cm
- 먹이 : 연식성 먹이를 선호하므로 특히 위생에 주의해야 한다. 카나리아 씨드로 대처하면 빨리 적응한다. 과일과 당분(꿀, 설탕)이 섞인 빵이나 카스텔라를 좋아한다.
- 특징 및 사육 관리 : 체모는 선녹색이며, 머리에는 선명한 청색 반점이 있는 것이 특징이다. 허리의 윗부분은 황색, 밑 부분에서 꼬리는 선홍색이다. 꼬리깃은 암녹색, 또 목에는 약간 부정형의 붉은 반점이 있다. 암컷은 체모의 색깔이 탁하고 머리의 청색 반점이 명확치 않다. 부리는 검고 다리는 지저분한 갈색이다. 이 새는 소형이지만 건강하다. 처음 겨울철은 실내에서 키우는 것이 좋다. 관엽식물의 적정 온도나 습도가 이 새의 최상의 환경 조건과 같으므로 관엽식물의 성장 온도에 맞추면 건강을 유지할 수 있다. 새장에서 주로 부

리나 다리를 이용해 장소를 옮겨 다닌다. 유럽에서는 번식 성공 사례가 많다. 실내 새장에 둥지를 넣어 주면 산란과 잠자리로 사용한다. 산란 수는 3~4개 정도이며, 포란 기간은 22일이다. 부화 후 새끼에게는 연식성 먹이를 주는 것이 좋다.

회색앵무
Grey Parrot / *Psittacus erithacus*

- **분포지** : 아프리카 가나에서 빅토리아 호 주변 및 앙고라의 맹그로브(Mangrove) 저습지의 삼림에서부터 고지의 산림까지 넓게 분포한다.
- **크기** : 33~35cm
- **먹이** : 해바라기씨와 마의 열매를 급여하며, 건강을 위해 땅콩이나 약간의 과일도 급여한다. 다만 다량의 공급은 새의 건강에 오히려 해롭다. 염분을 포함하지 않은 피넛츠는 좋은 부식이다. 친숙해지면 동물성 먹이나 햄 등을 줘도 되지만 건강식으로는 좋지 않다. 식물성 사료를 주식으로 쓰는 것이 건강식이다.
- **특징 및 사육 관리** : 체모의 대부분이 흑회색이다. 머리와 등, 복부의 털 끝부분은 흰 줄무늬가 비늘처럼 모양을 이루고 있다. 눈 주위와 얼굴 대부분은 나출된 흰 피부로 되어 있고, 날개는 암회색으로 검고, 꼬리는 황색 기가 도는 적색이다. 부리는 굵고 검으며, 다리는 흑회색을 띤다. 암수가 같은 색으로, 구별하기 어렵지만 암컷은 수컷에 비해 다소 작고 부리는 굽은 쪽이 크다. 이 새는 추위에 강하지만 첫 추위는 주의를 요한다. 대형의 새이지만 익숙해지기까지는 겁이 많은 편이다. 약간의 자극에도 거칠어지므로 침착해질 때까지 가능한 한 조용하게 취급한다. 큰 새장에서 사육하는 것이 좋으며, 주인과 친숙해지면 타인과 구별하여 주인 이외의 사람이 손가락을 내밀면 물어 버릴 위험이 있으므로 주의를 요한다. 유럽에서는 번식이 쉽게 이루어지는데, 대규모 시설만 충족되면 번식이 그리 어렵지 않은 품종이다. 금사는 최소 2m×4m×3m 정도의 크기가 적당하다. 산란 수는 3~4개 정도, 포란 기간은 28일, 이소 기간은 60일 정도 걸린다.

회색앵무

뉴기니앵무

Eclectus Parrot / *Eclectus roratus*

- **분포지** : 아이슬란드 뉴기니앵무는 솔로몬 섬의 서부와 동부의 새들과 크기에서 약간의 차이가 난다. 솔로몬 섬의 서부 새들은 레드 사이디드(Red-sided) 뉴기니앵무와 거의 같고 동부 쪽의 새들은 작다.
- **크기** : 솔로몬 동부의 뉴기니앵무 크기는 33~34cm이다.
- **먹이** : 혼합 사료, 해바라기씨, 청채, 보레, 땅콩
- **암수** : 외관상 암수 구별이 쉽다. 암컷은 붉고 수컷은 녹색이다.

뉴기니앵무 ♀   뉴기니앵무 ♂

- 특징 및 사육 관리 : 조용한 편이며, 가정에서 사육하기 쉽다. 이 종의 평균 수
  명은 40년 정도로, 대단히 장수하는 품종이다. 인공 사육이 가능하며, 알은 손
  노리개용으로 이용하기 위해 부화기를 이용하는 사례가 늘고 있다. 유순하
  며, 실내 사육장에서도 번식이 가능하다. 뉴기니종은 주로 인도네시아의 솔

로몬 군도의 종이 작은데, 성조가 되는 기간도 2~3년이나 걸린다. 보스메리 (Vosmaeri) 뉴기니종은 성조 기간이 무려 5~6년이 지나야 번식할 수 있다. 뉴기니종은 이종 교배에 의해 종간의 혈통이 복잡하다. 특히 수컷의 혈통 분류상 9종의 확실한 구별이 전문가도 어렵다. 번식기가 되면 수컷의 구애 행동은 암컷에게 먹이를 토해 먹이는 것으로 시작된다. 암컷이 수컷이 토해 내는 먹이를 받아먹는 행위가 이루어지면 교미가 이루어지고 산란으로 들어간다. 포란은 암컷이 전담하며, 포란 기간 중 수컷은 암컷에게 먹이 조달을 해 주므로 암컷의 포란을 돕는다. 포란 기간은 26~28일 걸리며, 육추 기간은 거의 3개월 걸린다. 현재 우리나라에 수입된 종은 대개가 여러 원산지에서 알로 반입된 것으로, 각지의 뉴기니종 혈통이 혼재된 것으로 보아야 한다.

맬리목도리앵무
Mallee ring neck Parrot

• 원산지 : 호주 동부 지역

• 크기 : 32~34cm

• 먹이 : 곡류로는 피, 수수, 귀리, 들깨, 조, 기장 외에도 해바라기씨와 청채나 과일, 보레 등을 준다.

• 특징 및 사육 관리 : 청색을 띤 초록색과 연녹색, 진녹색 등 색상의 화려함은 앞이마의 붉은색과 목 부분의 목도리 형태로 두른 노란색과 어울려 색깔의 현란함이 이 새의 특징이다. 눈은 갈색, 부리와 다리는 회색이다. 암컷은 머리와 부리가 수컷보다 작고 색깔이 어둡다. 1년이 지나면 어린 새도 성조가 되어 번식 능력을 갖는다. 산란 수는 4~6개 정도이며, 포란은 암컷이 전담한다. 포란 기간은 20일 정도, 번식기는 3~4월이다. 번식장의 크기는 150cm× 150cm×100cm이면 되나 확실한 번식을 유도하려면 옥외 금사를 이용하면 좋다. 번식장 내에는 이들이 은신할 수 있는 은밀한 공간이 필요하며 옥내에 나무나 식물을 식재하면 좋다.

흰이마아마존앵무

White-fronted Amazon Parrot / *Amazona albifrons*

- **분포지** : 중앙아메리카, 멕시코, 코스타리카
- **크기** : 25cm
- **먹이** : 소나무 열매, 앵무새용 혼합 사료, 석류, 사과, 당근
- **암수** : 암수 감별이 가능하다. 수컷은 눈 테두리와 날개가 짙은 적색이며, 암컷은 흐리고 날개가 푸른색이다.
- **특징 및 사육 관리** : 쌍이나 한 마리도 키우기 좋다. 다른 아마존산보다는 호응도가 적다. 이 종은 어린 새를 구입했다면 좋은 애완용이 될 수 있다. 어미새에 비해 어린 새는 얼굴의 붉은 부분이 적고, 이마 위의 흰 털이 노란색을 띤다. 이 새는 기질이 다양해서 어떤 종은 커감에 따라 공격적인 경향을 보이기도 한다. 그러나 발정기에는 모두가 공격적인 성향을 나타낸다. 일반적으로 좀 더 큰 앵무새가 가족 중 한 사람을 따라다닐 수 있는데, 이는 가능하면 막아야 한다. 이 새는 물 접시나 물 분수를 통해 정기적으로 목욕할 기회를 제공해야 하며, 충분히 부리를 사용할 수 있도록 횃대를 제공해야 한다. 이 종의 부부 새는 하나가 원해 둥지를 선택했더라도 보금자리를 마련하는데는 몇 년이 걸릴 수 있다. 대부분의 새들은 4년이 지나야 성숙해지는데, 이는 산란을 시작할 때 관찰에 의해 추적될 수 있다. 산란 시기가 되면 앵무새는 더욱 소란스러워지며, 아마 꼬리를 흔드는 것을 볼 수 있을 것이다. 이 종은 한배에 3~4개의 알을 낳고, 어미 혼자 28일간 포란 끝에 부화한다. 생후 2개월이 되면 새끼는 둥지를 떠난다. 번식 기간 중에는 새장에 접근하는 누구에게도 공격적이다. 일반적으로 이 종은 1년에 1회만 알을 낳을 수 있는데, 금사에서는 연속적으로 2회나 알을 낳을 수 있다. 산란은 북반구의 4월쯤에 한다.

로리와 로리키트
Lory & Lorikeet

이 종은 비교적 공격적이지만 일반적으로 화려한 색상으로 치장되어 있으며, 외모상으로 봐도 활동적이고 역동적이다. 실질적으로 활동적이며 의기가 충만한데, 많은 종들이 시끄럽고 소리도 거칠고 높아 멀리까지 퍼져 주택가에서 사육하기에는 적합하지 않다. 이런 면에서 비록 큰 앵무새와 경쟁이 될 수는 없지만 '로리키트(Lorikeet)'란 용어는 보통 긴 꼬리를 가진 종에 적용되며, 짧은 꼬리를 가진 '로리(Lory)'와 대조를 이룬다. 이 새의 가장 중요한 공통적인 특징은 자세히 관찰해 보지 않으면 알기 어렵다.

이 종은 주로 과즙과 꽃으로부터 모은 꽃가루를 먹는다. 혀는 먹이를 효과적으로 모으는 데 도움을 주는 솔과 같은 돌기(Brushlike)로 싸여 있다. 꽃가루 입자는 혀에 모아지고, 아주 작은 과립(꽃가루)은 삼키기에 적당한 크기의 덩어리로 뭉쳐진다. 이 덩어리들을 'Brush-tongued Parrots'라고 하며, 이는 이들 먹이 섭취의 특이한 현상이다. 이 종의 먹이는 유동체로 끈적끈적한데, 배설물과 함께 사육장이 불결하기 쉽다. 따라서 세균과 곰팡이의 번식이 왕성할 수 있으므로 청소하기 쉽고 규칙적으로 물청소를 할 수 있는 견고한 바닥의 사육장을 추천한다.

로리와 로리키트에게는 신선한 물을 주어 새들이 정기적으로 목욕할 수 있도록 한다. 한번 새들이 목욕한 물은 버린다. 이 종류의 앵무새는 입 안에 희끄무레한 점이 보이는 병에 걸리기 쉽다. 비타민 A의 부족은 전염률이 높으므로 구입 전 전염병에 대한 증상을 잘 체크해야 한다.

대부분의 로리와 로리키트는 붉은로리앵무나 오색청해앵무와 비슷하게 관리한다. Goldie's Lorikeet처럼 더 작은 타입은 가정에서 키우기에 적합하다.

붉은장수앵무
Chattering Lory / *Lorius garrulus*

- **분포지** : 인도네시아의 할마헤라(Halmahera) 섬에 분포하며, 서식지는 열대우림지로 코코넛, 야자를 재배하는 지역에 주로 서식한다.

- 크기 : 30cm
- 먹이 : 해바라기씨와 마의 열매를
  급여하면 좋다. 그러나 이들이 즐
  기는 연식이나 곡류로 바꿔 줄 필
  요가 있다. 연식 먹이는 주위를 지저
  분하게 하므로 불편할 수 있다. 곡류
  로 먹이를 바꾼 새가 오히려 건강해지
  고 장수한다. 그러나 가끔 연식을 급
  여해 주면 이들의 분위기 쇄신에 도
  움되며, 과일은 소량 매일 급여해야
  한다. 가끔 물에 꿀을 타서 빵을 적셔
  주면 매우 좋아한다. 또 육추식으로
  도 이용할 수 있기 때문에 새끼의 건
  강과 발육에 도움이 된다.
- 특징 및 사육 관리 : 꼬리는 비교적 폭
  이 넓다. 체모는 붉고 날개는 암녹색으
  로, 날개의 황색 선은 화려함을 더한다.
  등에는 역삼각형의 황반이 자리 잡고 꼬리 깃
  은 선단이 암청자색을 띠고 있다. 부리는 붉고 다

붉은장수앵무

리는 흑회색이다. 암수는 같은 색인데, 암컷의 체형은
작고 머리 부분이 수컷에 비해 작다. 이 새는 열대산 앵무새지만 비교적 건강
하고 추위에도 강하다. 수입 초기 첫 겨울만 보온에 신경을 써 주면 그 이후
부터는 몰라볼 정도로 추위에 강해진다. 활동적이며, 대형 금사에서 사육하
면 번식은 물론 이들의 부부애는 다른 종에 비해 유난히 좋다. 유럽에서는 번
식이 잘 되는 종으로 기록되고 있다. 둥지를 넣어 주면 밤에는 잠자리로도 이
용한다. 2개의 알을 낳고, 주로 암컷이 포란한다. 포란 기간은 30일 전후, 육
추 기간은 45일 정도이다.

붉은로리앵무

Red Lory / *Eos bornea*

- **원산지** : 뉴기니 서쪽의 여러 섬
- **크기** : 30cm
- **먹이** : 과일과 과즙, 야채류, 씨앗
- **암수** : 암수 구별이 어렵다.
- **특징 및 사육 관리** : 붉은로리앵무는 여러 새들 중에서 규칙적으로 키우면 또 다른 맛을 볼 수 있는 새이다. 오색청해앵무(Green-naped Lorikeet)의 경우 어린 새는 눈의 갈색 홍채와 부리에 있는 어두운 무늬로 구별이 가능하다. 깃털이 난 후(약 15주) 새를 구입할 수 있다면 대개는 이 종의 매력적인 면을 볼 수 있다. 로리는 원래 지저귀는 소리가 다소 거친 면이 있으나 흉내 내는 재능이 무척 뛰어나다. 붉은로리앵무 한 쌍은 옥내에서 간단하게 기를 수 있고, 번식도 잘 한다. 외관상 암수 구별은 어렵지만 2마리의 새들이 서로 깃털을 다듬어 주는 데 오랜 시간을 보낸다면 한 쌍의 궁합이 맞는 새가 탄생되었다고 보면 된다. 틀림없이 번식에 성공할 것이다. 이 새는 환경에 대한 적응력이 강하다. 그러나 겨울 날씨에 노출되지 않도록 둥지를 미리 준비해 두는 것이 좋다. 앵무새의 먹이는 겨울 날씨에도 잘 얼지 않지만 과즙은 잘 얼기 때문에 이때에는 정원용 새장의 새 먹이에 주의해야 한다.

오색청해앵무

Rainbow Lorikeet, Green-naped Lorikeets / *Trichoglossus haematod*

- **원산지** : 호주 동부와 북부
- **크기** : 26cm
- **먹이** : 기본 급식은 주로 과즙과 과일
- **암수** : 외형적으로 구별하기 어렵다.
- **특징 및 사육 관리** : 화려하고 명랑하며 장난을 좋아한다. 각각의 쌍으로 키우는 것이 좋다. 이 종은 적당한 환경에서 자랄 때 기꺼이 둥지를 튼다. 이 오색

청해앵무와 에드워드 로리키트(Edward's Lorikeet)와 같은 종족은 유럽과 미국에서 흔히 볼 수 있고, 레인보우로리키트(Rainbow or Swainson's Lorikeet)는 호주에서 더욱 널리 사육되고 있다. 과즙 혼합물은 로리와 로리키트의 건강을 위해 필요한 모든 성분을 포함하고 있다. 이 매혹적인 새들은 새장의 색채와 불량한 이물질이 첨가된 음식물로 인해 갑자기 치명적인 소화 불량을 일으킬 수 있다. 전매상품 '로리(Lory) 과즙'을 사용할 때는 여러 종류를 섞은 먹이를 먹일 때보다는 익숙해진 먹이를 먹이는 것이 좋다. 먹이에 있는 곰팡이

오색청해앵무

노랑목오색청해앵무

나 박테리아가 빠르게 번식하기 때문에 새에게 치명적일 수 있다. 혼합 과즙은 짧은 시간 동안 먹을 양을 조절하고 남은 것은 폐기해야 한다. 'Brush tongue' 앵무새의 자연식을 위해 과일 위에 꽃가루의 미립자를 조금씩 뿌려주면 좋다. 오색청해앵무는 보통 한배에 2개의 알을 낳고, 포란 기간은 보통 26일 정도이다. 이 종은 1년에 2~3회 산란하며, 부화된 어린 새끼는 56일 경과 후 이소한다. 성조는 16개월 이상이 걸린다.

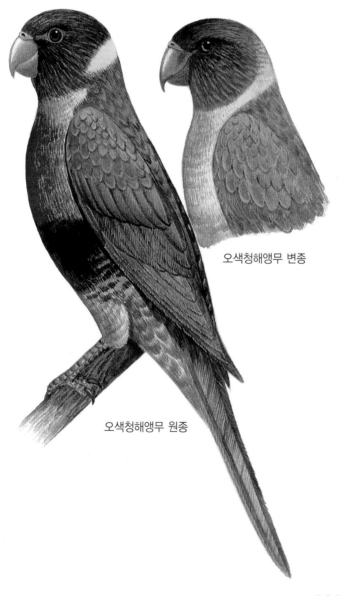

오색청해앵무 변종

오색청해앵무 원종

유황앵무

Cockatoos

유황앵무는 대형 앵무새의 일종으로, 5종류가 있다. 검은유황앵무는 조류 사육 집단에서 아주 드물다. 모든 유황앵무는 흥분 또는 놀랄 때 두관을 치켜올리는데, 이것으로 종이 구별된다. 두관의 머리 깃털 모양과 길이는 다양하다. 고핀유황앵무(Goffin's Cockatoo)는 유난히 두관이 짧은 반면, 몰루칸유황앵무(Moluccan Cockatoo)의 두관은 길고 넓게 퍼져 있다.

큰유황앵무

Greater Sulphur crested Cockatoo / *cacatua galerita*

- 원산지 : 뉴기니와 타스마니아 남쪽, 호주의 북동부
- 크기 : 51cm
- 먹이 : 일반적인 앵무새의 먹이, 과일, 채소
- 암수 : 암컷은 붉은색의 홍채를 갖고 있다.
- 특징 및 사육 관리 : 크고 우람하며 위풍당당하다. 홀로 또는 쌍을 이루며 산다. 이들 유황앵무의 외형은 레서유황앵무(Lesser Sulphur-crested)와 비슷하다. 실제로는 약간 크고, 어둡기보다는 귀깃이 창백한 노란색을 띠고 있다. 오렌지색의 우관과 귀깃이 종의 부류를 인식하는 데 도움이 된다. 트리톤(Triton, 앵무류)은 큰유황앵무와는 거의 같지 않다. 트리톤의 눈 주위의 푸른빛 나출된 피부와 우관은 사실 푸른눈유황앵무의 특성에 더 가깝다. 이들 종은 여전히 고가에 매매되고 있다. 호주에서는 큰유황앵무는 귀찮은 존재로 간주되고 수출이 금지되었는데도 많이 죽어가고 있다. 집에서 기르기 힘든 크기지만 어린 새들은 애완동물로서는 적당하다. 이 새는 다른 앵무새보다 오래 산다. 눈빛깔이 레서종만큼 뚜렷하지 않기 때문에 어린 큰유황앵무와 구별하기란 어렵다. 어린 큰유황앵무는 성숙한 수컷의 눈보다 밝은 갈색을 띠고 있고, 등과 날개의 깃털은 어미와 비슷한 색조를 띠고 있다.

큰유황앵무

검은유황앵무(야자앵무)

분홍유황앵무

엄브렐라유황앵무

Umbrella Cockatoo / *Cacatua alba*

- 원산지 : 몰루카(Molucca) 제도, 오비(Obi) 섬, 타도레(Tadore) 섬, 테르마테 (Termate) 섬, 바트판(Batfan) 섬, 핼마헤라(Halmahera) 섬
- 크기 : 51cm
- 먹이 : 앵무새 먹이와 채소류, 과일
- 암수 : 암컷의 홍채는 적갈색, 수컷의 홍채는 흑색
- 특징 및 사육 관리 : 친근하며 말을 잘 배운다. 홀로 또는 쌍을 이루며 산다. 엄 브렐라유황앵무의 우관은 머리 위가 뒤로 돌려져 있는 형태로, 이들 유황앵무 는 몰루칸유황앵무와 매우 유사하지만 본질적으로는 색깔에 있어서 분홍빛 이라기보다는 하얗다. 이 새는 부리가 강해 애완 조류로서 위험할 수도 있다. 또 기분이 좋지 않을 때는 자신의 깃털을 뽑아버리기도 하는데, 가슴팍의 털 은 가장 좋은 표적이 된다. 원인은 환경의 변화나 먹이의 부족일 수 있다. 결 국 털이 없어지면 관상 가치를 상실한다. 모든 유황앵무의 부양 습관은 보수 적이다. 엄브렐라유황앵무는 실내용 새지만 도시 근처 정원에는 맞지 않는다. 울음소리가 매우 시끄럽기 때문이다. 수컷은 다분히 지배적인 경향이 있고, 동료를 공격하여 때로는 치명적인 결과를 초래해 적합한 쌍을 이루기가 어렵 다. 번식을 위해서 둥지는 큰 맥주통(흔히 나무로 된 맥주 저장통을 말함.)을 이 용하며, 주위의 면을 견고하게 하기 위해 가장자리를 철판으로 두루고, 안쪽 에 공간이 생기도록 나무를 깎아 낸다. 이 새는 한 번에 2개의 알을 낳고, 포란 기간은 25일이다. 비록 2마리 새끼가 모두 부화되더라도 여리고 약한 것은 죽 는 것이 보통이다. 육추 시, 공격성은 극도로 난폭해지고 주인에게도 공격한 다. 이는 모성애와 부성애가 새끼를 보호하고자 하는 본능적 방어이다.

레서유황앵무

Lesser Sulphur-crested Cockatoo / *Cacatua sulphurea*

- 원산지 : 술라웨시(Sulawesi)와 그 주변의 섬

- 크기 : 33cm
- 먹이 : 앵무새용 혼합 사료, 과일과 채소
- 암수 : 성숙한 암컷은 붉은색 홍채로 구별한다.
- **특징 및 사육 관리** : 활발한 성격이나 유순해질 수 있다. 각각 또는 쌍으로 키운다. 이 종은 흔히 키우는 대표적인 애완용으로, 오랫동안 사랑을 받아 오고 있다. 어린 새는 홍채가 회색으로, 쉽게 구별된다. 레서유황앵무는 시간이 갈수록 체력이 강해지는 경향이 있는데, 야생 어미 새를 길들이는 것은 불가능하다. 그럼에도 불구하고 특히 사람의 손에 길러진 어린 레서유황앵무라면 극히 유순해질 수 있으며, 주인에게 애정을 표시한다. 이 종은 영리하고 강한 부리를 가지고 있다는 것을 명심해야 한다. 이런 이유 때문에 문고리나 걸쇠보다는 맹꽁이자물쇠로 새장 문을 잠그는 것이 안전하다. 이 새는 강한 혀를 가지고 있어서 힘들이지 않고도 잡은 물건을 잘 망쳐 놓는다. 그리고 일단 방에서 자유로운 상태가 되면 방 안의 가구들을 손상시킨다. 불행히도 이 종은 다른 가까운 종보다 털 썩는 병(Feather Rot)에 쉽게 걸린다. 이 병은 약하고 발육이 정지된 깃털에 의해 명백해지는 유전적인 병이다. 이 병의 말기 단계에는 부리와 발톱에도 영향을 주어 부드러워지고 물러진다. 수의사로부터 얻은 갑상선 정제는 일시적인 안정을 줄 수 있으나 사실상의 치료 효과는 없다. 아직도 이 병의 원인은 밝혀진 것이 없다. 어린 새에 있어서 초기 단계에 병을 발견하는 것은 쉬운 것이므로 주의 깊게 살펴야 한다. 가정에서 기른 새에게서는 이 병이 발생했다는 기록이 없으며, 전염되지는 않는다.

장미유황앵무

Roseate Cockatoo / *Eolophus roseicapillus*

- 원산지 : 호주 대부분 지역
- 크기 : 35. 5cm
- 먹이 : 곡물 씨앗, 과일, 채소
- 암수 : 홍채에 빛을 비추었을 때 암컷이 수컷보다 눈동자가 더 붉다.

• **특징 및 사육 관리** : 색상이 화려하고 비교적 조용하다. 홀로 또는 쌍으로 키운다. 이 종은 애완 조류로 흔하게 키우는 앵무로, 1960년에는 호주로부터 반출 금지령이 내려 해외 유출이 금지되었다. 비록 매년 조류 사육장에서 생산되는 어린 새지만 당시 호주에서는 정원수 등에 해를 주는 종(pest)으로 여겨 현지에서는 싼 가격으로 구입할 수 있었다. 어린 장미유황앵무는 회색 홍채로 쉽게 구별되며, 전체적으로 엷은 색채를 띠는 경향이 있다. 어린 새끼는 약 49일 정도 되어야 깃털이 다 나고, 그 후 한 달 뒤에 완전히 독립한다. 어린 새는 잘 길들여지고, 천부적인 흉내 내기로 길러진다. 더 큰 앵무종보다 다루기는 쉬워도 물릴 경우 대단히 아프다. 이 새를 가정에서 애완조로 기르려면 먹이에 신경을 많이 써야 한다. 이 새는 리포마(Lipoma)로 알려진 독특한 종양에 걸리기 쉬운데, 이 병은 지방질의 축적물이다. 리포마는 신체 어느 부위에도 생길 수 있지만 흉골(가슴뼈) 근처의 종기가 커지면 날지 못하는 것이 대표적인 증상이다. 종양이 비교적 작다면 수술하여 제거할 수 있는데, 성공 가능성은 종양의 위치에 좌우된다. 때로는 수술할 수 없는 종양으로 변할 수도 있다. 고지방 먹이는 리포마를 악화시키는 요인이 될 수 있다. 쉽게 말해 장미유황앵무는 땅콩보다는 곡물을 찾아다니면서 야외에서 먹이를 먹는다는 것을 기억해야 한다. 자연에서 취하는 먹이에서는 필수지방산이 포함되어 있는 먹이는 찾아볼 수 없다. 활동이 억제되어 사육되는 환경에서는 지방이 몸에 축적되기 쉽다. 예방책으로, 혼합 먹이에 너무 의존하기보다는 삶은 옥수수를 포함한 곡물을 먹도록 시도해 본다. 이 새 중에는 전형적인 회색 부분이 흰 깃털로 바뀌고, 빨간색 부분은 그대로 남거나 아니면 영향을 받지 않는 흰색 변종이 생겨났다. 이 흰색 변종의 쌍은 1928년에 작출되었다. 그 후 거의 20년 동안 끊임없이 번식했는데, 유사하게 착색된 새끼는 없었다. 그때 얻은 성숙한 한 쌍의 수컷은 25년 후에 죽었다. 이 희귀한 변종을 가졌던 영국의 조류학자는 새가 왜 부화에 실패하고 둥지에서 죽어야만 했는지를 알아냈지만 결국 한 마리도 얻지 못한 채 단종되었다.

마코앵무
Macaws Genus Ara

마코앵무의 특징은 머리 양쪽에 있는 안면이 나출된 피부로 덮여 있는 부분이 하얗거나 누르스름하다. 이 종류는 중앙아메리카와 남부아메리카에서 다시 나타났으며, 이전에는 콜롬비아의 섬에서 최근까지 서식하고 있다. 비록 정확한 종의 숫자나 실상은 확실히 알려지지 않았지만 고고학상의 증거로 밝혀졌듯이 마코앵무는 수세기 동안 원산지에서 애완 조류로 사육되고 있었다.

무시무시한 부리와는 대조적으로 마코앵무는 대단히 온순하다. 그러나 모르는 새와는 접촉하지 않는다. 마코앵무는 흉내 내기에 타고난 재능은 없지만 확실히 영리한 새로, 어떤 학대도 즉시 생각해 낸다. 마코앵무는 한 사람의 주인만을 섬기는 강한 습성을 보이는데, 이 습성은 오히려 그들만의 환경에 익숙해진 유순한 새를 구입했을 때는 큰 문제를 유발할 수도 있다. 마코앵무는 수명이 길며 서서히 성장하고, 4년이 되기 전에는 거의 번식을 하지 않는다.

청금강앵무(유리마코앵무)
Blue & Gold Macaw / *Ara ararauna*

- **분포지** : 남아메리카의 광대한 지역을 가로지르는 동쪽의 파나마에서 볼리비아 파라과이, 그리고 브라질에서 서식한다.
- **크기** : 86cm
- **먹이** : 양질의 앵무새 먹이, 브라질 호두와 같은 큰 견과, 과일, 당근, 청채
- **암수** : 외관상 구별하기 어렵다. 수컷이 크고, 나출된 피부도 크고 넓다.
- **특징 및 사육 관리** : 매우 온순하며, 몇 마디의 말을 흉내 낸다. 각각의 쌍으로 키우는 것이 좋다. 마코앵무의 큰 몸집은 가정에서 기르기에 상당히 어려울 수도 있다. 부리는 매우 강하여 아주 강력한 새장을 제외하고는 전부 망가뜨릴 수 있다. 그래서 미국과 유럽에서는 마코앵무를 위한 크고 견고한 새장이 이용된다. 새장을 지을 때는 굵은 철망을 이용하는 것이 좋다. 이 새는 활동적이고 민감하다. 좁은 장소에 가두어서는 안 되며, 특히 장시간 한 자

리에 있게 하면 반드시 깃털을 뽑는다. 마코앵무를 기르기에 초보자는 적당하지 않다. 손가락이라도 한번 물리면 큰 상처가 된다. 또 소리는 귀에 거슬릴 정도다. 만약에 어떤 곳에 이 새를 매어 두고 일정 기간 떨어져 있게 된다면 반드시 주의해야 한다. 그 새는 잡을 수도 없고, 혹 잡더라도 그 결과 해를 입게 된다는 것을 분명히 명심해야 한다. 방 안에 마코앵무를 풀어 놓는다면 가구 내부 장식은 물론 보이는 옷가지 등 직물도 심하게 파손시킬 것이다. 어떤 새는 몸에서 심한 사향 냄새가 난다. 이 냄새는 꼬리의 끝부분에 있는 기름샘에서 나오는 것으로 추정되는데, 거기에서 방수 물질도 나온다. 사향 냄새는 다른 새들에 비해 단지 몇몇 새에게서만 더욱 드러나고, 1년 중 어떤 일정한 시기에 특히 많이 난다.

청금강앵무

금강앵무

Red and Yellow Macaw / *Ara chloroptera*

- 분포지 : 동쪽 파나마에서 북서쪽 콜롬비아 지역과 북쪽의 아메리카 남쪽, 안데스의 동쪽, 넓게는 볼리비아, 브라질, 파라과이, 북아르헨티나
- 크기 : 90cm
- 먹이 : 땅콩과 앵무새 혼합 사료, 곡류, 과일, 채소 등
- 암수 : 외형적으로 구별이 어렵고, 지역마다 다르나 수컷이 좀 크다.
- 특징 및 사육 관리 : 홀로 또는 쌍으로 키운다. 홍금강앵무와 금강앵무는 모두 붉은색이 지배적이므로 때때로 혼동된다. 그러나 홍금강앵무는 얼굴의 나출된 피부가 누런빛을 띠고 날개 부분의 노란색이 희미하며 크기도 부족하고, 머리·얼굴·뒷머리·앞가슴·뒷목과 등 부분의 털색이 진홍색이며, 부리의 색깔이 누런 색깔을 띠고 있다. 이 새는 나출된 얼굴 피부는 흰색을 띠고 날개는 노란색과 청색의 같은 크기의 깃털이 있으며, 부리는 흰색이다. 애완용으로 이 종을 선택한다면 충분한 사랑으로 육추된 어린 새를 선택하는 것이 좋다. 어린 새는 검은색 눈과 밤색 안면 깃털을 통해 알 수 있다. 이 종의 몸집은 크지만 넓은 공간이 필요 없이 작은 장에서도 쌍으로 키울 수 있다. 맥주통과 같은 큰 둥지를 마련해 주고 움직이지 않도록 고정시킨다. 또 나무통을 물어뜯지 않도록 둥지 안에 나무토막을 설치한다. 이 새는 한 번에 2~3개의 알을 낳고, 포란 기간은 27일 정도이며, 어린 새는 약 3개월이 되면 깃이 완성되어 날아다닌다. 처음으로 번식한 암수 쌍은 믿을 만한 어미 새는 아니지만 일단 둥지를 짓기 시작하면 그들은 다음 해부터 정기적으로 알을 낳는다. 알 낳는 기간 동안 특히 주의해야 하는데, 어떤 새는 주인에게도 매우 공격적이 되고 어떤 간섭도 싫어한다. 번식하는 새는 자유롭게 키워야 한다. 때로는 둥지에서 나무 아래로 날렵하게 나는 모습은 환상적이다.

금강앵무

초록날개금강앵무

Green-winged-Macaw

- 분포지 : 남아메리카 북부, 중앙아메리카
- 크기 : 88.9cm(머리부터 꼬리까지)
- 먹이 : 신선한 과일, 채소, 견과류
- **특징 및 사육 관리** : 몸 색은 녹색이며 이마, 얼굴과 쏭지깃 일부가 빨간색인 것이 특징이다. 날개 끝과 꼬리 일부는 청색이다. 이 앵무는 청색과 금색의 금강앵무와 주홍색 금강앵무에 이어 인기 있는 큰 금강앵무에 속한다. 따라서 매우 큰 새장이 필요하다. 날개 중앙에 숲 녹색 띠가 있다. 녹색 아래에는 밝은 청록색이 있고, 위에는 새의 몸과 머리 전체로 뻗어 있는 체리 빨간색이 있다. 초록날개금강앵무는 주홍금강앵무와 쉽게 구별할 수 있다. 두 새의 가슴은 밝은 빨간색이지만 초록날개금강앵무의 위쪽 날개 은밀한 깃털은 대부분 녹색이다(대부분 노란색 또는 주홍색 금강앵무의 노란색과 녹색이 강하게 혼합된 것과는 대조적이다). 또한 이 새는 눈 주위에 특징적인 붉은 선이 있으며, 그렇지 않으면 벌거벗은 흰색 피부 패치에 작은 깃털 줄이 있다. 무지개 빛

초록날개금강앵무

깔의 청록색 깃털은 꼬리가 빨간색으로 둘러싸여 있다. 부리는 검은색 하악골과 뿔 색의 상악골을 가지고 있으며, 크기가 무척 커서 새장의 너트를 쉽게 깨뜨릴 수 있다. 다른 앵무와 마찬가지로 자해(깃털 뽑기), 영양 장애, 뇌실 확장 병(Macaw Wasting Syndrome)을 포함한 다양한 질병과 과도하게 자란 부리에 병이 걸리기 쉽다. 이 앵무는 같은 크기의 다른 금강앵무와 잘 어울리기 때문에 두 마리의 금강앵무를 함께 두는 것은 괜찮다. 하지만 다른 종의 새가 번식하는 것을 허용하지 않는다. 큰 부리는 위협적으로 보이나 실제로는 큰 금강앵무 중에서 온순한 편이며, 무는 것과 감정 기복이 심하지 않은 것으로 알려져 있다. 건강하게 잘 자란다면 70년 이상의 수명을 유지할 수 있다고 한다. 이 앵무는 말을 할 수는 있지만 수다쟁이는 아니며, 대신 간헐적으로 시끄럽게 소리를 내기도 하는데 지속적이지는 않다. 과일과 견과류 이외에도 미네랄이 함유된 모래와 점토를 섭취한다. 이는 그들이 먹는 씨앗과 견과류의 독소 중화에 도움이 된다. 1~3개의 알을 낳고, 부화는 약 28일 동안 지속된다. 새끼는 약 90일에서 100일 후에 이소한다.

하야신스마코금강앵무

Hyacinth Macaw / *Anodorhynchus hyacinthinus*

- 분포지 : 남아메리카 아마존 유역, 브라질 중부 지역
- 크기 : 95~105cm
- 먹이 : 과일, 열매, 식물의 잎, 야채
- 암수 : 외관상으로 구별하기 어렵다.
- 특징 및 사육 관리 : 온몸이 청자색이며, 눈 테두리는 노란색의 나출된 부분이다. 이 종은 멸종 위기종으로, 전 세계적으로 보호받고 있는 희귀 조류이다. 아랫부리의 기부에는 밝은 황색이 선명하다. 등 부분은 밝은 청자색이나 턱과 멱은 검은 청자색이며, 부리는 크고 검다. 이들은 맹그로브 지역에서 살며 견과류를 선호한다. 금사에서 사육 시에는 과일과 땅콩, 해바라기씨와 각종 열매를 공급해야 하며, 인공 번식은 어려운 것으로 알려져 있다.

하야신스마코금강앵무 ♀

하야신스마코금강앵무 ♂

그 외 다양한 앵무

선코뉴어

Sunconure / *Aratinga solstitalis*

• 원산지 : 브라질의 북동부와 가이아나

• 크기 : 30cm

• 먹이 : 해바라기씨, 땅콩, 앵무새의 배합 사료, 과일, 청채

• 암수 : 외견상 암수 구별이 어려우나 암컷은 체구와 부리가 작은 편이며, 부리가 가늘다.

• 특징 및 사육 관리 : 홀로 또는 쌍으로 키우는 것이 좋다. 유순하며 체질은 약한 편이다. 몸 전체가 화려한 밝은 오렌지색이며, 안면과 하복부는 붉은색으로, 고상한 색감을 나타낸다. 날개의 상단은 황금색, 하단은 녹색을 띠며, 꼬리는 황록색에 끝부분은 청색을 띤다. 부리는 짙은 흑회색이다. 우리나라에서도 일부 사람들이 기르고 있으며, 번식도 비교적 쉽게 이루어지고 있다. 알통은 나무로 된 상자를 이용한다. 1회 산란 수는 3~6개 정도, 포란 기간은 26~27일, 육추 기간은 8주가 지나서 이소한다. 어린 새끼는 색상이 탁하고 등에 푸른색이 돈다. 성조가 되기까지는 해가 바뀌어야 하며, 암수 감별이 어렵기 때문에 여러 마리 중에서 상애가 맞는 것을 선택하여 쌍을 짓는 것이 가장 중요하다.

장미앵무

Eastern Rosella / *Platycerus eximius*

• 분포지 : 호주의 동남부와 타스마니아(Tasmania)에 분포한다. 서식지는 농경지와 초원과 삼림 지역으로 마을 근처에서도 볼 수 있다.

• 크기 : 30~32cm, 중형 앵무의 표본이다.

• 먹이 : 일반 혼합 사료를 주식으로 하며, 해바라기씨·마씨나 연맥류·소맥을 좋아한다. 청채 및 칼슘을 보충하고 염토를 주는 것을 잊지 말아야 한다.

선코뉴어 ♂   선코뉴어 우

• 특징 및 사육 관리 : 머리와 얼굴과 목, 가슴은 밝은 적색이 복부의 중앙으로 흘러내려가고 있다. 눈 밑 뺨 부분에 흰색 타원형 반점이 있다. 뒷머리에서 등 부위에 걸쳐 황색 바탕에 흑색 비늘 문양이 있고, 등 밑과 허리는 연한 황록색, 꼬리의 깃은 녹청색이다. 암컷의 배색은 수컷과 흡사하나 탁한 색으로, 크기가 작아 구별이 쉽다. 장미앵무는 금사 사육에 적합하며 아름답다. 비행이 가능한 대형 새장에서는 나는 모습도 볼 수 있고, 번식도 잘 된다. 성질도 온순하며, 건강 체질이어서 동절기에 바람막이만 있으면 월동도 수월하다. 번식기에는 투쟁성이 있기 때문에 다른 새와의 혼합은 곤란하다. 금사의 규격은 폭보다 깊이를 깊게 하는 것이 좋다. 둥지 폭 25cm, 깊이는 50cm에 가깝도록 해 주며, 산좌는 오목하게 알이 모일 수 있도록 해 준다. 둥지는 금사의 상단에 설치한다. 금사 안에는 풀과 벼과 식물을 식재하는 것도 이 새를 위한 좋은 방법이다.

장미앵무

번식은 봄철부터 가을까지 하며, 산란 수는 4~6개 정도, 포란 기간은 22일 후 부화되고, 육추 기간은 50일 정도이다. 어린 새끼는 암컷과 비슷한 체모를 갖고 있으나 탁한 색의 황색기가 도는 녹색이다. 산란부터 이소까지는 3개월이 걸리며, 연 1~2회 번식한다.

밀리로젤라앵무

Mealy Rosella / *Platycercus adscitus*

- 원산지 : 호주 북동부
- 크기 : 30cm
- 먹이 : 혼합 사료와 곡물, 해바라기씨, 청채, 사과
- 특징 및 사육 관리 : 조용하고 온순하며, 쌍으로 키우는 것이 좋다. 의외로 공격적이므로 암컷이 학대받지 않도록 주의 깊게 감시해야 한다. 이 새는 쉽게 번식하는데, 종종 12년 이상 매년 2회씩 번식한다. 특히 이런 면에서 다른 종과 다르지만 모두가 다 자유로이 번식하는 것은 아니다. 1863년 밀리로젤라앵무를 유럽 런던 동물원에 처음으로 선보였을 때만 해도 번식은 요원한 것으로 생각했다. 그러다가 9년 후 벨기에에서 번식에 성공했다. 한 번에 8마리의 새끼를 가질 수 있으며, 어려움 없이 어린 새끼를 키운다. 그러나 위급한 경우에는 유황앵무를 대신 키워 주는 가모로써 이용되기 시작했다. 이 새와 가까운 종인 골든 혹은 금색망토로젤라(Golden-mantled Rosella)를 포함하여 이와 유사한 종이 가모로 훌륭한 대모 역할을 하고 있다. 쌍으로 키우는 것이 좋다.

붉은장미앵무

Pennant or Crimson rosella

- 원산지 : 호주 동부와 남부 지역
- 형태 : 체모의 대부분이 붉은색으로, 목과 턱은 어두운 하늘색이며, 날개 일부분과 꼬리 털은 청색이다. 암컷은 부리와 머리가 수컷보다 작으므로 암수 구별이 용이하다.

붉은장미앵무

- 크기 : 32~36cm
- 먹이 : 메조, 수수, 밀, 피, 카나리아 씨드, 해바라기씨를 섞은 혼합 사료와 과
  일, 채소, 보레와 약간의 벌레를 준다.
- 특징 및 사육 관리 : 건강한 체질이며, 추위에도 강하여 월동도 무난하다. 알은
  4~8개 정도 산란하며, 포란 기간은 21일 정도이고, 육추일은 35일 경과 후 이
  소한다. 이 종은 부리가 강해서 앵글 사육장이 알맞다.

사육조 분류법

　현재 지구상에 서식하고 있는 새의 종류는 대략 9천 200여 종이 된다. 그 중에서 사육조로 구분되는 종은 대략 200~300여 종으로, 새장에서 기르고 있다. 이것은 과학적인 분류 체계에 맞추기 위해 정리할 필요가 있다. 이는 비슷한 성격과 습관을 지닌 새들이 서로 함께 분류될 수 있도록 밀접하게 연관된 새들을 확인할 수 있는 매우 귀중한 작업이다. 그러나 다른 종이 발견되면 연구를 더 하게 되고, 그래서 분류법은 수정될 필요가 있게 된다.

　어느 집단 내에 알려진 모든 피조물을 정리하고자 하는 최초의 시도는 4C 그리스의 철학자 '아리스토텔레스'에 의해서다. 그의 분류 체계는 요즘 전 세계에 걸쳐 보편적으로 채택되고 있는 체계와는 분명히 다르다. 그의 체계는 근본적으로 신체적인 차이점에 의존하기보다는 기능적인 차이에 의존하였다. 현대의 분류법은 17C까지 거슬러 올라간다. 작가인 프란시 윌러비(Fransi Willoughby)가 죽은 뒤에 『조류학(Ornithologia)』이라는 출판물이 나오게 되었다. 이 조류학 연구는 새들 자체의 묘사뿐만 아니라 차례로 정리되어서 새의 모습에 따라 그것의 동일함을 알게 되는 체계를 통해 알려지지 않은 새를 추적할 수 있도록 하는 같은 속(屬, 種)으로 인정하는 목록을 특색으로 한다.

　오늘날 통용되고 있는 분류 체계의 기초는 그가 고안한 '린넨(Linnean) 체계'라고 알려진 방법으로, 오늘날 '린네의 법칙'으로 더 잘 알려진 '린네(Carl von Linne)'라는 식물학자로 인식된다. 린네가 아리스토텔레스 체계의 어떤 측면은 받아들인 반면, 그는 근본적으로 중요한 해부학적 기능을 고려하기보다는 유기체의 외적인 신체 모습에 의존하였다. 여러 가지 단계로 구성된 이 체계 안에는 강(綱), 목(目), 과(科), 속(屬) 따위의 분류 체계가 있다. 모든 새들은 '조류'라는 인식할 수 있는 '강(綱)'을 구성한다. '강(綱)'은 새들의 주된 무리를 포함하는 여러 가지 '목(目)'으로 세분되고, '목(目)'은 '과(科)'로 나누어진다. '과(科)'는 분류 체계 안에서 가장 유용한 출발점인 것이다. 알지 못하는 새를 바라보면 대개 '과(科)'의 수준에서 그것의 적당한 관계에 대한 어떤 생각을 얻게 될 수 있을 것이다. 큰 비둘기의 경우를 보면, 모든 큰 비둘기와 작은 비둘기를 포함하는 비둘기과의 일부로 생각되므로 모습에 있어서 충분히 구별이 가능하다. 과(科) 그 자체는 여러 가지 속(屬) 안에서 새들은 서로의 밀접한 신체적 유사점과 크기에 있어서, 그리고 무늬와 색깔에 있어서 유사하다. 사실 종(種)으로 표현되는 속(屬)의 구성원에 있어서는 이 수준에서의 관계를 확인하는 것은 매우 쉽다. 종(種)의 범위 안에서 약간의 변이가 있다면 이것은 비록 실질적으로 동일하지만 어떤 점에서는 서로 다른 아종(亞種)을 설립하기에 충분할지도 모른다. 이것은 종(種)이 넓은 지역에 있어서 문제의 지역에 있거나 혹은 고립된 수많은 섬들에 걸쳐 산재 분포된 약간 다른 형태를 가진 종(種)들이 진화될 때 전형적으로 발생한다. 예를 들면 무지개앵무의 경우인데, 이 종은 호주 전체에 걸쳐 수많은 섬들에서 발생하고 있다.

린네의 아주 실용적인 체계는 각각의 유기체에 그것이 알려졌을 때, 심지어는 많은 새들이 한꺼번에 발견되었을 때에도 독특한 이름을 붙일 수 있게 했다. 이것은 이제 학명의 삼진법(Trinomal system) 체계로 이어진다. 1758년에 출간된 린네의 유명한 열 번째 저작『자연의 체계(Systema Naturae)』에서 이 방법에 대한 최초의 용법이 전개되었다. 여기에 그는 각각의 속(屬) 안의 개체를 확실히 하기 위해 소위 '종명(種名)'이라는 것을 첨가했다. 속(屬)과 종명(種名)을 함께 사용하여 종(種)의 이름을 구성하게 돼 속명(屬名)과 종명(種名)은 이탤릭체로 한다. 종명(種名)이 반복되면 이것은 분류학자에 의해 인식되는 아종(亞種)을 지시하는 것이다. 이 경우에는 초기 형태 표본인 노미네이트(Nominate) 분류로써 언급되게 된다. 새로운 아종(Sub-species)은 다음에 계속되는 종명(種名)인 다른 이름을 나타냄으로써 밝혀진다. 갑 비둘기를 다룸에 있어 증명된 예가 이러한 점들을 일치시킨다. 이 특수한 종(種)은 1776년『자연의 체계(Systema Naturae)』12번째 판에서 린네에 의해 최초로 표현되었다. 그는 이것을 '콜롬바 카펜시스(Colomba Capensis)'로 명명하였다. 이것이 현재의 속(屬)인 'Oena'로 재분류되었던 것처럼 종의 표현은 요즘 'Oena Capensis(Linnaeus) 1766년'으로 쓰인다. 이것은 비록 린네가 종(種)을 분류하게 된 최초의 사람이라는 것을 입증하는 것이지만 괄호 안에 그의 이름을 넣음으로써 다른 속(屬)이 되는 것이기도 하다.

분류학으로 알려진 분류 과학은 계속해서 발전해 나간다. 그래서 분류의 수정이 특히 낮은 층에서 가끔 이루어진다. 초기 분류학자가 전적으로 해부학적인 형태에 의존해야 했던 반면에 요즘은 더 많은 수단이 이 분야에서의 연구에 이용 가능하게 되었다. 계란 속에 있는 종에 관한 성분에 대한 치밀한 분석과 울음소리의 패턴에 대한 자세한 연구는 여러 무리의 새들 사이의 관계에 대한 보다 발전된 과학적인 관찰을 돕는 작업의 두 가지 보기들이다. 그들의 외부 기생생물에 대한, 특히 비교적 숙주인 기생생물에 대한 연구는 또한 이 분야에서 유용하다고 증명되었다. 예를 들어 홍학과 물새 사이의 현저한 양자 결연이 확실히 나타난다.

야생에서 종(種)은 설사 그들이 가깝게 연결되었다고 하더라도 정상적으로 자유롭게 교배되지 않는다. 그럼에도 불구하고 그러한 행위는 새장 안의 새들에게는 발생한다. 그러한 행위는 서로 다른 속(屬)들의 구성원 사이의 친밀한 관계를 확증할 수 있다. 어떠한 이종 교배는, 특히 카나리아와 금복과인 핀치류와의 교배는 비교적 흔한 일이다. 반면에 이 종류의 또 다른 교배는 관련된 종들의 분류 위치의 재감정에 대한 기초를 만드는 것들에 의해 고려된다.

핀치류
Finchs

    왁스빌, 금복과의 핀치들은 식물의 씨앗을 주식으로 하는 조류이다. 이들의 부리는 일종의 도정기로써 곡물 껍질을 벗기는 역할을 한다. 이 새들에게는 식물의 씨앗이나 낟알을 까먹는 '시드이터(Seedeater, 곡물을 먹는 작은 새)'라는 공통의 명칭으로 참샛과, 혹은 단풍새과(유럽 / Estrildids)라고 한다. 아프리카에서 호주까지 배타적으로 분포한다. 많은 종들은 큰 떼로 무리지으면서 초지나 관목이 울창한 숲에 자주 출몰하며, 땅 가까이에서 먹이를 구하는데, 이 식습관이 체질화되어 있지만 조류 사육에는 잘 알려지지 않고 있다. 왁스빌은 뚜렷하게 쌍을 형성하는데, 서로 부리를 쪼아가며 유대관계를 갖는다.

    다양한 씨앗을 섭취하지만 주로 작은 곡물 수수에 의존한다. 사료는 혼합 사료가 적당하며, 선택적으로 각종 식물의 씨앗을 급여하면 좋다. 카나리아 씨드나 곡물의 씨앗은 그들이 야생에서 곡식의 낟알이나 식물들의 씨앗을 주식으로 했던 것처럼 물에 적셨다가 주는 것이 좋다. 때로는 배양된 흰 벌레를 급여하기도 하는데, 흰 벌레는 주로 열대어를 파는 상점에서 쉽게 구할 수 있다.

    참샛과나 단풍새과(Estrildid)는 때때로 새장에서 성공적으로 사육된다. 이 새들은 온도가 0℃ 이하로 떨어지는 지역에서는 난방이 되어야 한다. 또 추가적으로 빛이 필요한데, 적절한 일광 조건이 유지된다면 이 작은 새들은 놀랍도록 수명이 길어질 수 있다. 예를 들어, 붉은가슴핀치(Cordon Bleus)는 10년 넘게 살았고, 황금가슴왁스빌은 20년이 넘게 살았다. 대개 홍옥조(Fire Finch)는 수명이 짧은 종에 속한다.

히말라야 녹색 핀치

이 종은 히말라야산 호금조협회에서 구입이 가능하며, 영국에서 법적 보호를 받고 있다. 모두 유럽산과는 확실히 구별된다. 밀집된 숲에서 보호받는 종으로 추천되어 있고, 어미로부터 이소 시에 생존율이 매우 낮다. 유럽산 그린 핀치는 'Goibg Light' 병에 걸리는 경향이 높다.

> 참고 **블루핀치와 카나리아의 잡종 교배** 카나리아를 포함한 야생 핀치류의 사육은 잡종을 만듦으로써 알려졌다. 이러한 잡종 교잡은 매력적인 잡종 즉, 잘 우는 새(鳴禽類)를 만들어 냈다. 카나리아와 핀치류인 피리새의 잡종은 불임성을 갖게 되어 생식력이 없다. 수컷 피리새와 암컷 카나리아를 교접하는 것이 일반적인데, 이 특별한 교접의 경우에는 반대 교미가 요구된다.

밀화부리
Masked Hawfinch

밀화부리는 단단한 부리와 강한 악근을 갖고 있는 새로, 중국이나 동양권에서 인기 있는 애완조이다. 노랑부리(Yellow-billed)인 '그로스 빅(Gros beak)'으로 알려진 중국 계통을 포함한 동양의 여름철새로, 아름다운 목소리와 건강미를 자랑하는 애완 조류로 사육되고 있다. 먹이로는 일반적인 곡물과 식물의 씨앗뿐 아니라 소나무 열매인 솔씨와 해바라기씨 또는 카나리아 씨드를 즐겨 먹는다.

밀화부리

멋쟁이새

Common Bullfinch / *Pyrrhula pyrrhula*

- 분포지 : 유럽 전역, 극동 아시아
- 크기 : 19cm
- 먹이 : 해바라기씨 · 평지씨와 카나리아시드가 포함된 혼합 사료, 장과, 야채류, 과일
- 암수 : 수컷은 가슴과 배 부분이 붉고, 암컷은 갈색이다.
- 특징 및 사육 관리 : 눈에 띈다. 쌍들은 지역적으로 세력을 행사한다. 한창때의 과일을 먹을 뿐 아니라 봄에 꽃이 필 무렵 자라나는 새싹을 쪼아먹어 해조로 학대받고 있다. 당연히 핀치류는 마가목과 같은 장과를 좋아한다. 하지만 오염된 농약 살포 지역에는 절대로 모이지 않는다. 멋쟁이새는 나무가 식재된 금사일 경우 상당한 피해의 원인이 되므로 내구성 있는 관목만을 금사 안에 심어야 한다. 특히 먹이인 삼의 오일시드(Oil Seed) 성분은 반드시 저지방이어야 하지만 멋쟁이새는 비교적 먹이를 조달하기 쉬운 종이다. 고지방 씨앗은 다음 털갈이 때 나타나는 변태의 검은색 깃털을 증가시킨다. 색깔 있는 먹이는 수컷 멋쟁이새의 진한 붉은색을 유지하기에 유용하다. 번식기에 멋쟁이새는 온갖 종류의 잔가지와 이끼, 심지어는 말총과 같은 재료를 이용하여 둥지를 튼다. 금사 내에 나무가 무성하게 심어 있다면 새들은 자신들의 자리를 선택하거나 또는 번식 목적으로 제공된 가는 가지로 엮은 바구니를 사용한다. 이 종은 적당한 수풀 밑에 모습을 숨김으로써 야외에서 완전히 노출되지 않는다. 이 새들에게 있어서 침엽수는 인기 있는 둥지 틀 자리이다. 암컷은 대개 둥지 틀 자리를 선택할 책임이 있으며, 수컷이 둥지를 만든다. 한배에 4~5개의 알을 산란하며, 포란 기간은 13일 걸린다. 적당한 야채와 젖은 씨를 포함한 여러 가지 재배 먹이를 준비해야 한다. 1년 중 시기에 따라서 질경이를 공급하는 것은 가능하고, 살아 있는 벌레는 어린 새끼에게 필수적이며, 성장함에 따라 다른 먹이를 증가시켜야 한다. 광범위한 지역에 분포하는 알려진 종 중에서 여러 종류의 뚜렷한 종족이 있다. 크기와 줄무늬에서 중요한 차이

멋쟁이새 우

멋쟁이새 ♂

점이 나올 수 있다. 예를 들면 북방의 멋쟁이새(Northern Bullfinch) 또는 시베리안 멋쟁이새(Siberian Bullfinch)의 등은 회색빛이며, 수컷은 유럽의 아종과 비교하여 엷은 붉은색을 갖는다. 일본 멋쟁이새(Japanese Bullfinch)의 빨간색 줄무늬는 얼굴에 제한되어 있으며, 반면에 그리우멋쟁이새(Greu Bullfinch)로서 알려진 순종 시베리안 멋쟁이새(Siberian Bullfinch)에 속하는 수컷에는 빨간색 줄무늬가 없다.

참고 여러 종류의 핀치류와 집에서 기른 카나리아 사이에 형성된 핀치류 중에서 다른 2종의 이종 교배는 잡종을 만들어 낸다. 반면에 한 마리의 핀치와 카나리아의 교배는 뮬링(Muling)으로 표현된다. 뮬(Mule, 잡종 : 특히 카나리아와 핀치)과 잡종(Hybirds) 둘 다 자주 전시된다. 이 새들은 번식을 못하더라도 외모와 노래 소리 때문에 아주 높게 평가되고 있다. 그러나 벌핀치뮬즈(Bullfinch Mules)는 수컷 카나리아와 암컷 멋쟁이새(Bullfinch) 사이에서 생겨나기 때문에 특이하다. 다른 경우에는 암컷 카나리아가 필요하다. 특히 암컷 카나리아가 새장에 갇혀 번식하는 새로부터 잡종을 만들어 내는 것은 가능하다. 성공의 가능성을 최대화하기 위해 여러 가지 강장식을 제공해야 한다.

콩 새

Common Hawfinch / *Coccothraustes coccothraustes*

- 분포지 : 유럽, 아시아의 서쪽
- 크기 : 20cm
- 먹이 : 솔방울을 포함한 부리로 깰 수 있는 온갖 씨앗류, 곡류, 해바라기씨, 피넛, 살아 있는 벌레, 과일, 채소류
- 특징 및 사육 관리 : 특이하고 흥미롭다. 강한 부리를 가진 종으로, 쌍일 때 가장 잘 적응한다. 번식기에는 공격적이다. 콩새는 강력한 부리가 특징이다. 50kg 이상의 압력에 견딜 수 있는 악근을 갖고 있는데, 거의 힘들이지 않고 버찌씨를 부술 정도이다. 이 새의 일반명은 '산사나무(Hawthorn)'로, 이는 콩새가 나무 씨를 좋아해서 생긴 이름이다. 이 새는 꽉 쥐는 습관이 있으므로 장갑을 끼고 조심스럽게 다루어야 한다. 보통 새장 밖보다는 정원의 금사에서 잘 길들여진다. 둥지는 깃털로 둘레를 두른 컵 모양으로 틀고, 수컷이 둥지 재료를 책임진다. 침엽수가 있는 금사는 새가 둥지 틀 적당한 자리를 찾는 데 도움을 준다. 때로는 이 새의 번식을 위해 가지로 엮은 바구니를 사용하기도 한다. 콩새의 암컷은 한배에 3~4개의 알을 낳고, 2주 동안 혼자서 포란한다. 수컷은 이 시기에 암컷에게 먹이를 조달하고, 암컷이 잠깐 둥지를 떠나면 알을 품기도 한다. 애벌레(Live food)와 강장식(Reaning foods)은 둥지 안에 새끼가 있을 때 씨와 함께 모두 공급해 주어야 한다. 문제는 어린 새가 사람에 따라 생겨난다. 수컷은 이때 점점 공격적으로 되고, 암컷은 새끼들의 깃털이 나기도 전에 다시 알을 낳으며, 첫 번째 새끼를 등한시하게 된다. 이런 이유 때문에 수컷 한 마리에 암컷 두 마리를 함께 키워야 한다. 가까운 종으로는 밀화부리(Yellow-billed Grosbeak)와 가장 가까운 일본종이 있다. 큰부리밀화부리(Japanese Grosbeak)는 특히 큰 새로, 전체 길이가 25cm나 된다. 이 종의 수컷 머리에 있는 검은 깃털은 머리 전체에 퍼져 있지 않으며, 수컷은 밀화부리에 있는 빨간색 깃털이 부족하다. 이들은 일단 적응이 된다면 2가지 종 모두 비교적 무난하게 키울 수 있다.

금화조

Zebra finch / *Taeniopygia guttata*

- 분포지 : 캡 요크(Cape York) 남쪽과 남동쪽 해안 지역, 타스마니아(Tasmania) 를 제외한 호주 전 지역
- 크기 : 10cm
- 먹이 : 야생에서 금화조는 대부분 식물의 씨앗을 먹는다. 그래서 새장에서 키울 때 먹이를 조달하기 쉬운 새이다. 씨앗과 기장, 카나리아 씨드가 먹이의 기초를 이룬다. 때로는 작은 곤충의 애벌레도 먹는다.
- 암수 : 수컷은 앞가슴에 검은색 얼룩말 무늬가 있고, 암컷은 없다.
- 특징 및 사육 관리 : 번식력이 왕성하다. 무리 또는 혼합된 새장의 일부에서 안전하게 기를 수 있다. 금화조는 조류 사육 집단에서 가장 널리 사육되는 종으로, 전 세계 도처에서 기르고 있는 인기종이다. 금화조는 먹이 조달이 쉽고, 번식 기간 동안 살아 있는 벌레를 먹지 않는다. 소리는 매우 단조롭다. 이 종은 광야에서 큰 무리 속에 존재하고, 각종 식물의 씨앗을 먹고, 다양한 변종은 이 표본의 야생 원종(Wild-caught stock)으로부터 이루어졌다. 금화조의 야생 원종은 19C 초 유럽에서 처음으로 발견되었다. 이 종은 수컷의 가슴에 있는 특징적인 가로 무늬에 의해 이름이 지어졌는데, 무늬가 얼룩말 무늬와 닮았다. 암컷은 재갈색이며, 무늬가 수컷같이 눈 아래서부터 턱 부위까지 검은 선

| 대양주의 핀치류 | 호주의 핀치류들은 세계 도처의 조류 사육 집단에 잘 알려져 있고, 오랜 기간 사육되어 왔다. 이 종은 새장이나 금사에서 둥지를 틀었고 온갖 돌연변이가 이루어졌는데, 특히 금화조(Zebra Finch)의 변이 과정은 특이할 만한 진화를 이루었다. 아시아의 종류는 벵골핀치의 특정한 것을 제외하고는 호주 종류보다 전체적으로 희미한 색채를 띠고, 새장 번식은 적합하지 않다. 이것은 생식 활동을 촉진하기 위해 같은 종류의 다른 가까운 자극물이 필요한 것처럼 보이기 때문이다. 이 종은 혼합된 그룹에서 사육될 수 있으나 환경에서 위협당하는 보다 작은 왁스빌(Waxbill)과 나란히 사육되어서는 안 된다. |

으로 이어져 있다. 수컷의 부리는 붉고 암컷은 엷다. 금화조는 일반 좁은 금속 새장에서 잘 적응시킬 수 있다. 대체로 활동적인 새지만 겨울철 보온이 보장되면 사철 번식이 무난하다. 또한 다른 무리의 새와 마찰 없이 지낼 수 있다. 금화조는 짚으로 된 항아리형 둥지를 만들며, 암수가 공동으로 짓는다. 관찰에 의하면 둥지를 만들기 위해서 사용되는 가는 풀줄기가 약 300가닥 이상 소요된다고 한다. 새장 안에서는 인공적으로 만든 둥지를 사용하며, 한번 산란하기 시작하면 4~5개의 알을 낳고, 암수 교대로 포란한다. 부화 기간은 12일 정도인데, 더 길어질 수도 있다. 얼마나 성실하게 포란하는가에 따라 하루, 이틀 길어질 수도 있다. 부화된 새끼는 빨리 성장하므로 생후 1주일이 지나면 눈을 뜨고, 3주일이 되면 날 수 있게 된다. 이 새의 특징적인 붉은 부리는 생후 6주가 지나야 분명해지기 시작한다. 새끼들은 8주가 지나면 첫 번째 털갈이를 시작한다. 금화조는 다른 호주 금복과 새들보다 더 빨리 자란다. 수컷은 단 9주가 지나면 생식 능력을 갖게 된다. 쌍짓기는 6개월 정도 지난 후가 적당하다. 암컷은 1년에 4번 정도 번식하는데, 새장에서 사육되는 금화조

일반 금화조 ♂   일반 금화조 ♀

는 대개 포란이나 육추를 제대로 하지 못하는 것이 대부분이다. 이는 많은 수의 금화조를 얻기 위해 가모 십자매에게 탁란하여 포란과 육추력이 저하된 것이므로 근본적인 원인은 사육자에게 있다.

엷은갈색금화조
Zebra Finch : fawn

가장 초기에 기록된 유색 변형종의 하나이다. 이 변종은 호주 남부의 애들레이드(Adelaide) 근처 캠프에서 잡힌 두 마리의 엷은 황갈색인 암컷으로부터 발전되었다. 이것은 반성적(伴性的)인 열성의 변종이다. 그래서 계속적인 황갈색 교미는 지양된다. 왜냐하면 어두운 색깔의 자손을 낳기 때문이다.

엷은갈색금화조 ♂

엷은갈색금화조 ♀

잡색금화조

Zebra Finch : pied

흰 부분과 유색 부분과의 조화가 얼룩 금화조를 탄생시킨다. 얼룩 요소는 황갈색과 회색과의 조화로 이루어져 있다. 몇몇 얼룩 변종과는 달리 이 종은 지배 유전질보다는 상염색체의 열성 유전질의 변종이다. 어떤 개체에 무늬가 나타날까 예견되는 것이 불가능하다. 그래서 좋은 관상용 새를 작출해 내기는 매우 어렵다. 거기에는 반 정상적 색깔의 깃털이 흰 부분을 대신하기 때문이다.

잡색 금화조

백금화조

줄무늬금화조(호금화조(縞錦花鳥))

Green, Avadavat / Amandava formosa

인도에 서식하는 줄무늬금화조는 적색 사촌과 습성에 있어서 유사하다. 그러나 모두가 같지는 않다. 생식은 새끼의 성공적인 부화를 위해 중요하며, 가능하다면 어미 새들은 번식 기간에 흰 벌레와 같은 충식(蟲食) 공급이 충분히 이루어져야 한다.

줄무늬금화조

십자매(十姉妹)

Common Finch

- 분포지 : 중국의 남부 지방과 말레이시아 반도
- 암수 : 일반적으로 암수 구별이 어려우나 번식기에는 수컷의 독특한 울음으로 암수 구별이 가능하다. 야생의 원종은 없는 것으로 밝혀졌다.
- 특징 및 사육 관리 : 이 종은 흰부리십자매(White-beaked Munia) 중에서 길들여진 종이라고 인정하고 있다. 18C 초 중국에서 250년 전에 일본으로 유입된 '단특(壇特)'이라는 원종은 일본에서 개량된 사육조로서 건강하고 번식력이 뛰어나며 친화력이 돋보이는 새로, 핀치류의 가모 역할뿐만 아니라 사육조의 기초

금화조의 변색종	금화조의 색상 변화에 의한 변종 출현은 야생 집단에서 연유되는 경향이 짙다.

금화조의 색상 변화에 의한 변종 출현은 야생 집단에서 연유되는 경향이 짙다.

−백화현상(Albino) : 붉은 눈에 의해 특징지어지는 호주 변종은 흰색의 형태와 구별된다.

−도가머리(Crested) : 이 형태의 특징은 어느 색깔과도 조화가 될 수 있다.

−다채로운 변색(Penguin) : 수컷 몸에 나타난 천연색은 이 변종에 대한 이름을 갖게 하는데, 그 기원은 1940년대 후반까지 거슬러 올라간다. 그것은 상(常)염색체의 열성 특질이며, 대단히 희귀하다.

−은색 변색종(Silver) : 눈에 띄는 모양은 전체의 밝은 천연색을 띠고, 은회색의 열성인자를 닮아 우비깃 형태를 갖고, 이 두 변종은 엷은 황갈색과 조합해 보면 발생의 형태가 일치하는 크림색 금화조를 생산할 수 있다.

−흰색의 변종 : 흰색은 금화조에서 발생된 첫 번째 변종이며, 1921년에 출현되었다. 검은 눈을 가진 새는 알비뇨〔白化現想〕인 변종과는 구별된다. 깃털 색이 회색 흔적을 보이는 경향이 있다. 그러나 반점이 있는 흰색 새를 반복적으로 교배하면 몇몇 대를 거치면 이런 결점을 제거할 수 있다. 가장 이상한 색깔 변화는 부리 색깔과 관련되어 있다. 전형적인 붉은 부리 무리의 특징으로는 노란색의 부리가 만들어지고 있으며, 어느 색깔과도 조합될 수 있다. 이 종은 다양한 다른 깃털 변종들이 계속적으로 작출되고 있는 중이다.

일반 십자매

가 되는 종이다. 이 종은 일본에서 유럽으로 유입되면서 1860년 런던 동물원에 전시된 것이 첫 번째 실례가 된다. 이때부터 이 새는 새장이나 우리에서 잘 번식되지 않는 고급 핀치 알의 포란과 육추를 담당하는 가모로써 현재까지 공헌하고 있다. 벵골리즈 핀치(Bengalese Finch)의 큰 장점 중의 하나는 좁은 새장이라는 환경에 잘 적응하며, 모든 고급 핀치류에게 가모로서의 친화력이 대단하다는 것이다. 산란 수는 대략 5~6개 정도이고, 포란 기간은 13일 정도이며, 모든 새끼들을 헌신적으로 기른다. 또 다른 종에 비해 주위의 방해에도 인내하는 경향이 강하다. 어린 십자매 새끼는 9개월이 지나면 성조가 된다. 십자매는 종의 개량으로 다양한 무늬와 체우(體羽)를 자랑한다. 이를 '예물 십자매'라고 하며, 병(並)십자매(Common Finch) · 흰십자매(White Common Finch) · 갈색십자매(Shozyo-color Common Finch) · 곱슬털십자매(Dainagon Common Finch) · 도가머리십자매(Crested Common Finch) · 삼색십자매(Three-coloured Common Finch) · 작은점십자매(Kobuchi Common Finch) 등이 있다.

호금조(胡錦鳥)

Gouldian Finch / *chloebia gouldiae*

- 분포지 : 호주 북부
- 크기 : 12. 5cm
- 먹이 : 작은 곡물의 씨앗, 마른 씨앗, 야채
- 암수 : 수컷은 화려하고 암컷은 색상이 흐리다.
- 특징 및 사육 관리 : 매우 화려하며, 집단 사육이 가능하다. 호주산 핀치들 중 아름다운 목소리를 가진 것은 없다. 그러나 매력적인 화려한 깃털과 모습으로 가치는 높다. 몇몇 색상 변이는 비교적 고급스러움과 신비스러움이 조화를 이루어 사조가의 관심을 끈다. 가장 인상적인 호금조(Gouldian Finch)는 야생생활을 찾아 호주 여행에 동행한 자신의 부인 엘리자벳을 위해 박물학자 존 굴드(John Gould)가 그의 이름으로 작명했다는 것이다. 이 새는 19C 말경에 유럽에서 최초로 발견되었으며, 그 이후 사육하면서 논쟁이 극심했다. 어떤 사람은 호금조 키우기가 매우 어렵다며 높은 가격에 비해 초보자들은, 번식은 고사하고 낙조(落鳥)의 아픔을 겪어야만 했고, 보는 것만으로 만족해야 한다는 등등의 이유로 불만이 많았다. 그러나 건강한 새를 구입한다면 관리하는 데 특별한 문제는 생기지 않는다. 야생 호금조의 머리 색깔은 검은색과 빨간색이 주종이다. 노란색 머리를 가진 새가 가장 희귀한데, 이것은 빨간 머리 호금조의 보기 드문 변종이다. 다양한 변화는 사육되는 새에서도 일어난다. 흰앞가슴호금조에서 연보라색은 흰색으로 대체되었다. 검은 머리 형태는 가장 평범하지만, 특성은 3가지 머리색 중 어떤 것과도 결합할 수 있고, 빨간 머리 형태에서의 발생이 지배적이다. 호금조는 날 수 있는 적당한 장소만 있다면 집에서 기르기에 가장 이상적인 새이다. 낮은 온도에 민감하므로 최소한 10℃ 이상의 온도를 유지해야 한다. 번식철에는 적당한 먹이를 세심하게 공급할 필요가 있는데, 특히 암컷은 칼슘의 공급이 어느 때보다 필요하다. 보통 5~6개의 알을 산란하고, 포란 기간은 14~16일 정도로, 암수가 번갈아 포란한다. 어린 새끼는 3주 정도 되면 털이 나고, 45일이 경과되면 이소하게 된

호금조

다. 이들은 둥지를 깊고 길게 튼다. 아주 어둡고 캄캄한 곳에 새끼를 부화시키게 되는데, 새끼의 주둥이 양옆에 작은 구슬 같은 발광체가 달려 있어 무리 없이 어미에게서 먹이를 받아먹게 된다. 호금조 새끼의 훌륭한 육추는 다양한 먹이에 달려 있다. 야채류나 부드러운 먹이, 특히 벌꿀은 어린 새가 자람에 따라 점차적으로 늘린다. 깃털이 다 날 때 호금조는 어미새에 비해 칙칙한 황갈색이며, 이 시기가 낙조의 위험 확률이 가장 높을 때이다. 실패의 가능성을 최소화하기 위해 분리된 장소로 옮기기 전에 스스로 먹이를 먹는지 확실한 점검이 필요하다. 반드시 사용했던 먹이를 적절히 공급하되 비타민, 미네랄의 급여도 잊어서는 안 된다. 항상 오징어 뼈와 옥소 덩어리도 제공해야 한다. 소화 불량의 위험을 감소시킨다고 알려진 숯가루는 실제로 소화에 도움되고 있지 않은 것으로 알려지고 있다. 첫 번째 털갈이를 거친 새들은 스스로 짝을 이룰 수 있다. 부리의 색은 호금조에서 번식한 상태로 변하고, 수컷의 부리 끝은 빨간색으로 변하는 반면, 암컷의 부리는 더욱 어두워진다. 호금조의 가모는 십자매에 의존하는데, 어떤 사육자는 호금조가 다시 알을 낳도록 북돋워 1년에 두 번 새끼를 기르도록 자체 번식을 고집한다. 이는 호금조의 모체를 보호하는 데 유익하다고 하기 때문이다. 확실히 십자매를 가모로 부화된 초기의 호금조는 약해 밖에서는 자라지 못하고 낙조되는 경우가 많았다. 또 다른 요인은 호금조의 공기주머니에 치즈벌레로 인한 호흡 고통을 야기시킬 수 있다는 것이다. 치즈벌레는 직접 생명에 관련되는 것은 아니지만 불쾌한 상태가 계속된다. 현재 이 전염병은 '아이버멕틴(Ivermectin)'이라 불리는 안티파라시틱(Antiparasitic) 구충약으로 구제할 수 있다. 치즈벌레는 아마도 어린 새가 둥지 안에서 먹이를 공급받는 동안, 또는 이유하는 동안에 어미 새에게서 전염되는 것 같다.

검은머리호금조   붉은머리호금조   흰가슴호금조

노랑머리호금조

소정조(小町鳥)

Painted finch / *Emblema picta*

- 분포지 : 호주의 중부와 서부 퀸즐랜드(Queensland)의 서부 경계선 건조 지역
- 크기 : 11. 5cm
- 먹이 : 곡류 씨앗의 혼합물과 청채
- 암수 : 암컷은 수컷과 비교하면 머리의 붉은 부분이 좁다.
- 특징 및 사육 관리 : 짙고 화려한 색상으로 흥미를 끈다. 혼합된 조류 사육장에 서 꽤 잘 참으며 산다. 소정작은 1869년에 처음으로 유럽에 소개되었고, 우리 나라에 소개된 것은 1970년대이다. 알려진 새는 아니며, 고가에 거래되기도 한다. 그러나 번식이 용이하지 않고 사육이 까다롭다. 이 종은 야생에서는 풀 숲에 둥지를 틀고 번식한다. 그래서 땅 가까이 둥지를 숨겨 줄 가림막을 설치 할 필요가 있다. 또한 번식을 유도하기 위해 둥지 만드는 소재를 충분히 마련 해 줘야 한다. 이상하게도 이 새는 땅에서 돌과 다른 비슷한 암설(岩屑)로 된

소정조 우

소정조 ♂

높은 지역을 마련하고 그 꼭대기에 둥지를 튼다. 포란 기간은 15일이고, 암수가 함께 포란하며 육추한다. 어미 새들은 어린 새끼가 부화되면 벌레를 공급한다. 적당한 먹이가 부족하면 어린 새끼는 둥지를 이탈하게 된다. 가능한 한 오랫동안 어미 새 무리 속에서 어린 새끼들을 남겨 두는 것이 바람직하고, 육추 시 젖은 씨앗을 포함한 여러 종류의 먹이를 공급하는 것이 좋다. 호주산 핀치는 일반적으로 매력적이며, 다른 종의 조류 사육장에서 길러진 새는 쉽게 얻을 수 있다. 가능하면 집에서 번식한 새를 구입하는 것이 좋다. 호주산 핀치는 나무가 있고 날 수 있는 충분한 공간에서 사육될 때 가장 잘 자란다.

녹자작(鹿子雀)

Bichenow's finch / *Poephila bichenovii*

- 분포지 : 호주 남부와 서부를 제외한 지방 초원
- 크기 : 11cm
- 먹이 : 조(겉조), 기장, 보레, 청채
- 암수 : 암수가 같은 색으로, 구별하기 쉽지 않다. 암컷은 앞가슴과 목의 검은색 가로띠 폭이 좁다.
- 특징 및 사육 관리 : 무채색 계열로, 싫증이 나지 않으며 양 날개에 사슴 무늬의 반점이 있어 이 새의 이름이 지어졌다. 소형의 새로, 동작이 활동적이다. 서식지는 평지의 초원으로, 개울 주변의 덤불이나 관목에 영소(營巢)한다. 카나리아용 사육장에서 사육하면 된다. 둥지는 항상 준비하고, 추위에 약하지만 비교적 건강하다. 번식이 어렵기는 하지만 상애가 좋은 쌍이라면 충분히 가능하다. 야외 금사에서도 둥지를 준비해 두면 번식이 쉽다 겨울철에는 옥내로 옮겨 실내에서 사육하는 것이 바람직하다. 먹이는 보통 일반 혼합 사료를 급여하며, 특히 조의 배합률을 높인다. 보레나 청채는 늘 급여해야 한다. 번식은 십자매를 가모로 하여 육추하는 것이 유리하다. 친조(親鳥)의 산란은 4~6개 정도인데, 가모에 탁란하면 11~12일 정도에 부화되며, 육추 기간은 23

녹자작

~25일 걸린다. 육추식은 난조를 조금 짙게 하고, 이소 후에도 어미와 2주 정도 함께 생활하도록 한다. 3~4개월 후면 성조로 성장하게 된다.

소문조(小紋鳥)

Star Finch / *Neochmia ruficauda*

- 분포지 : 호주의 북서부에서 북동부, 온화한 지역, 개울 주변의 덤불이나 관목에 영소한다.
- 크기 : 12cm
- 먹이 : 혼합 사료, 기장이나 좁쌀의 비율을 증가한다. 수욕을 즐기므로 욕조를 준비해 준다.
- 암수 : 수컷은 머리 부분의 붉은 반점이 넓고, 암컷은 반점의 크기가 좁다.
- 특징 및 사육 관리 : 배는 황백색에 머리와 가슴까지 흰색의 반점이 밤하늘의 별처럼 무리지어 있다. 호주의 핀치류 중에서 가장 건강하고 온순하다. 사육

조로서도 역사가 매우 깊고, 전 세계에 널리 알려진 대표적인 사육조이다. 보통 유럽 각지에서는 정원용으로 사육되지만 동양에서는 카나리아용 새장에서 많이 사육된다. 번식도 십자매를 가모로 이용하여 대량 생산도 가능하다. 번식은 매우 좋고, 알은 1회 복란에 4~6개 산란한다. 포란 기간은 13~14일 걸리고, 육추 시 난조와 청채는 거르지 말고 급여한다.

소문조

노란머리소문조

남양청홍조(南洋靑紅鳥)

Blue Faced Parrot finch / *Erythrura trichroa*

- 분포지 : 뉴기니 섬 중심 셀레베스·몰루카·카롤린 제도, 솔로몬 제도, 호주 북동부의 하천 부근과 삼림 주변에 서식한다.
- 크기 : 12cm
- 먹이 : 혼합 사료에 카나리나 씨드를 증량시켜 주며, 청채와 보레도 준다.
- 암수 : 암수가 같은 색으로, 암컷은 얼굴 부분의 청색이 어둡고 좁다.
- 특징 및 사육 관리 : 물가 근처와 맹그로브 산림 지역을 선호한다. 현재는 완전히 사육조로 관리되고 있다. 유럽에서는 정원용으로 사육되고 있으나 우리나라에서는 좁은 새장에서 사육되고 있으며, 호금조처럼 깊은 둥지를 사용한다. 성질은 온순하며 월동기에는 저온에 주의가 필요하다. 정원의 새장에서는 자체적으로 번식이 가능하나 좁은 새장에서는 가모인 십자매를 이용한다. 산란 수는 4~5개 정도, 포란 기간은 13~14일, 2주가 지나면 깃이 형성되고, 24~25일 경과하면 둥지를 떠난다. 가모와의 동거는 충분히 함께하는 편이 안전하다. 가모와 분리할 때는 가모인 십자매를 다른 장으로 옮기는 것이 유

남양청홍조

리하다. 어린 새가 어미처럼 성장하면 충분한 운동을 시키기 위해 대형 날림 장으로 옮긴다. 이 종은 혈연 간의 근친 교배는 금물이다.

일환조(日環鳥)
Red-Throated Parrot Finch / *Erythrura psittacea*

- 분포지 : 뉴칼레도니아 섬 초원에서 집단적으로 생성된 덤불이나 잡목림
- 크기 : 12cm
- 먹이 : 핀치류의 혼합 사료와 보충 사료로 청미를 급여한다. 청채와 보레도 급여 한다.
- 암수 : 암수 같은 색으로, 수컷은 체격이 크고 얼굴의 붉은색이 넓으며 선명하 다. 암컷의 체모는 약간 암녹색을 띤다.
- 종류와 특징 : 근이종으로, 청홍조와 남양청홍조는 전부 동속(同屬)이며, 모두 '패럿 핀치'라 부른다. 사조로 애용되는 것 중 몇 가지 종이 있다.
  ─녹색꼬리일환조(Green tailed parrot Finch) : 상체부는 녹색이며, 하부는 담황녹

일환조(패럿 핀치)

색을 띤다. 안면은 검은색, 머리는 청색, 꼬리는 녹색이다. 보루네오 · 수마트라 섬 등에서 살며, 필리핀에서도 발견된다.

— 일청조(Fiji parrot Finch / Erythrura peali) : 일본명, 목 부위가 청색이며, 휘지도(島) 산이다.

— 붉은머리일환조(Royal(Red-Headed) Parrot Finch) : 얼굴은 붉고 목과 가슴 윗부분은 검으며 가슴은 청색인 새로, 뉴헤브리디스(New Hebrides) 고지대에서 서식하는 종이다.

— 사모아일환조(Samoa parrot Finch) : 붉은머리일환조와 비슷하지만 체색은 청색이다. 사모아 섬에서 서식한다.

— 핑크부리일환조(Pink-billed parrot Finch) : 황도색의 큰 부리를 갖고 있고, 체모는 녹색이며, 얼굴은 흑청색, 머리는 밝은 청색을 띠고 있다. 꼬리는 붉고 환상적인 느낌을 준다.

청홍조(靑紅鳥)

Pin-tailed parrot Finch / *Erythrura prasina*

• 분포지 : 말레이 반도, 보르네오, 스탄 열도 그 주변의 섬 개울 근처 삼림

• 크기 : 14cm

• 먹이 : 수입 초기에는 청미나 카나리아 씨드를 먹이고 피나 조가 혼합된 사료를 먹인다. 보조 먹이는 일반 조류와 동일하다.

• 암수 : 수컷은 얼굴과 등은 밝은 녹색, 꼬리 깃은 붉은색, 가슴은 담갈색이다. 암컷은 수컷에 비해 엷은 담갈색을 띤다. 얼굴은 청색이며, 복부의 적색은 보이지 않고 꼬리는 짧다.

• 특징 및 사육 관리 : 수입종은 야성이 강하며 거칠고 추위에 약하다. 청홍조에게는 드물게 적색부가 황색화된 것이 있다. 중형 크기 이상 장에서 사육하는 것이 좋다. 환경에 따라서 산란에 민감하며, 금사에서 사육하는 것이 번식을 유도할 수 있는 좋은 방법이다. 둥지가 높은 곳에서는 산란하지 않으며, 중간

청홍조 ♂

청홍조 ♀

정도의 높이를 선호한다. 포란 기간은 13~14일 걸리며, 어미 새는 벌레를 좋아하지 않고 고농도의 난조나 곡류·식물의 씨앗을 선호한다.

앵작(櫻雀)

Cherry Finch / *Aidemosyne modesta*

- 분포지 : 호주의 동북부의 퀸즐랜드(Queensland) 주에 폭넓게 분포한다. 중부보다 뉴사우스웨일스(New South Wales) 북부까지 이른다. 생식지는 넓은 초원보다 덤불이나 저목 지역의 산림을 선호한다.
- 크기 : 12cm
- 먹이 : 혼합 사료를 급여하며 피를 선호하므로 수수와 함께 급여한다. 번식기에는 난조를 주며, 청채와 보레는 일반적인 관리에 따른다.
- 암수 : 암수 색깔은 같으나 수컷의 목 밑에는 검은 반점이 있고, 암컷에는 없다.
- 특징 및 사육 관리 : 몸 전체의 색은 흑갈색을 띠며, 가슴과 옆면은 흑갈색의

앵작 우   앵작 ♂

짙은 줄무늬가 있다. 안면의 앞쪽은 자갈색, 머리는 진갈색, 등과 날개는 갈색, 날개에는 흰색의 반점이 있다. 꼬리와 부리는 검고, 기부(肌膚)는 흰색이며, 다리는 회갈색이다. 이 새는 건강한 새로, 추위에도 강하다. 10℃ 이상이면 보온 없이도 사육이 가능하다. 체모는 수수하기 때문에 별로 인기는 없지만 온화한 성질에 특색 있는 새이며, 사육에는 어려움이 없는 편이다. 일반 새장을 이용하며, 산란도 자유롭다. 둥지는 언제나 상단에 설치한다. 어미 새는 새장에서 산란하지만 둥지를 손수 만드는 작업은 시원치 않다. 산란 수는 4~6개의 알을 낳는데, 가모인 십자매를 이용하는 것이 안전하다. 포란 기간은 12~13일 걸리고, 육추 기간은 25일 정도이다. 어린 새끼는 6개월이면 성조가 되고, 초산에 들어간다.

미남새

Aurora Finch / *Pytilia phoenicoptera*

- 분포지 : 북아프리카의 반 건조 지역, 잠비아 동쪽으로 수단과 우간다 지역
- 크기 : 11. 5cm
- 먹이 : 식물의 작은 씨앗
- 암수 : 전체적으로 흑갈색을 띠며, 암컷은 색깔이 엷다.
- 특징 및 사육 관리 : 다른 소형의 핀치처럼 이 새도 주의 깊은 적응이 필요하다. 서리의 위험이 없어지고 날씨가 비교적 따뜻해질 때까지 바깥 금사에 두지 말고 보온에 신경을 써야 한다. 미리 이 새와 함께 모든 새가 건강한지 점검을 위해 짧은 기간 동안 정원에 있는 사육장에서 한 마리씩 키워 본다. 깃털이 부풀어 있다면 새한테 온도가 너무 낮다는 증거다. 암수 쌍은 조류 사육장에서 자신들의 둥지를 만들거나 또는 인공 둥지를 이용한다. 어떤 쌍들은 섬

미남새

세한 둥지를 선호해 암수 둘 다 재료 모으는 일을 담당한다. 1회 산란 수는 5개 정도이고, 포란 기간은 13일 후에 부화된다. 새끼들을 성공적으로 잘 자라게 하려면 살아 있는 애벌레 또는 단백질 대용물을 공급해야 한다. 같은 영양분일지라도 움직이지 않는 먹이보다 번식 중인 새에게는 살아 있는 벌레를 급여한다. 어린 새끼들은 3주일 이내에 깃털이 다 나고, 약 2주 후면 독립한다. 어미 새는 다시 둥지를 틀도록 해야 한다. 이 단계에서 어린 새끼들의 혼란을 줄이려면 분리시키는 것이 좋다. 그러나 혼합된 집단에서는 어미 새가 4~5개의 알을 낳으며, 암수가 나누어서 부화하고, 12일 정도 후에 알이 부화된다. 그리고 3주 후에 깃털이 난다. 사육 단계에서 살아 있는 먹이는 그리 중요하지 않으므로 물에 젖은 씨앗 같은 부드러운 먹이가 좋다. 번식 기간 전에 충분한 칼슘을 물에 타서 주도록 한다. 또한 자연광은 알껍데기의 주성분인 칼슘을 조절하고 유통시킴으로써 알껍데기 형성 과정에 중요한 역할을 한다. 미남새는 1872년에 독일에서 처음으로 사육장 번식이 성공된 이후 지금은 많은 나라에서 키우고 있다. 이 종은 번식 기간 동안 10마리가 넘는 새끼를 생산한다. 가까운 종은 멜바핀치(Melba Finch)와 노랑날개단풍새(Yellow winged Pytilia)가 있다.

금작(錦雀)

Melba Finch / *Pytilia melba*

• 분포지 : 아프리카 서해안의 중앙부, 잠비아, 앙골라, 사하라 사막 남쪽 지역에 서식하며, 밝은 초원이나 임목(林木)이 한산한 곳에 서식한다.
• 크기 : 13cm
• 먹이 : 혼합 사료에 카나리아 씨드의 공급을 늘리고 피나 수수를 첨가하여 급여한다. 청채와 보레는 물론 정기적으로 충식을 준다.
• 암수 : 암컷은 수컷과 같은 색이나 담색이고, 머리와 목은 붉은색이 없어 암수 감별이 쉽다.

금작 우

금작 ♂

- 특징 및 사육 관리 : 앞이마와 목의 앞쪽은 적색, 머리와 등 부위는 연회색을 띤
  다. 날개는 황갈색을 띤 녹색, 가슴은 녹황색이다. 아래 가슴과 복부는 흰색
  바탕에 흑갈색의 가로줄 무늬가 있다. 금작은 드물게 볼 수 있는 아름다운 핀
  치류이다. 수입 직후에는 보온에 각별한 주의를 요한다. 산란 수는 1회 복란에
  3~4개 정도이고, 포란 기간은 12~13일 걸린다.

홍옥조
Red-billed Fire Finch / *Lagonosticta senegala*

이 종은 아프리카 사하라 남부에 서식하는 종으로, 이름에서 보듯이 온몸이 붉

홍옥조 ♂

홍옥조 ♀

다. 이런 유사한 종이 10여 종 있는데, 모두 섬세하고 추위에 민감하여 온도가
7℃ 이하로 떨어지기 전에 따뜻한 곳으로 옮겨야 한다. 이들의 쌍은 알맞은 조건
하에서 새끼를 치며, 4~5마리의 새끼를 얻을 수 있다. 이 새는 전형적인 단풍조
(Estrildid)식의 둥지를 짓는데, 이때는 다른 구성원들의 세심한 주의를 싫어한다.

금정조(錦靜鳥)
Long-tailed Finch, Parson finch / *Poephila Cincta*

- 분포지 : 호주의 동부에서 북동부에 걸쳐 서식한다.
- 크기 : 11~12cm
- 암수 : 수컷은 부리의 붉은색이 짙고, 턱 밑 검은 반점이 넓게 자리 잡고 있다.

암컷은 부리의 색이 엷고 턱 밑의 검은 반점이 좁다.

- 먹이 : 혼합 사료가 주식이며, 카나리아 씨드, 피와 청채, 칼슘과 난조를 급여한다.

- 특징 및 사육 관리 : 성질이 온순하며, 체모의 색깔과 긴 꼬리가 특징이다. 체형이 날렵하고 싫증이 나지 않는 종이며, 활동적이다. 비교적 건강하고 활기찬 종이지만 긴꼬리금정조는 추위에는 약한 편이므로 월동 시 보온이 필요하다. 이 새는 가모인 십자매를 이용해서 번식시키는 것이 좋다. 산란 수는 4~6개 정도이며, 포란 기간은 14~15일 전후, 육추 기간은 24~25일 걸린다. 이소 후 가모와의 동거 기간은 오래도록 함께 지내게 하는 것이 좋다.

- 종류 : 아직 알려지지 않은 새로운 품종이 개량되고 있으며, 1956년 영국에서 검은부리금정조(Black Rumped Parson Finch)가 작출되었다.

  - 빨간부리금정조(Red-billed Long-tailed Grass Finch) : 긴꼬리금정조와 가까운 종으로, 부리가 붉고 꼬리가 길어 날씬한 몸매는 관람객에게 사랑을 받는다. 우리나라 사육조의 대표적인 품종이다.

  - 긴꼬리금정조(Long-tailed Grass Finch) : 호주 북부에 서식한다. 부리는 엷은 황색이며, 흑색의 긴 꼬리를 갖고 있다. 이 품종은 귀하여 고가에 거래된다. 암수 감별은 턱 밑의 반점과 수컷의 구애 행동으로 알 수 있다.

  - 검은부리 금정조(Parson Finch) : 호주 동부에 분포한다. 체격이 다른 품종보다 크고, 부리는 검고 꼬리는 짧다. 암수 감별은 외관상 구별하기 어렵지만 턱 밑 검은 반점의 크기에 따라 구별되나 정확도는 떨어진다. 반점이 큰 쪽이 수컷일 가능성이 크다.

  - 노란부리금정조(Masked Grass Finch) : 이 종은 호주 북부에 서식하고 있으며, 긴꼬리금정조보다 몸집과 꼬리가 약간 작다. 부리는 노란색이며, 부리와 눈 사이에 검은 선이 있고, 체색은 일반 금정조와 흡사하다.

  - 그 외 아종인 흰뺨금정조(P. leucotis)가 있다.

검은부리금정조

빨간부리금정조

노란부리금정조

일홍조(一紅鳥)

Cut-Throat/Ribbon Finch / *Amadina fasciata*

- 분포지 : 아프리카의 북동부에서 세네갈, 수단, 우간다, 에티오피아에 걸쳐 아프리카 중앙부 동서에 펼쳐 있다.
- 먹이 : 혼합 사료를 급여하며, 난조는 강하지 않게 하고, 번식기에는 충식도 급여한다. 보통은 청채나 보레를 준다.
- 특징 및 사육 관리 : 초원에서 군집생활을 주로 하며, 커다란 다른 새의 무리와도 함께한다. 아프리카 서부에 서식하는 아종은 약간 다색을 띠고, 목의 빨간 띠도 폭이 넓고 비늘 모양의 반문(斑紋)이 크다. 환경을 깨끗이 정리하고 벌레를 주면 번식에도 어려움이 없다. 번식기에는 수컷이 공격적으로 변하므로 다른 종과의 합사는 피해야 한다. 암수 구별은 쉽게 가능하다. 수컷은 얼굴과 목에 빨간 리본형 가로 띠가 있으며, 암컷은 없다. 아프리카산 핀치류 중에서도 건강한 편이며, 조용하고 유순한 새다. 정원의 금사에서는 겨울에도 바람막이만 해 주면 월동도 한다. 대형 장에서도 산란하며, 항아리형 둥지를 사용한다. 일반적인 관리도 좋다. 야외 금사에서는 번식도 수월하게 하며 자육(自育)도 잘 한다. 야생조도 2년이 경과하면 좁은 새장에서도 번식하나 가모인 십자매를 이용하는 것이 바람직하다. 1회에 4~5개를 산란하며, 포란 기간은 12일로, 어린 새끼의 성장이 빠른 편이다. 육추 기간은 22~24일, 육추식은 짙은 난조와 청채를 준다. 어린 새끼는 부화 즉시 털이 생겨난다. 입 안에 검은 반점 때문에 가모인 십자매가 육추를 기피하는 경우가 종종 있다. 일홍조를 사육하는 데 주된 결점은 암컷이 지나치게 알에 집착하는 것으로, 빨리 수정하지 않으면 치명적일 수 있다. 병에 걸린 암컷은 상당히 불안해 보이고 다리가 불안전해진다. 새에게는 소위 자연 광선의 이용은 알껍데기의 주성분인 칼슘을 조절하고 유통시킴으로써 껍데기 형성 과정에 결정적인 역할을 하는 비타민의 합성을 돕는다. 한 계절에 암컷이 두 번 이상 알을 품지 않도록 한다. 과다한 번식은 암컷을 혹사시킬 뿐만 아니라 알껍데기 형성에도 문제가 생긴다. 수컷은 붉은 목선을 보이기 때문에 새끼들의 암수 감별은 둥지를 떠

일홍조 ♂

일홍조 ♀

날 때까지는 알 수 있다. 이 종은 군서 방식으로 번식이 가능하고, 혼합 집단
에서 사육하는 것이 더 좋다. 일홍조는 번식 행위를 함께 시작하고 적당한 둥
지 틀 자리만 주어진다면 서로에게 공격하지 않는다. 주로 참새와 관련이 있
는 일홍조의 특이한 행위는 더러운 물에 목욕하기를 좋아한다는 것이다. 이
새는 적당한 마른 땅에 구멍을 파고 그곳이 꼭 물인 것처럼 그 진흙에 몸을 담
근다.

대일홍조
Red-headed Finch / *Amadina erythrocephala*

- 분포지 : 아프리카 북동부, 세네갈, 수단, 우간다, 에티오피아, 아프리카 중앙부
- 크기 : 12~13cm

- **먹이** : 혼합 사료와 카나리아 씨드, 기장, 충식, 청채와 보레는 일반적인 관리로 해 주는 것이 좋다.
- **암수** : 수컷은 안면과 목에 붉은 가로 띠가 있고 암컷은 없다.
- **특징 및 사육 관리** : 일홍조의 근이종이며, 색이 짙고 큰 편이다. 이외에 남부의 아종은 부리가 작다. 이는 동종으로, 사육이 가능하다. 부화된 새끼의 피부는 검다. 수컷은 머리 전체가 붉지만 암컷은 붉지 않다. 일홍조보다 체격이 크고 우람하다. 산란 수는 3~4개 정도이며, 포란 기간은 13~14일이다. 육추 기간은 4주 정도 지나면 둥지 밖으로 나오고, 이로부터 1개월 후에는 완전히 독립한다. 사육 방법은 일홍조와 흡사하다.

대일홍조 우

대일홍조 ♂

검은머리방울새

Black-crested Finch / *Lophospingus pusillus*

- 분포지 : 볼리비아, 아르헨티나, 파라과이 등
- 크기 : 12. 5cm
- 먹이 : 수수를 추가하여 카나리아 씨드와 섞은 혼합 사료
- 암수 : 검은머리방울새의 암컷은 검정색 볏보다 갈색 볏으로 구분되고, 목 부분이 하얗다.

방울새

브라질 검은머리방울새

- **특징 및 사육 관리** : 호전적이며 보기 드문 종이다. 이 종은 새끼를 기를 때 숲속에서 날기를 원한다. 그것은 고도의 안전한 정도를 알기 위한 것이다. 암컷은 혼자 둥지를 트는 책임을 지는데, 목적에 따라서는 카나리아의 둥지를 택하거나 인공 둥지를 사용하기도 한다. 한배에 3~4개의 알을 낳고, 암컷 홀로 포란하여 12일 정도 지나면 부화된다. 육추 기간은 12일 정도로, 이후 어린 새끼는 둥지에서 이소한다. 육추 시에는 혼합 사료를 물에 불려 주는 것이 좋다. 불행하게도 수컷은 어린 새끼가 자라는 동안 매우 호전적이다. 그러므로 검정 볏을 가진 방울새의 어린 새끼는 곧 격리시킨다.

회색명금핀치
Grey Singing Finch / *Serinus leucopygius*

- **분포지** : 세네갈, 에티오피아, 수단 등 북아프리카 지역
- **크기** : 10cm
- **먹이** : 카나리아 씨드의 혼합 사료, 평지씨, 오일시드
- **암수** : 외관상으로 구별이 불가능하다.
- **특징 및 사육 관리** : 회색명금핀치는 우수한 명금류로, 혼합된 집단에서는 소요의 원인이 될 수 있다. 'White-rumped seedeater'로 알려진 이 종은 특히 수컷은 찬미할 만한 명금류이다. 그러나 이 새는 쉽게 암수를 구별할 수 없다. 번식하는 한 쌍을 얻기 위해서는 4마리 이상을 키워야 한다. 수컷은 서로 경쟁하나 심한 충돌은 삼간다. 새를 처음으로 구입하면 새의 예민한 점을 고려하고 따뜻하게 해야 한다. 살아 있는 벌레와 녹색 야채의 공급은 구입 초기를 보내는 데 도움을 준다. 날씨가 극히 온화하지 않다면 보온 없이 밖에서 키우지 말아야 한다. 좋은 환경이라면 이 새는 18년간 산다. 흔히 구할 수 있는 다른 비슷한 종은 청황조(Green Singing Finch)와 큰청황조(Giant Green Singing Finch), 또는 헬레나시드이터(St. Helena Seedeater)이다. 성공적인 번식은 금사에서 사육할 때 가능성이 높아진다. 암수 한 쌍은 적당한 넓은 새장에서 살 수 있으

며, 둥지 틀기를 꾀한다. 카나리아의 둥지 같은 컵 모양 둥지로 가능하며, 수컷은 이 단계에서 반복적으로 노래를 부르며 암컷에게 구애 행각을 한다. 암컷은 3~4개의 알을 낳고, 4~15일간 혼자서 포란하며 부화시킨다. 암컷이 잠시 둥지를 떠나면 수컷이 먹이를 공급한다. 어린 새끼는 2주일 후 부화되어야 하나 이 기간은 다소 길어질 수 있는데, 이는 암컷이 본격적으로 알을 품기 시작한 때에 달려 있다. 암컷은 부화된 새끼에게 아주 섬세하고 세심하여 부화 후 며칠간 둥지를 떠나지 않는다. 이 새가 혼합 사료를 먹는다 해도 살아 있는 벌레는 필수적이다. 암컷은 2주 이후부터 깃털이 날 때까지 아주 어린 새끼를 홀로 돌볼 책임이 있고, 그 이후 수컷은 어린 새끼에게 먹이를 공급하기 시작한다. 미성숙한 새는 볏 부위에 어른 새와 대조되는 어두운 줄무늬가 늘어나는 것으로 구별할 수 있다. 일단 번식을 시작하면 많은 알을 낳는데, 곧 두 번째 알을 낳는다. 이 단계에서 수컷이 어린 새들을 괴롭히는 것을 막기 위해 일찍 분리시켜야 한다. 이 종은 매번 알을 낳기 위해 새로운 둥지를 튼다. 적당한 자리와 부가되는 둥지 만들 소재를 자유롭게 얻을 수 있도록 해야 한다. 이 새는 기회만 있으면 겨울에도 둥지를 틀 수 있으나 가능하면 번식을 막아 주는 게 좋다.

자카리니핀치

Jacarini Finch / *Volatinia jacarina*

자카리니핀치는 중앙아메리카와 남아메리카에 서식하는 종이다. 'Blue-black Grassquit'로 표현되는 이 종은 올리브(Olive)와 쿠바핀치를 포함하는 무리의 대표적인 새이다. 목도리참새(Grassquits)는 살아 있는 벌레를 먹이지 않고도 새끼를 키울 수 있다. 자카리니핀치 수컷은 번식기에 호전적인 경향이 있다. 둥지는 지면 가까이에 튼다.

자카리니핀치 ♂

자카리니핀치 ♀

대금화조
Diamond Sparrow / *Emblema guttata*

• 분포지 : 호주 동부 지역

• 크기 : 11. 5cm

• 먹이 : 곡물의 씨앗, 기장, 카나리아 씨드의 혼합물, 야채, 살아 있는 벌레

• 암수 : 구별하기 어려우나 암컷이 더 작고, 특히 머리 둘레가 엷다.

• 특징 및 사육 관리 : 매력적이며 번식이 잘 되고, 집단 사육이 가능하다. 대금화
  조는 1800년경 유럽에서 사육되고 번식되었다. 야생 상태로 종종 인가 근처

대금화조

에서 발견되었는데, 아주 유순하다. 다만 새장의 제한된 공간에서는 비만의 위험성이 매우 크다. 그러므로 가능하다면 최소한 1년의 얼마간은 날림장에서 사육해야 한다. 이 새는 뿌려진 씨앗과 그 밖의 먹을 수 있는 것을 찾아다니며 바닥에서 많은 시간을 보낸다. 낮은 관목이나 번식을 목적으로 제공된 작은 알통에 둥지를 트는데, 풀과 가지를 이용하여 암수 둘 다 활동적으로 만든다. 둥지 내 산좌에는 깃털과 같은 부드러운 재료를 이용한다. 암컷은 4~6개의 알을 낳고 암수 교대로 포란한다. 포란 기간은 13일 정도이다. 어미 새들은 살아 있는 벌레 없이도 어린 새끼를 잘 키울 수 있지만, 어미 새에게 작은 무척추동물, 벌레 혼합물, 청채 등을 공급해 준다면 번식의 성공 가능성은 더욱 증가한다. 어린 새끼들은 4주가 되면 깃털이 다 나고, 곧 털갈이로 들어간다. 이 종은 비교적 강하며, 10년 이상 생존할 수 있다. 모든 사육자가 성공적으로 새를 기르는 것은 아니지만 짝짓기가 시작될 때 상애가 맞는 것끼리 짝을 지워 주면 번식의 반은 성공한 것이다. 때때로 수컷은 발정기가 되면 매우 호전적으로 변할 수 있다. 이때는 혼합된 집단에서 옮겨야 한다. 알이나 어린 새끼가 있는 암수 쌍에게 불필요한 간섭은 피해야 한다. 아무리 믿을 만한 어미 새라 할지라도 어린 새를 버리는 원인이 될 수 있기 때문이다.

문조(文鳥)
Java Sparrow / *Lonchura(padda) oryzivora*

- 분포지 : 인도네시아 자바(Java), 수마트라 섬, 보르네오 섬, 말레이시아 반도
- 크기 : 16~17cm
- 먹이 : 혼합 사료와 현미
- 암수 : 암수의 구별이 어렵다. 수컷은 부리가 붉고 두터우며, 발정기에는 횃대에서 껑충껑충 뛰면서 구애 행동을 한다.
- 특징 및 사육 관리 : 여러 마리가 군집 생활을 즐긴다. 손노리개용으로 길들이기 쉽다. 연작목 금복과의 대표적인 새로, 논에서 벼이삭을 까먹는 우리나라의 참새와 같이 생활하는 해조(害鳥)이다. 인도네시아에서는 곡물을 먹어 버린다고 농민들로부터 외면당하고 있다. 그래서 미국에서는 이 새의 수입을 금하고 있다. 학명 '*Lonchura(padda) oryzivora*'은 '논의 곡식을 먹는 새'라는 의미이다. 야생 문조는 번식이 어렵지만 사육장에서 태어난 품종은 번식이 잘 되며, 다른 새들과도 사이좋게 지낸다. 육추 시에는 곤충이나 난미를 공급하고, 난방 없이도 겨울을 나는 건강한 새이다.
- 종류
  - 병문조(並文鳥) : 이 종은 야생 원종으로, 머리는 검고 양 볼은 넓은 흰색 반점이 있다. 부리는 붉고 크며, 아랫배는 연한 갈색을 띠는 흰색으로, 온몸의 흑청색과 색상 대비가 조화를 이루는 건강한 종이다.
  - 백문조(白文鳥) : 온몸이 백색으로, 부리는 붉고 품위 있는 새이다. 품종 개

백문조   병문조(야생 원종)

색문조

량으로 작출된 품종이다.

─앵문조(櫻文鳥) : 병문조와 비슷하나 색이 흐리고 온몸에 잡티가 있다. 백문
조와 병문조를 교배시켜 나온 품종으로, 인기가 별로 없다.

수단황금참새
Sudangolden Sparrow / *Auripasser luteus*

나이아가라에서 아라비아 반도까지, 아프리카에 이르는 광대한 지역에서 서식
하는 종이다. 이름에 어울리지 않게 '노래참새(Song Sparrow)'라는 이름이 있으나

수단황금참새

실제로는 잘 울지 못한다. 이 새는 왁스빌과 함께 사육될 수도 있지만 이 새들만이 있는 사육장에서 잘 사육될 수 있다. 이 새는 겁이 많으므로 번식 목적을 위해 사육장 안에 적당한 보호물을 마련해 주는 것이 좋다. 암컷은 밝은 노란색이 없는 갈색이다.

홍관조
Red-crested Cardinal / *Paroaria coronata*

- 분포지 : 브라질 남부에서 볼리비아, 우루과이, 아르헨티나 북부에 걸쳐 서식
- 크기 : 19cm
- 먹이 : 혼합 사료, 과일류, 청채
- 암수 : 깃털로 암수 감별이 가능하다. 수컷의 우관은 색이 짙고 크다.
- 특징 및 사육 관리 : 자연 속에서 매우 활동적이며, 개체 수가 드물다. 수컷은

홍관조

매우 호전적이다. 강렬한 색과 활기 있는 성격을 갖고 있는 이 새는 매우 매력적인 품종이다. 포획된 새는 시간이 지나면 더욱 밝아지며, 수컷의 아름다운 모습은 특히 돋보인다. 1836년 유럽에서 처음으로 사육되기 시작하였다. 이 새는 사육하기 쉬우며, 폭넓은 먹이의 공급은 이 새가 건강하게 사육되는 비결이다. 정원용으로 적당하며, 금사에 식물이나 관목을 식재하는 것이 사육하기에 좋다. 수컷이 식재를 날라다 주는 등 도와주지만 주로 암컷이 둥지를 틀고 책임을 맡는다. 산란은 보통 3~4개의 알을 낳고, 포란은 암컷이 전담한다. 포란 기간은 14~15일 걸린다. 부화된 첫 어린 새에게는 작은 곤충의 애벌레를 급여한다. 성장 속도가 빨라 만 2주가 되면 둥지를 떠난다. 수컷은 2주가 지나면 새끼가 자립할 때까지 조심스럽게 돌본다. 어린 새들은 머리의 우관이 갈색 털로 덮여 있고, 이때쯤이면 암컷의 발정이 다시 시작된다. 수컷은 작은 다툼으로 갑자기 난폭해지기 때문에 다른 새와의 잡거(雜居)는 삼가는 것이 좋다. 홍관조는 특별한 울음소리에는 재능이 없다.

홍두조
Red-Cowled Cardinal / *Pardaria dominicana*

• **분포지** : 남미 대륙의 브라질, 볼리비아, 파라과이, 아르헨티나 북부에 분포
• **크기** : 18~19cm

홍두조

• 먹이 : 식물의 씨앗이 주식이며, 혼합 사료와 각종 곡물의 씨앗, 야채류를 포함한 무기질 사료를 충분히 공급해야 한다.

• 특징 및 사육 관리 : 머리와 턱과 목의 앞쪽은 짙은 적색, 아랫부분은 순백색이다. 등과 윗부리는 흑색이며, 아랫부리는 백색이다. 꼬리와 다리는 흑갈색이다. 남미 대륙에 서식하고 있는 홍관조와 비슷한 습성을 가지고 있다. 처음 수입된 새는 다른 풍토에 적응될 때까지 각별한 보살핌이 필요하나 일단 새로운 풍토에 적응되면 야외 금사에서도 번식이 가능하다. 이들은 호전적이지는 않지만 매우 활동적이다. 한배 산란 수는 4~5개 정도, 포란 기간은 2주 정도이다.

홍작(紅雀)

Red Avadavat / *Amandava amandava*

• 분포지 : 인도 · 파키스탄 · 네팔의 남부 · 중국 남부에 이르는 동남아시아에 걸쳐 분포하며, 농경지 주변과 하천 주변의 초지를 선호한다.

• 크기 : 10cm

• 먹이 : 작은 곡물, 식물의 씨앗, 기장, 야채, 벌레

• 암수 : 수컷의 생식 깃은 날개와 꼬리가 암갈색을 띤 적색이며 체모는 심홍색으로, 날개나 가슴, 배의 양쪽으로 흰색 반점이 나타난다. 비번식기에는 암수가 체색이 동일해지나 수컷의 백색 반점이 크고 더 뚜렷하다.

• 특징 및 사육 관리 : 먹이 공급이 쉽고 빨리 번식한다. 아주 사교적이며, 왁스빌 무리 속에서 혼숙할 수 있다. 이 종만큼 여러 종류의 이름으로 알려진 새는 없다. 이들은 스트로베리핀치(Strawberry Finch), 레드왁스빌(Red Waxbill)과 타이거핀치(Tiger Finch)를 포함한다. 황금가슴왁스빌(Golden-breasted Waxbill)과 같은 종류에 속하는 이 종은 수컷이 뚜렷한 생식 깃을 갖는 유일한 왁스빌이다. 이전에 비해 지금은 흔히 구할 수 없는 홍작은 새장에서 만족스럽게 번식할 수 있다. 한 조류학자는 번식 새장의 새를 10세나 변종시켰다. 오랜 기

간 실내에서 키운 새에게 비정상적인 검은 부분의 깃털이 날 수 있는데, 이것은 딱딱한 씨앗을 먹였기 때문으로 생각된다. 이는 해로운 것 같지는 않지만 환경 조건에 따라 변하는 징조이다. 이 현상은 한 번의 털갈이 때 나타나고 오래가지 않으며, 그 다음에는 없어진다. 수컷은 후천적인 흑색소 과다증으로 알려진 몸의 이상 증세를 가장 많이 보인다. 번식 때 수컷은 주로 암컷이 둥지를 틀 때 사용하는 소재를 수집할 책임이 있다. 대략 7개의 알을 낳고, 약 20일간의 포란 후에 부화하며, 약 3주 후에 깃털이 완성된다. 홍작은 둥지에서 새끼를 양육할 때 벌레에 의존하는 경향이 덜하다.

홍작 우

홍작 ♂

금복(金腹)

Black-headed Mannikin / *Lonchura malacca*

- 분포지 : 인도의 남부 히말라야에서 인도, 미얀마, 말레이시아 반도인 동남아 시아에 넓게 분포한다.
- 크기 : 11. 5cm
- 먹이 : 식물 종자, 곡물
- 특징 및 사육 관리 : 습지나 소택지의 초원에 서식하며, 큰 무리를 지어 생활한다. 머리와 목은 검은색, 그 외의 체모는 짙은 밤색, 부리는 은백색이다. 새장과 금사에서도 사육할 수 있다. 나무를 심은 곳이라면 자체 번식이 가능하나 좁은 새장에서는 번식이 불가능하다. 식물의 종자나 곡물만을 먹기 때문에 사육 역사가 오래된 종이다.

금복

은복(銀腹)
Three-colcoured Mannikin / *Lonchura malacca*

분포지는 인도 중남부에서 세일론과 인도네시아의 자바 섬, 수마트라 섬, 말레이시아 반도와 필리핀, 대만 등지에 분포한다. 주로 습지나 풀밭, 농경지 등에서 생활한다. 사육 방법은 금복조와 유사하다. 번식을 위해 금사 안에 숲을 조성하면 훨씬 쉽다. 크기는 10. 5~11. 5cm이며, 세계 도처에서 애완 조류로 널리 사육되고 있는 품종이다.

참고 **Mannikins와 Munias** 이 단풍새(Estrildidae)과 집단은 자연적 무리짓기 본능이 만족됨으로써 성공적인 번식 결과가 있음직한 거주지에 둥지를 튼다. 그냥 눈으로 봐서 이 새들의 성을 구별하기는 불가능하다. Mannikin와 Munias는 아프리카 동쪽으로부터 호주에 걸쳐 넓게 분포한다. Mannikin은 중부와 남부 아메리카에 현존하는 Mannikin으로 알려진 소프트빌(Softbill)과는 관계 없으므로 혼돈되어서는 안 된다.

은복

망 복

Sharp-tailed Munia / *Lonchura punctulata*

- 분포지 : 인도, 스리랑카, 니코바(Nicobar), 안다만(Andaman) 섬
- 크기 : 11. 5cm
- 먹이 : 혼합 사료, 현미, 청채
- 암수 : 외관상 암수 구분이 어렵다.
- 특성 및 사육 관리 : 활달하고 매력적이며 둥지에 집착한다. 무리를 이루는데, 집단적으로 그룹을 이룬다. 일반적으로 아시아에서 사육되는 품종이다. 깃털을 기준으로 종류를 인식할 수 있는데, 다만 성별은 수컷의 노래로 구별하는 것이 정확하다. 수컷이 노래 부를 때 횃대에 수직으로 똑바로 서서 자신의 암컷에 풀줄기를 물어다 주며 구애 행각을 한다. 만약 암컷이 둥지 짓는 재료

망 복

를 입에 물고 비슷한 동작으로 응답하면 수컷은 자기의 구애가 성사된 것으로 믿고, 암컷 앞에서 조용히 애절하게 노래를 부른다. 이 품종의 전형적인 번식은 큰 둥지가 적당한 소재로 채워지면 산란하게 된다. 1회 산란에 8개 정도의 알을 낳고, 그 알들은 암수가 교대로 포란한다. 포란 기간은 14일 걸린다. 새끼들은 물에 불린 곡물과 청채 등을 기본적으로 제공하며, 살아 있는 벌레 없이는 키울 수 없다. 어린 새끼는 3주 동안 육추되고, 이소한 이후 10여 일이 지나면 독립한다. 이 품종은 인내력과 자연 상태의 먹이 부족이 문제이다. 이 새는 한번 길들여지면 추위에도 잘 견디고, 천성적으로 유순하며, 번식 철에도 까다롭지 않다.

벽조
White-headed Mannikin / *Lonchura maja*

- 분포지 : 말레이시아 반도 · 수마트라 섬 · 자바 섬에 분포하며, 산자락의 초지에서 생활한다.
- 크기 : 13cm
- 먹이 : 혼합 사료에 첨부되는 난조의 비율을 높이고, 청미나 곡류의 종류를 되도록이면 다양하게 섞어 준다. 때때로 충식을 급여해 주어 건강을 유지시키는 데 유의해야 한다.
- 암수 : 암수의 체모가 같아 구별이 어렵지만 수컷의 머리는 암컷에 비해 크고 백색이 선명하다. 암수를 확실히 구별할 수 있는 것은 수컷의 울음소리이다. 수컷은 몸을 상하로 움직이며, 구애 행동을 함으로써 쉽게 구별된다.
- 특징 및 사육 관리 : 머리와 목 · 앞가슴은 흰색이며, 등과 날개 · 꼬리 · 복부는 짙은 다갈색을 띤다. 부리는 청회색이며, 다리도 동색에 가까운 납색이다. 벽조는 대단히 건강한 품종이나 사육 시에는 번식이 어렵다. 주로 방사용 금사에서는 건강함이 발휘되어 10여 년 이상 생존한다. 성질이 거칠어 좁은 장에서는 익숙지 않아 철망에 머리를 부딪치거나 찰과상 등 사고가 자주 일어나

벽조

므로 사육에 주의해야 한다. 상애가 잘 맞는 경우라도 새장이나 정원용 금사에서도 번식은 어렵다. 따라서 번식에 성공하려면 자연 상태의 분위기를 조성해 주어야 한다. 난잡한 정도의 숨는 장소를 제공할 만한 대형 금사여야 하며, 식생의 다양함은 물론 충식 공급이 원활해야 산란이 된다. 포란과 육추의 어려움으로 자육은 포기하고, 가모인 십자매에게 탁란하는 방법을 선택해야 한다. 1회 산란 수는 4~5개의 알을 낳고, 13~14일간 포란 끝에 부화한다. 육추 기간은 25일 걸리며, 새끼의 체모는 온몸이 회갈색을 띤다. 아성조가 되는 것은 4~5개월이 소요되며, 자육 시에는 금사 내에 야생종의 초실(草實)이 많이 요구된다. 피·조 외에 풀과 나무를 심고, 강아지풀이나 버들·여뀌·풍초·질경이·참억새 등을 식재한다. 참억새의 잎이나 줄풀 들은 금사 내에 둥우리를 짓는 소재로 사용한다.

우의칠보조(羽衣七寶鳥)

Bronze Mannikin / *Lonchura cucullata*

- 분포지 : 아프리카 사하라 사막 남부 열대림 지역, 초원의 경작지 저목에 둥지를 튼다.
- 크기 : 9~10cm
- 암수 : 암수의 색깔은 같아 감별이 어렵지만 수컷의 머리는 굵고 몸통이 커 보인다. 수컷의 구애 행동은 십자매와 흡사하다.
- 특징 및 사육 관리 : 체색은 수수한 편이다. 머리·얼굴은 검고, 등과 날개는 흑갈색, 날개깃에는 금속 광채가 난다. 가슴과 배는 흰색이며, 꼬리는 검다. 이 새는 소형의 작은 새로, 수입 직후에는 약하지만 시간이 흐르면 대단히 건강해진다. 이동 후에는 20℃ 정도의 온도가 적당하며, 음료수에 약간의 비타민제를 첨가해 주면 좋은 결과를 얻는다. 번식은 소형의 금사가 알맞다. 이 새는 밤에 둥지에서 자기 때문에 평상시에도 둥지를 달아 주어야 한다. 칠보조에는 대칠보조, 적갈색칠보조, 흑칠보조, 안봉칠보조 등의 근이종이 있다. 소

우의칠보조

형 금사에서는 자육한다. 항아리 모양의 둥지에 산좌에는 부드러운 풀잎이나 깃털을 넣어 주는 것이 좋지만 자신이 직접 스스로 산좌를 만드는 경우도 있다. 산란 수는 4~6개 정도이며, 암수가 포란한다. 포란 기간은 12일 정도, 육추 기간은 23~24일 걸린다. 육추식은 난조를 주로 급여한다. 가모인 십자매에 탁란시켜 육추하는 편이 편하고 안전하다.

호호금조(縞胡錦鳥)

Chestnut-Breasted Mannikin / *Lonchura castaneothorax*

호주의 북부와 동부 해안 지역에서 뉴기니에 이르는 지역에 서식하고 있다. 이 종은 적게 이동되는 Munia 일종이다. 그래서 보존하기 쉽고 여러 가지 아종들이 인정되고 있다. 깃털이 조금 차이가 있더라도 동종으로 본다. 먹이는 주로 열매지만 가끔은 곤충을 잡아먹기도 한다.

흰점가슴호호금조

호호금조

을희조

Schlegel's Twin Spot / *Mandingoa nitidula schlegeli*

- 분포지 : 주로 남부 아프리카, 모잠비크, 케냐, 탄자니아, 앙골라 등에 분포한다.
- 크기 : 13~14cm
- 먹이 : 혼합 사료와 기장 · 수수 등 곡류의 배합과 난조를 급여하며, 청채와 보레 등을 급여한다.
- 특징 및 사육 관리 : 얼굴의 양면은 적색이고, 턱과 목의 앞쪽으로 내려가 윗가슴에 이르기까지 엷은 적색으로 변한다. 가슴의 중앙부에서 아랫부분은 검정색에 둥근 흰 반점이 별들처럼 총총히 박혀 있고, 나머지 부분은 녹두색으로 덮여 있어 고귀한 기품의 멋을 갖고 있다. 이 종은 고급 품종으로, 유럽 각지에서 애완 조류로서 인기가 있다. 수컷은 암컷에 비해 색상이 짙고 뚜렷하여 암수 감별이 쉽다. 이 새는 쉽게 번식하는 편이다. 번식을 위해 비교적 큰 둥지를 짓는다. 번식할 때 한 집단과 함께 동거하는 것도 상관하지 않는

을희조 ♂   을희조 우

다. 그렇다고 대담한 품종은 아니다. 트윈 스폿(Twin Spot) 분류는 혼란스러운 가운데, 여섯 종(種)의 네 개의 속(屬)인 'Hypargos', 'Clitospiza', 'Mandingoa', 그리고 'Euschistospiza' 등으로 나누어진다. 이들의 이름은 몸 측면에 있는 반점에서 유래한다. 어떤 조화가 허용되는 이 종들 중 하나인 을희조(Schlegel's Twinspot)의 지명 종류는 'Green Twin Spot'으로 알려져 있다. 발색했던 격리된 수의 비교적 많은 구성원 때문에 다섯 아종(亞種) 만큼은 분류학자들에 의해 인정된 품종들이다.

협홍조(頰紅鳥)
Orange-Cheeked Waxbill / *Estrilda melopoda*

이 종은 세네갈과 근처 지역에서 서식하는 종이다. 체질이 강하고 건강하기 때문에 수명이 길어 사육주를 즐겁게 해 주기도 하지만 특히 고립된 환경이 주어지면 매우 신경질적이다. 그러나 환경에 적응되면 한 계절에 3배 정도의 번식으로 어린 새끼를 키운다. 암컷은 수컷보다 연한 색을 띠는 경향이 있다.

협홍조

검은뺨단풍조(왁스빌)

Black-cheeked Waxbill / *Estrlda eaythronotos*

이 종은 아프리카의 동부와 남부에서 서식하는 종으로, 협홍조보다는 어둡고 은은한 색을 띤다. 이 종은 사육자들이 갖고 싶어하는 종이다. 적응 기간 1년을 통해 볼 때, 이 새는 다른 왁스빌보다 추위에 민감하고 먹이에 보다 의존적이다. 흰 벌레는 그다지 선호하지 않는다. 이 종의 몇 종은 사육조로 잘 알려져 있는 데 반해 블랙로드왁스빌(Black-lored Waxbill)과 같은 다른 종들에 대해서는 거의 기록이 없다. 약 16개의 뚜렷한 종들이 이 종으로 인식된다.

검은뺨단풍조(왁스빌)

줄무늬홍작

Golden-breasted Waxbill / *Amandava subflava*

이 종은 아프리카 서부 지역에 서식한다. 이들은 화려한 새들로, 쉽게 교배하고 사육화된다. 쌍들은 각자 비슷한 것끼리 유지되어야 하지만 크기가 다른 관계 없는 종들과도 쉽게 어울린다.

줄무늬홍작 ♀

줄무늬홍작 ♂

붉은귀단풍조

Red-eared Waxbill / *Estrilda troglodytes*

이 종은 아프리카 북부에서 세네갈, 에티오피아 지역에 서식하는 종이다. 전 세계로 가장 많이 보급된 종으로, 우리나라에도 많은 사육자가 기르고 있다. 사육 기간 중 수컷의 밝은 하부(腹部)를 가졌을 때 교배가 가능하다. 때때로 에스트릴드(Estrild)와 혼동되는데, 검은 엉덩이로 구별된다.

대부분의 쌍들은 둥지를 틀어 이용하는 것을 더 좋아하나 이어 받을 수도 있다. 가끔 새들은 알맞은 덤불에 스스로 도움 없이 자신의 둥지를 짓곤 하는데, 눈에 잘 띄는 비교적 큰 둥지를 짓는다. 이 둥지는 잠재적인 약탈자를 유인하는 용도로 쓰인다. 이 둥지는 번식 기간 동안 비워 두는데, 수컷은 종종 약탈자를 유인하기 위하여 이 둥지를 사용한다. 둥지가 완성되면 약 5개의 알을 낳고 암수가 포란한다. 부화된 새끼들은 3주가 되면 둥지를 떠나 날아다닌다. 육안으로 성을 구별하기는 불가능하지만 몇몇의 같은 종의 새들에게는 구별이 된다.

단풍조

조무작

Lavender Waxbill / Estrilda caerulescens

아프리카 서부에서 세네갈, 카메룬 북부, 차드의 서남부 등지에 분포한다. 체장 10cm 정도의 작은 새로 청회색을 띤 고상한 새로, 이 종은 사육조로써 매우 활기 찬 새이다. 새로 구입 시 특히 주의할 점은 보온에 신경을 써야 한다. 먹이는 종종 꽃의 꿀을 먹는데, 곤충은 먹이의 주식이다. 암수의 구별이 어렵고, 포란 기간은 2주 정도이다. 이 같은 종에는 검은꼬리(Black-tailed(E. perreini))와 빨간옆구리핀치 (Red-flanked(E. thoensis) Lavender Finch)가 있다.

조무작

청휘조

Cordon Blue, Crimson-eared Waxbill / *Uraeginthus bengalus*

이 종은 아프리카 적도와 잠비아 남쪽의 광활한 초원에 서식하는 초지성 조류이다. '청휘조(Cordon Blue)'라고 알려진 왁스빌의 우세한 블루종이다. 체장은 13cm 정도이며, 긴 꼬리를 갖고 있다. 머리와 날개와 등은 암갈색을 띠고, 얼굴과 아랫면은 하늘색으로 대단히 아름답다. 그래서 일명 '사파이어'라고도 한다. 암수가 흡사하나 볼에 진홍색 반점이 있는 것이 수컷의 매력 포인트가 된다. 한배의 산란 수는 4~5개 정도이며, 포란 기간은 12~13일, 육추 기간은 한 달 정도이나 성공률은 낮다. 만일 사육하여 성공하고 싶다면 청휘조보다 차라리 특별한 파란 머리의 붉은가슴 핀치의 다른 종인 유리청휘조가 성공률이 더 좋다. 그러나 번식기의 건강 관리가 최우선인 점을 간과해서는 안 된다.

청휘조 우

청휘조 ♂

미녀새

Red-faced Waxbill / *Pytilia afra*

- 분포지 : 아프리카 중동부
- 크기 : 11. 5cm
- 먹이 : 식물의 씨앗, 야채류, 혼합 사료, 벌레
- 암수 : 수컷은 머리와 턱, 부리가 붉으나 암컷은 그렇지 않다. 암컷의 체모는 엷은 담갈색이다.

미녀새 우

미녀새 ♂

상반작(常盤雀)

Violet-eared Waxbill / *Uraeginthus granatina*

- 분포지 : 아프리카 남서부의 앙골라(Angola) 남쪽 초원에 살며, 가시 있는 식물 덤불을 좋아한다.
- 크기 : 14cm
- 먹이 : 혼합 사료, 난조의 농도를 높이는 것이 좋다.
- 암수 : 수컷의 얼굴 앞면은 청자색, 얼굴의 양쪽은 보라색을 띤다.
- 특징 및 사육 관리 : 상반작의 부리는 붉은색, 윗부리의 둘레와 꼬리 부위는 코발트색, 체모는 짙은 포도색을 띠는 기품 있는 최상의 고급 핀치로, 애조가에

가금화된 상반작 ♂

가금화된 상반작 우

게 사랑받고 있다. 이 새는 일광욕을 좋아하므로 채광에 특히 신경을 써야 한다. 보온 설비를 갖춘 금사에서는 월동도 가능하다. 동절기의 금사 온도는 15℃ 이하로 내려가지 않도록 주의해야 한다. 초지가 조성된 금사는 이들이 번식을 유도하는 데 최상의 환경이 된다. 이 새의 구애 행동은 특히 애조가에게 관심을 끈다. 수컷은 발정기가 되면 공중으로 부양한 채 날개를 펼치고 꼬리를 흔들며 곡예적인 구애 행동을 한다. 산란 수는 보통 4~6개의 알을 낳고, 포란 기간은 13일 후 부화하며, 육추 기간은 4주 걸린다. 먹이는 혼합 사료를 주고, 난조의 농도를 높이는 것이 좋다. 육추 기간에는 부드럽게 한 젖은 벼의 생식을 주면 좋다. 충식 급여는 육추의 성공률을 높이는 데 기여할 것이다.

야생 상반작 ♂   야생 상반작 우

천인조(天人鳥)

Pin-tailed Whydah / *Vidua macroura*

- 분포지 : 세네갈 남부에서부터 아프리카 대부분 지역에 서식한다.
- 크기 : 번식기 수컷의 생식 깃 몸길이는 28cm, 비번식기의 암수 크기는 13cm 이다.
- 특징 및 사육 관리 : 이 새는 번식 기간 동안 개개의 왁스빌과 함께 밀접한 규정 된 관계를 갖지 않는 유일한 새이다. 레드이어왁스빌(Red-eared Waxbill)은 종 종 조류 사육장에서 숙주로 이용된다. 천인조의 수컷은 비교적 가느다란 꼬 리 깃털을 가지고 있는 반면에 꼬리 깃털이 넓은 극락조(Paradise Whydah)도

천인조류

이 새의 번식 습성은 기생적이다. 즉, 왁스빌(Waxbill) 둥지에 알을 낳아 부화하고, 천인조식으로 육추한다. 대부분의 수컷 색깔이 없을 때(O. O. C : 비번식기) 엷게 착색된 암컷과 비슷하기 때문에 시각적으로 암수 구별이 어 렵다.

아과(亞科)에서 천인조 수컷은 번식 계절이 다가오면 극적인 변화를 보이는 데, '과부새(Widow Bird)'라는 이름을 갖게 한 검은 꼬리 깃털이 길게 자란다. 이 단계에서 색깔로 수컷을 나타내는 CIC로써 홍보되고 더 값이 비싸진다.

천인조는 작은 곡물 씨앗으로 손쉽게 기를 수 있다. 야채와 왕모래, 오징 어 뼈를 증가시켜 급여한다. 이 품종의 화려한 꼬리 깃털은 오직 넓은 조류 사육장에서만이 만족할 만한 비행의 묘미를 만끽 할 수 있다. 새가 횃대에 앉아서 사방으로 날아오를 때 꼬리가 사육장 망에 의해 손상되지 않도록 횃 대를 적당한 장소에 설치해야 한다. 땅으로 내려와 자주 먹이를 찾으므로 바 닥을 항상 깨끗이 해야 꼬리를 보호할 수 있다.

천인조의 성공적 번식은 쉽지 않은데, 우선은 크고 적당한 종의 3쌍을 수 용한 나무가 식재된 조류 사육장이 있어야 한다. 나중에 왁스빌을 혼란시키 지 않도록 한 마리의 수컷과 여러 마리의 암컷을 번식 계절이 오기 전에 새 장에 합사한다. 일단 천인조가 번식을 시도하면 새끼를 키우는 왁스빌종과 나란히 적응되어야 하나, 다른 왁스빌과의 번식 성공이 기록되어야 한다. 일 본에서는 실제로 호주에서 수입한 천인조 집단 사육이 성공한 예가 있다.

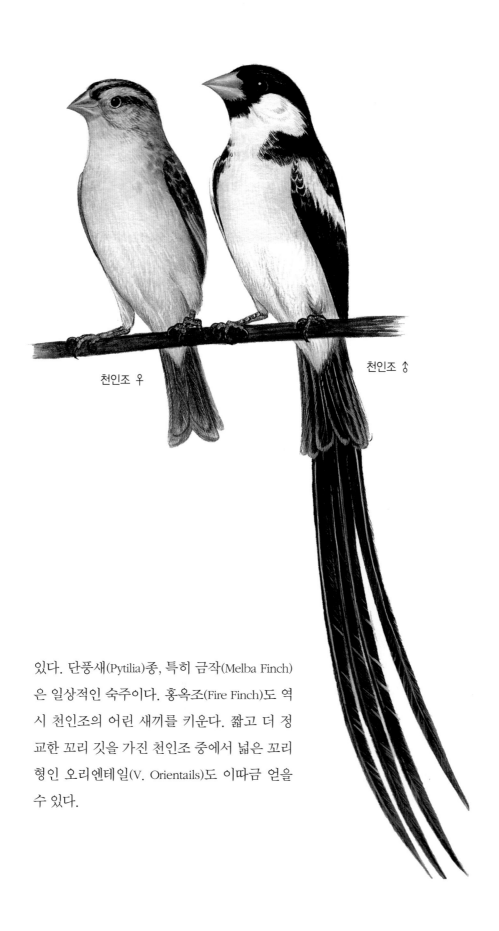

천인조 우

천인조 ♂

있다. 단풍새(Pytilia)종, 특히 금작(Melba Finch)
은 일상적인 숙주이다. 홍옥조(Fire Finch)도 역
시 천인조의 어린 새끼를 키운다. 짧고 더 정
교한 꼬리 깃을 가진 천인조 중에서 넓은 꼬리
형인 오리엔테일(V. Orientails)도 이따금 얻을
수 있다.

여제 천인조
Queen Whydah / *Vidua regia*

비번식기에는 착색이 안 돼 천인조와 비슷하나 적갈색 다리를 가지고 있어 구별된다. 상반작은 보통 숙주종이나 붉은가슴핀치가 이를 받아 기른다. 번식 성공률이 저조하더라도 이 집단에 있는 많은 종들은 둥지 형에 따라서 사육되어야 한다. 핀치류는 나무가 있는 곳에서 새로운 둥지의 소재를 찾는 경향이 있다. 소형의 나무처럼 정렬된 작은 나무나 가지는 이상적인 번식 장소로, 이곳에 둥지를 튼다. 보통 3~4개의 알을 낳고, 부화 기간은 약 14일 걸린다. 어린 새끼는 2주가 넘어서야 깃털이 다 나고, 보통 30일이 지나면 독립한다.

황후작
Fischer's Whydah / *Vidua fischeri*

- 분포지 : 아프리카 동부 소말리아에서부터 탄자니아에 걸쳐 서식한다.
- 크기 : 번식기의 수컷은 30cm(꼬리 제외 체장 10cm)
- 먹이 : 작은 곡식의 낟알과 식물의 씨앗, 살아 있는 충식, 야채류
- 암수 : 번식기의 수컷은 꼬리가 매우 길게 자라며, 비번식기에는 암컷과 비슷한 다갈색으로 변한다.
- 특징 및 사육 관리 : 이 새의 또 다른 이름은 '담황색꼬리천인조(Straw-tailed Whydah)'이다. 수컷은 무척 흥미 있는 번식 습관으로 짝을 짓는다. 이 품종은 흔하지 않은 종으로, 화려한 '자줏빛왁스빌(Purple Grenadien waxbill)'을 이용하는데, 수컷은 이 새들의 목소리를 흉내 내어 적당한 둥지의 위치로 암컷을 유인한다. 그러나 기생하는 몇몇의 천인조류는 가모로 왁스빌(Waxbills) 등을 이용하는데, 천인조(Pin-tailed whydahs(U. nacroura))는 이런 면에 있어 예외적인 새이다. 이 새는 한정된 실내 금사에서 꽤 만족스럽게 키울 수는 있지만 우리 안에서의 사육은 적합하지 않다. 황후작을 사육할 때는 새장에 횃대의 위치 배열에 특별히 주의를 기울여 수컷의 긴 꼬리가 다치지 않게 한다. 이

황후작 ♂

황후작 ♀

새들은 땅 위에서 먹이를 먹는 것을 좋아하며, 땅 위를 파 씨앗을 찾기도 한다. 한번 적응하여 적당한 보금자리만 제공되면 새장 안에서 겨울을 날 수 있지만 불편하게 보일 경우에는 실내로 들어와야 한다. 수컷이 긴 꼬리를 우아하게 휘날리는 모습을 감상하려면 매우 큰 새장을 준비해야 한다. 이 새들은 놀랍게도 빨리 난다. 이 새는 자라서 털갈이 후 체색이 완전히 변하는 데는 6개월이 걸린다. 번식기 이외의 시기에 이 새들은 O. O. C(비번식기)라고 알려졌는데, 이는 암수 사이에 구별이 어렵기 때문이다. 번식에 성공하려면 기생할 수 있는 종류의 새 주변에 위치하는 것이 중요하다. 황후작은 일부다처제이기 때문에 2~3마리의 암컷과 한 마리의 수컷을 함께 사육한다. 황후작은 그들의 알을 왁스빌 둥지에 낳고, 이 알들은 왁스빌에 의해 그의 알들과 거의 같은 시기에 부화된다. 천인조는 왁스빌이 부화하는 것을 흉내 내고, 심지어는 어미 새에게서 특별한 종류를 확인할 수 있는 입 안의 특정한 무늬까지도 가지고 있다. 이처럼 다른 조류 사이의 발전 단계에서 가능한 이동 단계는 세네갈콤바소(Senegal Combassou)나 인디고버드(Indigo Bird(vidua Chalybeata))의 행동에서 볼 수 있다. 대부분의 경우 이 특별한 천인조들은 홍옥조(Fire-finches)에 기생하지만 이러한 기생 대상의 새가 없을 경우 그들의 새끼를 자신들이 직접 키우는 것으로 알려져 있다. 봉황작(Paradise Whydahs(Vidua Paradisaea)) 한 쌍이 멜바핀치(Melba Finches)와 함께 거의 4년이란 기간 동안 한 새장에서 둥지를 틀고 성공적으로 생활했다는 사례가 남부 아프리카에서 보도되었다. 천인조(Vidua Whydahs)의 번식은 어렵지만 먹이를 준비하는 게 쉽고, 수명도 약 20년 정도 살 수 있는 새이다.

노란어깨봉황작 ♂

노란어깨봉황작 우

노란어깨봉황작
Yellow-Mantled Whydah /
Euplectes macrourus

아프리카의 세네갈, 앙골라 남부 지역에 분포한다. 천인조류
(Vidua)종과는 달리 번식 방식이 기생적이지는 않다. 그러나 수컷
은 비슷한 방법으로 번식기의 우모로 털갈이를 한다. 번식기에 수
컷은 여러 암컷을 거느리고 몇몇 암컷 무리 속에서 지낸다.

붉은목도리봉황작
Red-Collared Whydah / *Euplestes ardens*

세네갈 남부에서부터 아프리카 대부분의 넓은 지역에 걸쳐 서식하고 있다. 이 종은 매우 넓게 분포되어 있고 아종(亞種)도 같은 범위에 걸쳐 서식하고 있다. 여기에 소개된 수컷은 동부 아프리카가 원산지이다.

붉은목도리봉황작

흑봉황작 ♂

흑봉황작 우

흑봉황작

Fan-Tailed Whydah / *Euplectes axllaris*

　사하라 서쪽으로부터 아프리카 대부분에 걸쳐 서식하는 종으로, 붉은어깨봉황작(Red-shoulderd whydah)으로 알려진 이 새는 조류 사육장 환경에서 비교적 적응이 잘 되며, 성질이 유순하다. 이들은 보통 초원에 둥지를 틀고 나무가 식재된 새장에서도 성공적으로 번식한다. 수컷은 번식 기간외에는 항상 빨갛고 좁은 줄무늬가 있다.

봉황작

Paradise Whydah / *Vidua Paradisaea*

- 분포지 : 아프리카 동부 지역의 에티오피아 · 수단 · 앙골라 · 남아프리카에 걸쳐 분포하며, 초원 지대에 서식한다.
- 크기 : 비번식기의 수컷은 15cm 정도이며, 암컷은 이보다 약간 짧다. 수컷의 생식 깃 길이는 40cm까지 이르는 것도 있다.
- 먹이 : 보통 혼합 사료를 급여하는데, 이들 장모(長毛)의 깃털을 유지하기 위하여 카나리아 씨드를 급여한다. 활동량이 많은 품종이기 때문에 먹이를 늘려도 지방과다증에 걸릴 염려는 없다.
- 특징 및 사육 관리 : 번식기의 수컷은 머리와 목 · 등 · 날개 · 꼬리는 흑색이며, 검은 꼬리는 폭이 넓고 길다. 가슴은 적갈색, 배와 허리는 황갈색인데, 배 부분은 엷다. 비번식기의 깃은 암컷의 색과 비슷하며, 꼬리는 짧고 반문은 흑색을 띤다. 암컷은 등 부분에 종반(縱斑)이 있는 연한 갈색으로, 배 부분은 엷다. 부리는 검은데, 수컷의 색은 더 짙다. 다리는 흑회색이다. 이 새는 성질이 온화하고 건강한 품종이며, 긴 꼬리가 닿지 않는 넓고 높은 금사에서 사육하는 것이 바람직하다. 탁란성(托卵性) 품종으로, 가모의 둥지에 1~2알을 낳는다. 천인조와 습성이 같다. 봉황작을 넓은 금사에 가모와 함께 혼숙시키는 방법이 무난하다. 탁란조는 이 새의 분포와 같은 곳에 살고 있는 핀치류를 선택하는 것이 좋다. 현지에서는 금작(錦雀)이 가모로 확인되고 있다. 또 이종 잡종에서는 후작(后雀)과의 사이에 새끼가 생긴 일이 기록되어 있다.

제작(帝雀)

Shaft Tailed Whydah / *Vidue Regia*

- 분포지 : 아프리카 남부 보츠와나, 앙골라 등
- 크기 : 32cm
- 암수 : 수컷의 꼬리털은 비번식기에 빠지고 암컷과 비슷해진다. 수컷이 암컷

봉황작 ♂

봉황작 우

보다 색이 약간 짙고 크기 때문에 암수 감별은 비번식기에도 용이하다.

- **특징 및 사육 관리** : 번식기의 수컷은 머리에서 목과 등, 꼬리는 검다. 꼬리의 윗단은 4개의 축이 침금장(針金狀)이 되는 선단 2cm 정도, 폭 5cm 정도의 꼬리 깃을 하고 있다. 체색은 밝은 황갈색으로 암컷은 황갈색에 갈색의 털 모양이 들어 있고, 복부색이 옅다. 천인조나 봉황작의 사육 관리는 같다. 역시 긴 꼬리를 갖고 있기 때문에 금사나 대형의 새장이 필요하다. 이 품종은 활동력이 왕성하여 잘 날아다닌다. 금사에서는 다른 종과 합사도 가능하다. 이 품종 중 최대한의 다처제를 고집하는 종으로, 암컷 20여 마리를 거느리는 것으로 알려져 있다. 현지에서는 매우 '사치한 가모'를 이용하는데, 그 상대는 화려한 '상반작'이다. 번식기 때 수컷의 노래 소리는 약간 목이 쉰 소리이지만 울음소리에 절(節)을 붙여 지저귄다.

대금란조
Grenadier Weaver / *Euplectes orix oeix*

아프리카 사하라 남부에서 서식하는 종으로, 5가지의 뚜렷한 아종이 있어서 공통 이름에는 종종 혼동이 일어나고 있다. 'Grenadier'가 보통 지정된 종으로 인식된다. 개인적으로는 공격적일 수 있고, 특히 혼합된 수집조(收集鳥)의 일부로 키워질 때 더 공격적이다.

황금조
Napoleon Weaver / *Euplectes afer*

아프리카 대부분 지역과 특히 사하라 남부에 서식하는 종이다. '골든 비숍 (Golden Bishop)'으로 잘 알려진 이 종은 짝짓는 동안에 수컷이 눈에 띄는 노란 깃털을 갖는 종 중의 하나이다. 평소에는 수컷의 부리가 암컷보다 더 짙다. 갈대밭에 둥지를 트는데, 사육장 안에서는 번식을 위해 보호물을 설치해야 한다.

대금란조

황금조

마다가스카르위버

Madagascar Weaver / *Foudia madagascariensis*

마다가스카르(Madagascar) 지역에 서식하는 종이다. '마다가스카르 포디 (Madagascar Fody)'라고 알려진 이 종은 사육장에서 아주 쉽게 키울 수 있다. 또 조류 수집의 경우에도 잘 견딘다. 인근의 섬에서 온 다른 포디(Fody)들은 조류 사육에 있어서 실제적으로 알려지지 않은 상태에 있다.

마다가스카르위버 우

마다가스카르위버 ♂

바야위버

Baya Weaver / *Ploceus philippinus*

동남아시아와 인도 대륙에서 서식하고 있으며, 비슷한 크기의 새들과 혼합된 사육장에서 키울 수 있다. 일반적으로 위버(Weaver)는 무리로 사육할 때 가장 좋은 결과를 보여 준다. 수컷은 그들의 둥지를 틀고, 원통 모양의 둥지 밑으로 터널을 뚫어 출입구로 사용한다.

바야위버

금란조(金襴鳥)
Orange Weaver / *Euplectes orix francts canus*

- 분포지 : 세네갈, 수단, 카메룬, 우간다, 케냐의 초원 저목(底木) 지역에 둥지를 튼다.
- 먹이 : 혼합 사료와 카나리아 씨드를 증량하고, 난조와 충식은 물론 청채나 보레 등 보조 식품의 조달이 원활해야 한다.
- 암수 : 수컷은 윗머리·얼굴·배는 검고, 후두부에서 목·가슴은 황금빛의 장식깃이 화려하게 치장되어 있으며, 날개와 꼬리는 흑갈색을 띤다. 장식깃은 처음에는 오렌지색이지만 나이가 들수록 적색으로 변한다. 암컷은 갈색으로, 종형의 흑갈색 반문이 등 부위에 있고, 아래쪽은 문양이 없는 황갈색이다. 수컷의 비번식기 체모는 암컷과 닮았지만 무늬가 짙고 등 부위의 갈색도 짙다.
- 특징 및 사육 관리 : 건강하고, 우리나라에 수입된 지는 오래되었으나 지금은 찾아보기 어렵다. 이는 그간 국내에서 번식이 어렵다는 증거이다. 번식을 목

금란조 ♂

금란조 우

적으로 사육하려면 좁은 새장에서는 불가능하고, 넓은 금사에 자연적인 숲을 조성해야 한다. 초목이 어우러져 있다 해도 새의 습성을 잘 이해할 필요가 있다. 산란 수는 4~5개 정도이며, 포란 기간은 14~16일 걸린다.

황란조
Orange Bishop / *Euplectes orix*

- 분포지 : 세네갈 · 에티오피아 등 북아프리카 전반, 탄자니아 · 앙골라 등 남아프리카 지역
- 크기 : 12. 5cm
- 먹이 : 카나리아 씨드, 살아 있는 벌레, 야채류, 혼합 사료
- 암수 : 번식기의 수컷은 목에 오렌지색 무늬가 있어 쉽게 구별된다. 비번식기에는 암컷과 매우 흡사하나 갈색 깃털 사이로 검은색 깃이 산재해 있다.
- 특징 및 사육 관리 : 다른 종류의 좀 더 작은 크기의 새와 함께 키워도 되나 같은 종끼리만 그룹지어 사육하는 것이 좋다. 이 종은 어미 새와 어린 새의 구별이 어렵다. 오렌지색 수컷은 털갈이를 여러 번 하면 색이 흐려지므로 털갈이 때의 변화를 위해 색소 먹이(Color Food)를 제공하는 것이 좋다. 갈대 짚으로 만든 둥지에서 살며, 횃대를 쥐는 보통 다른 종류의 새들처럼 새장 안에서 발육은 매우 빨리 자라는 경향이 있다. '골든 비숍(Golden Bishop)' 혹은 '나폴레옹 위버(Napoleon weaver)'라고 알려진 관련된 종류 역시 같은 조건이 요구되나 색소 먹이는 필요하지 않다. 중요한 점은 한 마리의 수컷과 여러 마리의 암컷을 함께 사육해야 한다는 점이다.

붉은머리베틀새
Red-headed Quelea / *Quelea erythrops*

- 분포지 : 아프리카 북부, 세네갈, 에티오피아, 앙골라

- 크기 : 11. 5cm

- 먹이 : 수수, 카나리아 씨드, 야채류, 살아 있는 벌레

- 암수 : 번식기에는 수컷의 머리가 붉다.

- 특징 및 사육 관리 : 재미있는 번식 방법을 가진 활발한 종이다. 관련된 종류와 같이 사육 가능하나 왁스빌과 함께 키우는 것은 좋지 않다. 이 종은 위버스 (Weavers)로 알려진 새의 종류 중 하나로, 둥지를 화려하게 지어 매달아 이 같은 이름이 붙여졌다. 이 종은 집단적인 새로, 번식에 성공하려면 한 부류의 새들을 집단적으로 사육해야 한다. 번식기 이외의 기간 동안은 전체적인 색깔이 다갈색이며, 번식기에는 외관상 암수 구별이 불가능하다. 수컷의 머리 위에는 붉은색의 흔적이 약간 있으며, 암컷의 부리는 약간 흐릿한 색깔이다. 이 종은 이와 관련된 종인 Red-billed Quelea 같은 종류보다 덜 공격적이라고 말할 수 있다. 야생에서 갈대밭은 이 종의 보편적인 번식 장소이다. 수컷들은 공중에 매달린 둥지 틀 재료 모으는 데 헌신적이다. 한 쌍이 둥지를 틀기 시작하면 한배에 4개의 알을 낳고, 낮에는 암수가 번갈아가며 포란한다. 포란 기간은 14일 걸리며, 어린 새끼들은 3주 후에 깃털이 난다. 육추 시에는 곤충과 다른 무척추동물은 먹이로서 중요하다. 한번 적응하는 데 있어서 붉

멧새 /
멧새과

멧새과 새들은 먹이 습관이 상당히 다양하다. 씨앗을 먹이로 하지만 번식기에는 벌레도 먹이로 한다. 여러 종류의 씨앗과 살아 있는 벌레를 섞어 먹인다. 그러나 삼(Hemp), 대마, 종려를 먹일 때에는 이 새의 습관상 조심해야 한다.

멧새과는 넓은 지역에 분포함으로써 일단 풍토에 적당히 익숙해지면 건강하게 적응한다. 이 새들은 날림장이나 금사에서 키워야 그곳에서 먹이를 찾아다닐 수 있게 된다. 울음소리가 뛰어난 수컷일지라도 좁은 새장 안에 있게 되면 건강하게 자라지 못한다. 이 새들은 같은 종류의 새와 비슷한 크기의 다른 새와도 잘 지낸다. 그러나 번식기 동안에는 그렇지 않을 수도 있다.

둥지는 개방적인 컵 모양으로 트는데, 일반적으로 암컷이 지면에 가깝게 짓는다. 이 새의 쌍은 개별적이고 잘 갖춰진 새장에서 번식한다. 새끼는 2~3주 후면 둥지를 떠난다. 새끼를 잘 기르기 위해서는 살아 있는 충식이 필수적이다.

붉은머리베틀새 우

붉은머리베틀새 ♂

은머리베틀새를 가두어 키우는 것은 상당히 어려우며, 특히 날씨가 나쁠 때 은신할 수 있는 적당한 장소를 제공해야 한다. 붉은머리(Red-headed) 종류는 레드빌(Red-bill)보다 금사 우리 안에서 가두어 키우는 게 더 용이한데, 이는 이 새들이 덜 신경질적이기 때문이다. 이 종과 다른 종류인 카디날쿠엘레아 (Cardinal Quelea)는 번식기 때 깃털에 있어 수컷의 목 부분에 검정색이 약간 부족한 것으로 붉은머리베틀새와 구별되며, 번식기를 제외한 나머지 기간에 는 머리 부분에 갈색 선이 있다.

진주은머리부리새

Pearl Silverbill / *Lonchura griseicapilla*

- 분포지 : 아프리카 동부, 에티오피아, 케냐, 탄자니아
- 크기 : 11. 5cm
- 먹이 : 작은 식물의 씨앗, 살아 있는 벌레, 야채
- 암수 : 외관상 구별이 어렵다.
- 특징 및 사육 관리 : 사교적이며 명랑하다. 집단으로 사육할 때 가장 잘 자란다. 아시아에 널리 서식하고 있는 부리새(Munia) 집단의 한 부분인 이 종은 대체로 차분한 색을 띤다. 회색, 검은색, 흰색 그리고 갈색의 매력적인 조화는 '회색머리실버빌(Grey-headed silverbill)'이라는 이름을 얻게 되었다. 가까운 아프리카 실버빌처럼 외관상 암수를 구별할 수는 없어 한 집단에서 최소한 번식하는 한 쌍 정도를 기대하며 키워야 한다. 번식은 사육장에서도 잘 된다. 이 종은 비교적 큰 둥지를 짓고, 그 둥지는 대개 깃털과 부드러운 것들로 채워진다. 산좌의 소재로는 풀잎 줄기나 잔가지 등으로 둥지 안의 측면 출입구를 통해 들어간다. 이들도 사육장에서 보호물 밑에 위치한 앞이 뚫린 둥지를 사용하면 된다. 수컷은 노래를 부르고 위아래로 움직이면서 정해 놓은 암컷에게 구애 행위를 한다. 또 부리로 둥지 틀 소재를 물고 과시 행위를 하는데, 암컷은 그때 즉시 응답하고, 수컷은 이에 따라 재료를 떨어뜨려 준다. 일단 그들의 환경에 정착하면 이들이 비록 번식은 안 하더라도 새에 대한 자세한 조사는 새의 암수를 감별하는 데 도움이 된다. 이때 다리에 링을 끼워 암수를 쉽게 구별할 수 있는 표식을 해두면 도움이 된다. 이 종의 포란 기간은 11~12일이며, 6개의 알을 낳는다. 별꽃과 같은 젖은 씨앗과 야채뿐만 아니라 공급되는 적당한 자연식은 새끼들이 성장하는 데 도움이 된다. 실버빌과 마찬가지로 어린 새끼에게는 살아 있는 벌레에 덜 의존한다. 어린 새끼는 깃털이 다 나는 데에 3주 정도 걸리는데, 담황색의 깃털을 가진 어린 새끼는 어미 새보다 더 옅다. 또 어린 새는 어미 새의 머리에 있는 흰색 반점이 적다.

진주은머리부리새 우

진주은머리부리새 ♂

홍관조
아과

비교적 사육하기 힘들지만 다른 새들과 습성에 있어서 그렇게 다르지는 않다. 태생적 습관은 먹이에 과일의 비율을 높일 필요가 있다. 특히 딸기를 좋아한다. 어떤 홍관조는 이 아과에 포함된다. 특히 버지니아 홍관조는 연속적인 털갈이에 의해 빨간 깃털이 흐려지는 것을 방지하기 위해 컬러 푸딩(Color-pudding)을 필요로 한다. 비록 노란 콩새가 근래에 영국에서 점점 많이 이용되고 있지만 콩새는 조류 사육에 잘 이용되지 않는다. 이 새들은 강한 부리가 있어서 쉽게 해바라기씨나 땅콩 같은 딱딱한 열매도 쉽게 먹을 수 있다. 화려한 색의 신세계 멧새(Bunting) 또한 이 과에 포함된다. 불행하게도 수컷이 더 밝은색을 띠기 때문에 사육하는 데는 수컷을 더 애용한다. 암컷이 부족해서 번식 상대자를 얻기 어려운 점이 있다. 이 새들의 먹이는 작은 씨앗이지만 특히 번식기에는 살아 있는 충식(蟲食)이 중요하다.

황금색가슴멧새
Golden-Breasted Bunting / *Emberiza flaviventris*

이 종은 아프리카 남부에 서식하며, 유라시아의 노란가슴멧새와 혼동될 수 있다. 그러나 아프리카종 수컷은 머리에 하얀 줄무늬가 있어 쉽게 구별된다. 대개 유라시아종은 좀 더 튼튼하고 벌레를 덜 먹는다.

푸른목휘파람새
Blue-Necked Tanager / *Tangara Cyanicollis*

원산지는 열대와 아열대 사이 지역인 콜롬비아에서 브라질이다. 남아메리카에는 7종류의 아종이 존재한다. 한 종류인 이름 달기는 단일종으로 알려졌다. 푸른목휘파람새는 1966년 영국에서 번식에 성공, 이 새는 속이 빈 나무의 줄기에 이끼와 나뭇잎으로 둥지를 틀고 산란한다.

황금색가슴멧새

점박이선녹색휘파람새

Emerald-Sotted Tanager / *Tangara guttata*

원산지는 코스타리카에서 북부 브라질까지의 남아메리카이다. 털은 어린 새끼
는 어미 새들보다 흐릿하다. 9개월이 지나야 어른 깃털로 변한다.

점박이선녹색휘파람새

푸른목휘파람새

휘파람새

휘파람새는 16C경 유럽에 알려진 새로, 현재 200여 종 이상이 아르헨티나에서 북쪽으로 캐나다에까지 널리 퍼져 나갔다.

화려하거나 단조로운 색채는 개개의 종(種) 가격을 매기는 데 영향을 준다. 사실 매력적으로 지저귀는 새는 하나도 없다. 크게 보면, 금속성 울음소리와 거친 울음소리뿐이다. 휘파람새는 10~23cm 크기별로 분류된다. 대체로 큰 종들이 더 튼튼하다.

항상 수욕하는 이 새에게는 깨끗한 마실 물과 목욕물을 구분해서 매일 갈아 주어야 한다. 이는 새의 발과 깃털을 최상의 상태로 유지하는 데 도움을 준다.

이 종은 가성 결핵에 감염되기 쉽다. 감염된 새는 처음에는 색깔이 조금 나빠지고 나중에는 체중 감소로 이어진다. 병든 새는 즉시 새장에서 치워야 한다. 왜냐하면 이 질병은 새 똥을 통하여 다른 새들을 감염시키기 때문이다.

이 종은 주거지에 익숙해질 때까지 다소 예민해지며, 실내에서 겨울을 나야 한다. 일반적으로 다른 핀치류와 조화를 이루고 살지만 어떤 것은 공격적이다. 심지어 자기보다도 상당히 큰 새에게까지 공격한다. 그러한 행동은 새끼를 낳아 기를 때 특히 심해진다. 그리고 이때, 자신의 보금자리를 구분할 깃털을 얻기 위해 자기 영역 안에서 다른 새들의 깃털을 탈취한다. 암컷이 수컷보다 둔하기 때문에 암수를 구분할 수 있다.

휘파람새는 한 번 태어나면 10년 또는 그 이상 살 수 있다. 이 새는 보금자리 또는 사육장 안에 덤불로 컵 모양의 둥지를 만드는데, 마른 풀의 줄기나 잎이 이들의 둥지 짓는 소재로 이용되므로 준비물을 갖춰 주면 좋다. 일반적으로 4~5개의 알을 낳고, 포란은 암컷이 전담한다. 포란일은 14일 정도 걸리며, 16일 후쯤 이소한다. 육추 시에는 살아 있는 벌레의 공급이 필수다. 어린 새끼들은 20여 일이 지나면 독립할 수 있다. 특히 어린 새끼들은 격리된 장소로 옮겨지게 되면 어미는 재산란을 준비한다.

이 새는 본래 잡식성으로, 종에 따라 실제로 먹는 비율은 다르지만 과일과 곤충을 모두 먹는다. 먹이도 구관조 알이 첨가된 여러 가지 얇게 썬 과일이 있어야 한다. 만일 이 알을 구하기 어려울 때는 질 좋은 곤충 혼합물을 과일 위에 뿌려도 된다. 비교적 큰 사과 조각을 물어뜯을 수 있는 능력이 있고, 먹이를 먹을 때 다른 새들을 내쫓을 수 있다. 소량의 살아 있는 먹이가 제공되어야 하는데, 특히 거미나 지렁이 같이 연한 몸을 가진 무척추동물이 좋다.

오팔휘파람새
Opal Tanager / *Tangara velia*

원산지는 안데스 산맥 동부, 남아메리카 북부이다. 이 새는 1890년대 이후 유럽의 전시회에 처음으로 등장했다. 암컷은 머리에 녹청색을, 수컷은 자주색을 띤다.

은빛목휘파람새
Silver-Throated Tanager / *Tangara icterocephala*

원산지는 코스타리카에서 에콰도르에 걸친 남아메리카이다. 암컷의 색상은 수컷보다 녹색이 더 많고 흐리다. 이 새들은 떼 지어 있지는 않으나 쌍으로 있는 것은 자주 목격된다. 암컷은 책임지고 이끼로 둥지를 튼다.

은빛목휘파람새

오팔휘파람새

황금빛휘파람새

Golden Tanager / *Tangara arthus*

원산지는 남아메리카의 북부와 동부이다. 이 종은 블랙이어골든(Black-eared Golden)으로 알려진, 비교적 조류 사육에 있어서 성공적으로 번식한다. 실제로 사육장 안의 좋은 환경 조건에서 연속적으로 세 번에 걸쳐 알을 낳고 새끼를 기르는 데 성공하였다. 겨울에는 실내에 옮겨야 하며, 특히 영양 면에 신경을 써야 한다.

칠색휘파람새

Seven-Coloured Tanager / *Tangara fastuosa*

원산지는 브라질 동부이다. 일곱 빛깔의 다양한 색을 자랑하는 이 종은 숲속에

황금빛휘파람새

칠색휘파람새

서 사는 휘파람새 중에서도 가장 화려한 속의 종이다. 새장 안에서도 잘 번식했지만 지금은 희귀한 품종이 되었다. 이는 사육자의 근친 교배로 인한 무지의 소치일 수 있다. 근친 교배는 종의 퇴화와 병조(病鳥), 유전적인 결함으로 번식에 문제를 야기시킨다.

팜휘파람새
Palm Tanager / *Thraupis palmarum*

원산지는 중앙아메리카와 안데스 산맥 동부의 남아메리카이다. 이 종은 아주 뛰어난 종은 아니지만 쉽게 볼 수 있다. 먹이 조달이 쉽고 비교적 강건하며, 사육에 경험이 없는 사람도 기본적인 몇 가지만 숙지한다면 쉽게 접근할 수 있다.

팜휘파람새

청모자휘파람새
Blue-Capped Tanager / *Thraupis cyanocephala*

원산지는 남아메리카 북서부에서 페루이다. 숲속에서 종종 발견되는데, 새장 상태에 따라 나무가 빽빽하게 있는 곳을 좋아한다. 암컷은 2개의 알만 낳는다.

은빛부리휘파람새
Silver-Baeked Tanager / *Ramphocelus carbo*

원산지는 남아메리카, 안데스 산맥 동쪽이다. 이 종은 휘파람새 중에서도 가장

청모자휘파람새

은빛부리휘파람새

두드러진 새의 한 종이다. 이 새는 돌보기는 쉽지만 불행하게도 더 이상 흔히 볼 수 없다. 먹이로는 벌레와 과일 그리고 구관조의 배설물을 즐기며, 색깔 있는 먹이를 선호한다. 모든 휘파람새는 호전적인 경향이 있으며, 짝들끼리 따로 살아간다.

블랙친드유히나
Black-chinned Yuhina / *Yuhina nigramenta*

원산지는 히말라야, 중국이다. 이 작은 수다쟁이 새는 핀치류 곁에서 안전하게 보호받을 수 있지만 개개의 쌍들에게는 둥지가 있어야 한다. 과일과 양질의 곤충식 먹이뿐만 아니라 화밀과 진딧물과 같은 조그마한 먹이를 필요로 한다. 유히나(Yuhina)나 플라워페커(Flower-pecker)의 9종은 번식 습성이 상사조(Pekin Robin)종들과 비슷하다.

블랙친드유히나

아프리카 동박새
Africa White-eye / *Zosterops senegalensis*

아름답게 단장한 종이다. 색깔이 다양하며, 이 종들은 분류하기가 쉽지 않다. 이러한 종들은 때때로 키쿠유동박새(Kikuyu Zosterops)로 잘 알려져 있다. 이들은 무리지어 살면서 안전하게 보호받을 수 있다.

아프리카 동박새

동박새류 (White-eye)	동박새(흰눈테새, White- eye)류의 분포지는 매우 넓다. 분류학자에 의해 85종이나 되는 많은 새들이 인정되었다. 동박새류는 보다 노란 경향을 띠는 아프리카종과 아시아종은 외형상 비슷하다. 동박새 부양을 위해 식물의 꽃은 매우 중요하다. 이 새는 과일과 구관조 먹이도 먹는다. 동박새류는 소프트빌의 더 작은 종뿐만 아니라 핀치류와도 함께 생활할 수 있다. 둥지를 틀고 알을 낳으면 포란은 암수가 분담한다. 어린 새끼는 포란 후 12~13일이면 태어나고, 5주 후에 완전히 독립한다.

밤색옆구리동박새

Chestnut-Flanked White-Eye

원산지는 아시아이다. 밤색옆구리동박새는 밤나무 측면의 색과 흡사하다는 것이 특징인 동박새종들 중 가장 독특한 새이다. 눈 주위의 흰 테는 더욱 뚜렷하고 습성이 동종들과 별로 다르지 않다.

밤색옆구리동박새

명금류들 (Euphonias)	아르헨티나 같은 멀리 남쪽에 있는, 즉 중앙아메리카에 걸쳐 있는 새들은 명금류에 속하는 품종들이 많다. 이들과 관계된 클로롭포니아 (Chlorophonias)는 풍금조(Tanager), 휘파람새(Tangara)와 같이 매일 혼합된 다양한 과일을 급여해 준다. 수컷의 색상은 매우 화려하나 암컷은 암갈색으로, 이는 보호색의 일환이다. 그리하여 다른 종의 암컷들 사이에서 구분하기란 매우 힘들다. 명금류는 24종이 알려져 있다.

오색조(五色鳥) & 코뿔새
Barbet & Hornbills

    열대 지역에서 발견되는 오색조(五色鳥, Barbet)는 튼튼한 부리와 억센 털로 무장되어 있다. 이 새는 열대 삼림 지역에서부터 개방되고, 건조한 잡목이 우거진 곳에 이르기까지 다양한 지역에서 서식하고 있다. 오색조는 나무를 파괴할 수 있으므로 다른 새들과 혼합되어서는 안 된다. 심지어 다른 새들에 대해서도 매우 공격적이다. 자이언트 바비(Giant Barbee)와 같은 큰 종은 특히 사납다. 너무 공격적일 때는 쌍을 격리시켜야 한다. 붉은부리오색조(Flame-beaked Barbet)와 큰부리오색조(Toucan Barbet)를 포함한 남미종은 거의 보기 힘들다. 만약 구입하게 된다면 과일, 구관조 배설물과 약간의 살아 있는 먹이 조섭을 필요로 한다. 이 새는 추위에 매우 민감하기 때문에 겨울 동안에는 실내에서 사육해야 한다. 반대로 높은 기온에서도 잘 자라지 못하며, 스트레스를 받으면 부리를 벌리고 숨을 쉰다. Fire-Tufted Barbet은 짝에게 비슷한 주의를 필요로 하는 화려한 아시아종이다. 홍채 색깔의 차이점이 암수를 구별할 수 있는 것인지에 대해서는 알려져 있지 않다.

    코뿔새(Hornbills)는 아프리카~아시아에 걸쳐 서식한다. 이 새는 사육자에 의해 비교적 환경에 잘 적응하며, 대부분 빨간부리코뿔새(Red-billed Hornbill)로, 노랑부리코뿔새(Yellow-billed Hornbill)는 적다. 구관조 배설물과 벌레에다가 약간의 고기 또는 깍둑썰기 한 과일의 먹이 조섭은 새들을 건강하게 한다. 물은 적게 먹지만 항상 준비되어야 한다. 둥지는 속이 빈 우묵한 모양으로 튼다. 새끼가 부화한 후까지도 작은 틈새를 통해 먹이를 공급해야 한다. 새끼를 위해 암컷이 둥지에서 나오는데, 이는 어미 새가 새끼에게 줄 벌레, 먹이를 많이 찾기 위한 것이다. 조그마한 코뿔새는 계속해서 2~3회 알을 낳는데, 어린 새끼의 깃털이 난 후 어미 새들이 공격한다면 새끼들을 옮겨야 한다. 한배에 5개의 알을 낳고, 포란 기간은 30일, 부화된 새끼는 8~9주간 보금자리 속에서 밖으로 나온다. 특히 번식 기간 동안에는 어미에게 다양한 살아 있는 먹이를 공급해야 한다. 밀웜 등으로 사육된 어린 새들은 칼슘 부족 징후를 보일 수 있다. 따라서 어린 새들에게는 닭고기 등 육류 조각을 급여할 필요가 있다.

검은목띠오색조
Black-collared Barbet / *Lybius torquatus*

원산지는 아프리카 동부와 남부이다. 이 종은 밀림보다는 관목 지대를 선호하며, 야생에서는 비록 짝끼리 잘 지내지만 무리와도 함께 지낸다. 오색조답게 부리가 강하다. 이 새는 새장에서 활발하게 적응하며, 새장 안에서 점령자 행세를 한다. 이 새들은 기르기에 어려운 종은 아니다. 깃털은 비교적 얇아서 겨울에는 따뜻한 환경을 만들어 주어야 한다.

검은목띠오색조

소웰바이오색조

Sowerby's Barbet / *Buccanodon whytii*

원산지는 아프리카 동부이다. 아프리카 오색조 중에서 색깔이 화려하지 않은 종이며, 번식 과정이 어렵기 때문에 소규모의 무리만 사육하고 있다. 야생에서 이 새들은 알맞은 나무 구멍에 무리를 지어 함께 보금자리를 틀기도 한다. 번식 습관에 대해 알려진 것은 적지만 일반적으로 5개의 알을 낳는다.

홍색가슴오색조

Crimson-Breasted Barbet / *Megalaima haemacephala*

원산지는 인도, 동남아시아, 필리핀이다. 이 종은 음소리 때문에 '코퍼스미스오색조(Coppersmith Barbets)'라고도 한다. 제일 작은 종으로, 강건하지는 않다. 다른 아시아종처럼 과일을 특히 좋아한다. 이 속의 또 다른 일반적인 새는 푸른목오색조이다.

홍색가슴오색조

얼룩이코뿔새

Pied Hornbill / *Anthracoceros albirostris*

원산지는 인도, 동남아시아, 중국이다. 어린 새끼 때부터 기른다면 유순해질 수 있고, 매력적인 먹이 습관은 특히 사육자에게 즐거움을 준다. 처음에 2마리의 새를 안으로 끌어들일 때는 특별한 주의가 필요하다. 만약 1마리가 공공연하게 공격적이라면 서로 순종할 때까지 옆의 새장에서 격리시키는 것이 보다 안전하다. 이 코뿔새는 수명이 10년 정도로, 오래 산다. 코뿔새는 내한성이 있지만 동상에 민감하므로 추운 날씨에는 적절한 바람막이를 해 주는 것이 안전하다.

리베일란트오색조

Levaillant's Barbet / *Trachyphonus vaillantii*

이 오색조는 관목에서 서식하고, 먹이는 비교적 많이 필요하다. 특히 성장하는 어린 새끼의 경우 D'arnaud's Barbet으로 알려진, 가깝게 연관된 종들은 나무구멍에 둥지를 만들기보다는 새장 마룻바닥을 뚫어 터널을 판다. 어린 새끼는 악천후 중에 이런 작업을 하다가 죽기도 한다.

리베일란트오색조

큰부리새 & 직박구리

대략 40여 종으로 이루어진 큰부리새과는 오직 중앙아메리카와 남아메리카에서만 서식하고 있다. 토코투칸(Toco Toucan)은 동물원이나 새 공원에서 인기 있는 구경거리이지만 대개의 조류 사육가에게는 아마 작은부리새가 알맞을 것이다. 대표적인 것으로 홍색큰부리새가 있다. 이 새들은 검은 목(Black-necked)과 같은 약간 큰 딱따구리류(Aracaris)에 비해 신경질적이고, 지저귐은 귀에 거슬린다. 어린 부리새는 그저 날려고만 하고 새장에 있지 않으려 한다. 새장이라는 한정된 장소에서는 큰 부리를 망가뜨리기 쉬우며, 활달한 본성을 나타낼 수도 없다. 큰부리새는 사람의 목소리를 흉내 낼 수 없다. 또한 빈약한 깃털은 겨울을 따뜻한 장소에서 보내야 한다는 것을 의미한다. 과일과 젖은 구관조 먹이를 주는데, 과일만으로는 충분한 영양을 얻을 수 없다. 그런데 푸석한 곤충류를 섞은 먹이도 먹을 수 없다. 이 새의 부화 기간은 17일이며, 평균 1회 복란에 3개 정도의 알을 산란한다. 큰부리새는 적당히 깊은 둥지를 지을 곳을 좋아한다. 그리고 알을 낳기 전에 종종 입구와 울타리를 열심히 손본다. 암수 한 쌍은 떨어뜨려 놔야 한다. 공격은 암컷이 짝의 접근을 거절하면서 일어난다.

직박구리는 아프리카와 아시아에 걸쳐 넓은 분포지를 갖고 있는 종으로, 약 120여 종의 큰 과를 형성한다. 아프리카 직박구리는 아시아에서 출현하는 것에 비해 적게 보인다. 이들은 사육하기 쉬운 소프트빌 중 하나이다. 이 새는 새장 안에서 번식한다. 그리고 일반적으로 다른 새들과 잘 지내며, 몇몇은 함께 생활할 수도 있다. 비교적 튼튼하며, 온화한 지역에서 1년 내내 난방 없이 밖에서 월동할 수 있다.

과일과 소프트빌 푸드(Softbill Food), 또는 구관조 먹이와 벌레의 혼합물은 이 새들의 건강을 유지시키는 좋은 먹이이다. 붉은귀볏직박구리(Red-eared Bulbul)는 새장에서 자란다. 인공 둥지를 이용하는 것보다 덤불 안에 스스로 둥지를 만드는 것을 즐긴다. 1회에 4개 정도의 알을 낳고, 12일간 포란 후에 부화한다. 새끼들은 처음 며칠 동안은 살아 있는 먹이를 먹고 자란다. 비교적 두툼한 부리가 특징이며, 소프트빌 푸드뿐만 아니라 씨앗도 쉽게 먹는다.

얼룩부리큰부리새
Spot-billed Toucanet / *Selenidera maculirostris*

원산지는 브라질, 아마존 유역, 아르헨티나 북부이다. 이 새는 오색조와 약간 닮았다. 적응시키기 쉬우며 잘 울지 않지만 튼튼하지 못하다. 여러 종류의 녹색부리새만큼 일반적이지는 않지만 요구하는 면에서 유사한 점이 많다. 셀렌니드라큰부리새(Selenidera Toucanets)는 이 과의 다른 속에 비해서 쉽게 성을 감별할 수 있다.

얼룩부리큰부리새

큐비어큰부리새

Cuvier's Toucan / *Ramphastos cuvieri*

원산지는 남아메리카 북부이다. 밀접한 관계의 형태는 붉은부리(Red-billed)와 잉카큰부리새(Inca Toucan)이며, 이 종은 단순히 아종이다. 이 새의 특색 있는 부리는 매우 강해 보이지만 사실 안쪽이 벌집 모양으로 생겨서 매우 약하다. 부리는 큰부리새 중 가장 크고 넓은데, 먹이를 삼키기 전에 공중으로 던져 올려 받아먹는다. 과일, 장과, 그리고 잡기 쉬운 작은 동물 같은 모든 것을 먹는다. 이 종은 동맥에 지방층이 자주 형성되어 동맥경화증 위험이 있으므로 저지방 음식은 특히 중요하다.

큐비어큰부리새

흰귀볏직박구리

White-Eared Bulbul / *Pycnonotus aurigaster*

원산지는 동남아시아이다. 노랑항문직박구리(Yellow-Vented Bulbul)로도 알려진
이 종은 지저귐도 매력적이며, 일반적으로 새장에서 잘 길들여진다. 이 새들은 야
생에서는 과일 수확물에 상당한 피해를 입혀 사람들이 싫어한다. 번식기에는 다른
직박구리와 마찬가지로 우거진 덤불에 둥지를 트는 경향이 있다. 밀집된 사육장에
서 오히려 더 오래 산다.

흰귀볏직박구리

붉은항문직박구리

Red-Vented Bulbul / *Pycnonotus cafer*

원산지는 인도, 동남아시아이다. 이 종의 습성은 흰귀볏직박구리와 유사하나 약간 둔하다. 꼬리 밑에 있는 붉은 무늬는 암컷이 볏을 수그리거나 날개를 펼치며 응답할 때 수컷에게 보여 주는 일종의 교태이자 언어 구실을 한다. 지저귐은 매우 매력적이다.

붉은항문직박구리

중국직박구리

Chinese Bulbul / *Pycnonotus sinensis*

원산지는 중국 남부, 베트남, 대만이다. 이 종은 기르기 쉽고, 알맞은 상태에서 번식도 수월하다. 둥지는 나뭇잎과 이끼를 이용해서 컵 모양으로 짓는다. 소프트 빌은 처음 기르는 사육자에게 이상적인 새로, 흥미를 채워 주기에 충분하다. 색채가 다양하지 않은 점이 아쉽지만 매력적인 새이다.

중국직박구리

군엽새들과 지빠귀
Leafbirds, Babblers & Thrushes

어떤 소프트빌은 훌륭하게 지저귀는(Song-sters) 소리꾼이다. 이들은 군엽새들과 사마스(Shamas)의 모습과 흡사하다. 소프트빌들과 핀치류(곡물을 먹는 작은 새) 간의 구별은 명확치 않지만 Parrotbill에 의해서 알려지고 있다. 비록 지빠귀와는 밀접한 관계가 있지만 보통은 다른 과로 분류된다.

상사조(Pekin Robin)에 따르면 Parrotbill은 그들의 먹이를 찾아 나선다고 한다. 파랑나뭇잎새과(Irenidae)의 두 주요 종류는 조류연구가들에게는 매우 중요한 존재가 된다.

나뭇잎새(Fruitsucker)나 군엽조(Leafbird) 들은 질서 있게 생활하지만 서로 간에 공격적인 경향이 있다. 수컷은 자주 암컷을 잔인하게 학대하는 경우가 있는데, 이때는 암컷을 분리시켜야 한다. 패리블루버드(Fairy Blue birds)의 습성은 나뭇잎새와 비슷하다. 수컷 중에서는 매우 색깔이 화려한 축에 든다. 신경이 날카로울 때는 주위 변화에 민감해진다. 2~3개의 알을 낳고, 14일간 포란 후에 부화한다. 어린 새끼는 성장해감에 따라 점차 먹이의 양이 증가하며, 12일이 지나면 날기 시작하지만 몇 주일 정도 살다가 죽는 경우가 많다.

황금머리군엽조
Golden-Fronted Leafbird / *Chloropsis aurifrons*

원산지는 인도, 동남아시아이다. 이 종은 쉽게 길들여지며, 수컷은 매력 있는 울음소리를 낸다. 먹이로는 살아 있는 벌레뿐만 아니라 과일, 과일즙과 곤충이 첨가된 혼합 사료가 있다. 춥고 습한 날씨를 싫어하므로 이런 날씨에는 실내로 옮겨야 한다. 한배에 3개의 알을 낳고 번식한다.

흰허리샤마까치울새
White-Rumped Shama / *Copsychus malabaricus*

원산지는 인도, 동남아시아이다. 이 종은 긴 꼬리를 갖고 있으며, 울음소리가 매우 재주 있고, 원기 왕성한 새이다. 그리고 약간의 공격적인 성향을 갖고 있다. 샤마스(Shamas)들은 매우 적은 수의 알을 낳으며, 번식기에 오로지 곤충만을 잡아먹는다. 어린 새끼를 기를 때 살아 있는 먹이 공급이 매우 중요하다.

황금머리군엽조

회색머리앵무부리새
Grey-Headed Parrotbill / *Paradoxornis gularis*

원산지는 히말라야, 동남아시아, 중국이다. 이 종은 앵무새의 부리 모양에서 이름을 따서 지었으며, 20여 종이 인정받았다. 부끄러움을 타는 경향이 있다. 과일과 벌레뿐만 아니라 식물의 씨앗과 부드러운 먹이도 먹는다. 무리지어 생활한다.

흰허리샤마까치울새

회색머리앵무부리새

검은머리시비아

Black-Headed Sibia / *Heterophasia capistrata*

원산지는 인도이다. 이 종은 조류 사육계에 알려진 바 없는 새이다. 시끄러운
수다쟁이인 이 새는 작은시바스(Smaller-sivas)와 잘 구별된다. 시비아는 아무 어려
움 없이 매우 다양한 소프트빌 푸드와 과일을 먹는다. 약간 수줍어하고 부끄러움
을 타는 경향이 있다. 그러나 더 큰 종은 오히려 공격적이다.

검은머리시비아

찌르레기과
Sturnidae

찌르레기과는 애완용 새로 잘 알려진 구관조와 함께 매우 인기 있는 새이다. 구관조 사료와 약간의 과일, 살아 있는 벌레가 포함된 먹이를 먹으며, 기르기 쉬운 새다. 이들 중 Royal Starling은 고도로 밝히는 식충 동물이다. 둥지는 부화를 목적으로 사용하며, 암수 한 쌍은 계속 여러 개의 알을 낳는다. 어린 새끼가 부화되어 깃털이 나면 곧 어미에게 공격을 받거나 심지어 죽임을 당할 수 있으므로 가능한 한 빨리 어린 새끼를 옮기는 것이 안전하다.

이 과는 일반적으로 새 환경에 익숙해진다. Glossy starling은 대체로 새장 바닥에서 짧은 시간을 보내는 대신 가지에서 가지로 움직이길 좋아한다. 반면에 아시아계 구관조(Asiatic Mynahs)는 바닥에서 쉽게 스스로 벌레와 다른 먹이들을 찾아서 먹는다.

이 과의 가장 유별난 멤버는 학술상으로는 'Sarcops calvus'로 알려진 '콜레토구관조(Coleto Mynah)'이다. 이 새들의 흰 얼룩 머리는 새의 기분과 날씨 상태에 따라 색깔이 변한다. 자극을 받을 때나 더운 날씨에는 머리가 밝은 핑크색이 된다. 반대로 창백해질 때는 병을 의심해 볼 필요가 있다. 콜레토구관조는 필리핀의 섬 숲속에서만 산다. 호전적인 성향의 비슷하거나 다른 종들 또는 보다 더 작은 새와 나란히 두면 그들은 심각한 외상을 입거나 죽을 수도 있다. 이 종들은 둥지 재료를 쟁취하기 위해 번식기에는 매우 사납게 행동하므로 다양한 재료를 충분히 새장 안에 넣어 주어 둥지 짓는 데 불편함이 없도록 해야 한다.

녹자색찌르레기

Purple Grossy Starling / *Lamprotornis purpureus*

원산지는 아프리카 북부, 사하라 남부, 세네갈, 수단이다. 녹자색을 띤 매우 매력적인 이 새는 깃털의 매끄러운 면이 햇빛을 받으면 금속 광택이 볼 만하다. 이 종과 유사한 긴 꼬리 형태를 가진 L. Caudatus는 역시 가끔은 볼 수 있는 희귀하고 호화스러운 종이다.

녹자색찌르레기

녹색광택찌르레기

Green Glaossy Staring / *Lamprotornis chalybaeus*

원산지는 아프리카 남부 지역이며, '푸른찌르레기(Blue-eared Glossy)'로도 알려져 있다. 이 종의 요구물(要求物)은 앞의 새들과 동일하다. 깃털에서 느껴지는 무지개빛은 새장 가까이에서 지켜 볼 때 가장 또렷하게 보인다.

녹색광택찌르레기

호사찌르레기

Spreo Starling / *Spreo superbus*

원산지는 아프리카 동부 지역. 이 종은 매우 매력적인 새로, '붉은배찌르레기 (Superb Starling)'로도 알려져 있다. 비록 기르기는 어렵지만 유사한 새들과 합사하면 종종 상당한 재주를 보여 줄 것이다. 다른 새들처럼 가족 구성원들은 둥지 짓기를 하고, 둥지가 완성되면 알을 낳고 새끼를 친다.

호사찌르레기

A. 구관조
A. Hill Mynah / *Gracula religiosa*

원산지는 인도, 동남아시아이며 매우 재주가 많다. 흉내는 물론 앵무새에 결코 뒤떨어지지 않는 발성을 가지고 있으며, 놀라울 정도로 기억력도 좋다. 이 새는 습기가 차거나 추운 날씨를 싫어하는데, 예민하여 때로는 호흡 질환으로 위험에 빠질 수도 있다.

팔가조
Chinese Jungle Mynah / *Acridotheres cristatellus*

원산지는 극동아시아, 인도차이나이며 구관조와 흡사하나 비교적 둔하다. 먹이를 주는 데 어렵지 않은 새이지만 특별히 기르는 목적이라면 최상의 것을 유지해 주는 것이 좋다. 전신이 흑색이며, 앞이마에 깃털이 곤두서 있는 것이 특징이다.

B. 구관조
B. Greater Hill-Mynah / *Gracula religiosa*

- 분포지 : 네팔, 인도 북부에서 미얀마, 중국의 남서부, 타이에 분포하는 종이다. 이들은 산악 지대에 가까운 삼림에 서식한다.
- 크기 : 25~30cm
- 먹이 : 시중에서 판매되는 구관조 사료에 물(과일즙)을 섞어 반죽하여 먹인다. 새끼 새의 경우에는 단자(곡물 가루로 반죽한 떡)형으로 만든 먹이를 주는 것이 좋다. 이는 다양한 영양원을 첨가하여 이상적인 먹이를 만들 수 있어 새끼를 건강하고 양질의 새로 만들 수 있다.
- 암수 : 같은 색으로, 구별하기가 어렵다.
- 특징 및 사육 관리 : 온몸이 흑색이며, 금속 광택을 띤다. 눈 밑부터 머리 뒤편을 둘러 진한 황색의 나출된 피부가 형성되어 있고, 일부는 아래로 처져 있

A. 구관조

팔가조

다. 날개 하단에는 흰색의 무늬가 있다. 부리와 다리는 황등색이지만 개체에 따라 차이가 있다. 오래 전부터 명성을 얻고 있는 애완 조류로, 소리를 능숙하게 흉내 낸다. 사람과 거의 흡사한 단어와 구절 정도를 해낼 수 있다. 우리나라에도 매년 어린 새끼가 공식, 비공식적으로 국내에 반입되고 있다. 갓 수입된 어린 새끼는 어느 정도 보온이 필요한데, 새장 안에 신문지를 잘게 썰어 넣어 보온재로 이용하면 좋다. 충분히 기력을 회복하면 스스로 수욕을 즐기기 시작한다. 이때부터 성조로서의 대우와 관리가 시작된다. 우리나라에서 수입하여 널리 기르게 된 것은 1960년대 후반이다. 주로 좁은 장에서 사육하고 번식은 생각조차 않았으나 대형 금사에서는 번식이 가능한 종이다. 일본에서는 좁은 새장에서 산란한 기록이 있는데, 알은 녹색을 띤 청색에 갈색 반점이 있고, 대개 1회 복란에 2~3개의 알을 낳는다. 포란 기간은 14~15일경이며, 번식기의 먹이는 약간의 벌레 등과 과일도 병행한다. 특히 비타민과 미네랄 급여도 잊지 말아야 한다. 어린 새끼들은 30일 정도 되면 깃털이 완성되는데, 깃털색은 희미하다. 머리의 흐릿하고 노란 부분은 볏이 자랄 부분이다. 깃털이 난 후에는 스스로 먹이를 먹을 수 있게 되므로 어미에게서 떼어 놓아야 한다. 어미의 공격 대상이 되기 때문이다. 둥지는 나무의 수공이나 알 상자를 사용한다. 구관조는 1년 내내 조건만 허용되면 계속 산란한다. 앵무새처럼 수명이 길지 않은 것이 흠이지만 평균 수명은 15년이다. 깃털이 빠지는 것은 나이하고도 관련이 있지만 기온과도 밀접한 관련이 있으므로 옥내에서 키우는 것이 안전하며, 겨울철에도 실온을 유지하도록 주의한다.

참고 **근이종** 구관조의 종류로는 '큰귀구관조(대이구관조(大耳九官鳥))'로 아종인 큰구관조(Greater Hill Myna(H))가 있다. 이 외에 '작은구관조(Lesser Hill Myna(H))'라고 하는 서인도~남인도에 분포하는 소형 아종도 잘 알려져 있다. 큰귀구관조는 미얀마 남부와 말레이시아, 인도네시아에 분포한다. 모두 같은 종으로, 사육할 수 있지만 능숙하게 흉내를 내기까지에는 어린 새가 아니면 성공할 수 없다.

일반 구관조
Common Mynah / *Acridotheres tristis*

분포지는 아프카니스탄 동부에서 인도와 스리랑카에 이르는 넓은 지역에 분포한다. 이 종은 호주뿐만 아니라 아프리카 일부 지역까지 포함해서 많은 지역에 산재하고 있는, 매우 적응력이 강하고 기회주의적인 품종이다. 화려하지 않으며, 먹이를 주는 데 까다로운 종은 아니다.

큰구관조
Greater Hill Mynah(H) / *Gracula religiosa intermedra*

분포지는 인도 북부, 네팔, 미얀마, 중국 남서부, 타이의 산악지 산림에 분포한다. 찌르레기류의 다른 품종 중 보편적인 것으로, 생동력 있고 성격은 독단적이지만 오리처럼 아장아장 걷고, 나는 모습은 강한 힘을 발휘한다. 야생에서 이 종은 작은 무리를 이루며 떼 지어 날면서 낮은 웃음소리와 날카로운 휘파람 소리까지 낸다. 이처럼 믿을 수 없으리만치 폭넓은 음력(音力)은 구관조들이 얼마나 사람들의 목소리 음색과 다른 종류의 소리를 흉내 낼 수 있는 뛰어난 재능을 가졌는가를 증명해 준다.

팔가조 구관조
Chinese Crested Mynah / *Acridotheres cristatellus*

- 분포지 : 중국의 남부, 대만, 미얀마, 베트남, 라오스 등 광범위하게 분포한다. 서식지는 저지대의 산림 지역에서 생활한다.
- 크기 : 크기는 26cm
- 먹이 : 원래 이 종은 잡식성이므로 아무거나 가리지 않고 먹지만 구관조와 같은 먹이를 급여한다.
- 특징 및 사육 관리 : 온몸이 흑색이다. 머리는 녹색 광택이 돌며, 꼬리의 끝부분

은 백색, 부리는 적황색을 띠고, 부리 기부에 뻣뻣한 깃털이 위로 솟아올라 있다. 다리는 등황색이다. 암수가 같아 구별이 어렵다. 이 품종은 분포 지역이 넓어 분포지에 의해 우관의 크고 작은 차이가 있다. 수컷은 부리 면의 우관이 크고 암컷은 작다. 거칠고 활동적인 새로, 일반 구관조와 구별된다. 이 종은 앵무새처럼 주인과의 접촉을 별로 좋아하지 않는다. 이 종의 자연적인 소리는 별로 즐겁게 들리지는 않는다. 사람의 말을 잘 배울 수 있으나 한정된 영역에서만 가능하다. 광적인 면이 있으므로 어린 새들과 함께 사육할 때는 특히 주의가 필요하다. 한번 환경에 적응하면 관리는 수월해진다. 한 쌍의 구관조는 패러키트 둥지를 이용하는데, 잔가지나 풀·깃털·풀줄기 같은 것으로 채운다. 1회 복란에 3~4개의 알을 낳고, 14일간 포란 후 부화된다. 이 시기에는 많은 양의 살아 있는 곤충이 필요하다. 21일이 지나면 깃털이 나고, 어린 새들은 대체적으로 빨리 성장하며, 스스로 먹이를 먹을 수 있게 된다. 어미가 다시 둥지를 짓기 시작하면 어린 새를 다른 곳으로 옮긴다. 어린 새들은 색깔이 흐려 쉽게 구별된다. 유럽에서는 금사 사육을 하지만 동양권에서는 새장에서 주로 사육한다. 이 종은 사람과의 친숙도가 좋고 또 소리 흉내를 내지만 구관조만큼 능숙하지는 않다.

투라코
Touraco, 부채머리과(Musophagidae)

투라코는 '부채머리과'라고도 한다. 몸길이는 35~75cm, 몸무게 230~950g이다. 아프리카의 중남부에 분포한다. 깃털의 빛깔은 날개와 볏에 붉은 반점이 있는 종과 전체적으로 회색이나 회청색인 종이 있으며, 수컷과 암컷의 빛깔은 거의 비슷하다. 부리는 톱니가 달려 있으며 강하고 넓적하며, 날개는 짧고 둥글고, 꼬리는 길고 넓적하다. 특히 새끼들의 날개 관절에 작은 발톱이 있는데, 이 발톱은 새끼가 둥지를 떠나는 것을 돕는다.

투라코는 상록수림이나 골짜기의 가장자리 숲에 서식한다. 무리지어 다니며, 먹이를 먹거나 번식도 협동으로 하는 습성이 있다. 주로 과일을 주식으로 하며 달팽이와 같은 무척추동물도 먹는다. 대개 한배에 2~3개의 알을 낳으며, 부화 기간은 21~24일이다.

푸른머리투라코
Hartlaub's Touraco / *Tauraco hartlaube*

원산지는 아프리카 동부이다. 주로 머리 무늬와 볏모양의 차이점으로 구별하며, 이 종은 초록색이다. 이 새들은 나뭇가지 위에 단(壇, Supporting platform)을 쌓고 잔가지로 엉성한 둥지를 만든다.

흰뺨투라코

White-Cheeked Touraco / *Tauraco leucotis*

원산지는 에리트레아(Eritrea), 에티오피아이다. 생기 있고 정열적이므로 횃대 주위를 날아다닐 수 있도록 사육장이 넓어야 한다. 개별적인 쌍으로도 잘 사육되지만 비공격적인 소프트빌 옆에서도 잘 사육된다. 그러나 까마귀의 경우, 다른 새들과의 근접성은 번식 행동을 방해한다. 흰뺨투라코는 정상적으로 조류 사육장에서 많은 새끼를 낳고, 한 계절에 2회 정도 성공적으로 번식한다.

흰뺨투라코 ♂

흰뺨투라코 우

비둘기
Dove

이 종은 크기에 있어서 18cm의 왜소한 비둘기에서부터 전체 길이가 90cm나 되는, 왕위에 오른 비둘기까지 다양하지만 모양에 있어서는 거의 한결같다. '비둘기(Dove)'란 용어는 조그마한 새에게 지정되는 경향이 있지만 모든 경우에 적용되는 것은 아니다.

비둘기는 대부분 씨앗을 먹지만 몇몇 부류는 과실을 먹는다. 과실을 먹는 비둘기는 밝은 색깔을 띠는 경향이 있다. 사육하는 것은 드물지만 쉽게 기를 수 있다.

대부분의 비둘기는 충식이 필요치 않으나 흰배비둘기(Tambourine Dove)와 아프리칸우드(African Wood)와 몇몇은 무척추동물을 잡아먹는다.

특별히 사육되는 비둘기가 있는데, 이런 새들은 다소 비활동적이다. 작은 종은 그런 환경에서 만족하게 살겠지만 보다 큰 새는 불만으로 소동을 일으킬 수 있다. 조류 사육장에 있는 비둘기는 특히 번식 기간 동안에는 싸울 수도 있으므로 한 쌍씩 키워야 한다. 비둘기의 수명은 대략 20년 넘게 산다. 여기에서 소개하는 비둘기는 쉽게 얻을 수 있고, 또 조류 사육장에서 핀치류와 함께 아주 만족스럽게 사육될 수 있는 종을 가려낸 것이다.

이 새들은 보통 암수 한 쌍이 쉽게 보금자리를 얻으려 한다. 많은 새끼를 생산하려면 둥지를 마련해 주는 것이 좋다. 나무로 만든 알통이나 카나리아 둥지를 이용하여 산좌를 만들어 주면 된다. 둥지 위치는 너무 노출되지 않도록 해야 한다. 번식기의 수컷은 때때로 구애 행동이 과격해진다. 목 뒤는 보통 심할 경우에는 피가 날 수 있는 공격의 대상이다. 보통 수컷은 암컷 앞에서 새끼 낳는 것을 준비하기 때문에 번식 초기에 낯선 새가 수컷에게 다가가는 것은 매우 위험할 수 있다. 암수 한 쌍이 교대로 알을 품고, 새끼를 기른다. 암컷은 대부분 한 번에 2개의 알을 낳는다. 새끼들은 날 수 있게 되면 비로소 완전히 독립한다. 이때 암컷은 다시 산란하게 되고, 수컷은 새끼를 자주 공격하기 시작한다. 따라서 새끼를 다른 곳으로 옮겨야 한다. 몇몇 비둘기들은 번식기에 매우 신경질적이다. 만일 바버리비둘기 (Barbary Dove)와 다이아몬드비둘기(Diamond Dove)의 경우, 알 돌보는 일을 소홀히 한다면 그 새의 크기와 관련된 둥지에 문제가 있는 것이 틀림없다. 부화 후 첫 며칠 만에 성공적으로 집비둘기를 만들기란 매우 어려운 일이다. 탄수화물 결핍의 적절한 대용 식품으로 순수한 우유를 계획할 때는 신중히 고려해야 한다.

염주비둘기
Barbary Dove / *Streptopelia risoria*

- 분포지 : 아프리카
- 크기 : 25cm
- 먹이 : 식물의 씨앗, 청채
- 암수 : 수컷의 체형이 크고 머리가 암컷보다 조금 크다.
- 특징 및 사육 관리 : 대단히 유순하고 우아하다. 개개의 쌍으로 키운다. 원종은 자연에서 사라진 지 오래다. 많은 비둘기종과는 다르게 이 새는 겁이 많으나 건강하다. 그들은 새장 바닥에 둥지를 틀 정도로 순화되었고, 매우 자유로운 번식을 한다. 포란은 암수 차례로 하며, 산란은 1회 복란기에 2개의 알을 낳고 키운다. 어린 새끼는 처음에 고단백 크롭 밀크(Crop milk / Pigeon)를 먹인다. 이 비둘기는 다른 종의 알을 대신 기르는 새(가모)로 이용되며, 되도록 2쌍의 새가 거의 동시에 알을 낳도록 하는 것이 중요하다. 왜냐하면 크롭 밀크의 생산은 알 낳는 시간으로 제한되기 때문이다. 만약에 시간상 큰 차이가 있다면 포란하는 새를 위해 공급되는 크롭 밀크가 없다는 것이다. 그러나 조금 더 자란 새들은 크롭 밀크보다는 오히려 씨앗을 먹기 때문에 이 새를 성공적

염주비둘기

으로 키우는 것은 가능하다. 어미 새는 대체로 모범적이지만 어떤 종은 성공적인 육추를 위해 어린 새끼 중 오직 1마리만을 기르는 경향이 있다. 이 새는 유순하고 손 위에 잘 앉는다. 그래서 자바비둘기(Java Dove)로 알려진 순수한 혈통의 이 새는 마술사에게 인기가 있다. 새가 예민해지지 않도록 적당한 공간을 마련해 주어야 하며, 규칙적으로 새에게 물을 뿌려 주어 털 관리를 하는 데 유의해야 한다. 외관상 암수 감별이 매우 힘들다.

다이아몬드비둘기(박설구)

Diamond Dove / *Geopelia Cuneata*

• 분포지 : 호주 전역

• 크기 : 10cm

• 먹이 : 혼합 사료(핀치용), 기장, 채소

• 암수 : 번식기에 수컷은 눈 테가 붉고 암컷보다 날개의 흰 반점이 크고 많다.

• 특징 및 사육 관리 : 조용하고 온순하며 외모가 우아하다. 먹이 습관도 무난하고 건강하다. 쌍으로 키우며, 번식을 잘 한다. 그래서 사육조로서 가장 인기가 높다. 한국에 처음으로 유입된 것은 1970년경이다. 이 종은 아주 강하나 춥고 습기 찬 날씨를 싫어한다. 7, 80년대에는 다양한 종의 수입이 있었으나 근래에는 비둘기 종류가 쇠퇴하였다. 카나리아 둥지를 사용하며 산좌에는 부드러운 깃털과 이끼를 사용한다. 주로 새장 바닥에서 먹이를 먹으면서 시간을 보낸다. 발정기가 되면 수컷은 암컷을 향해 고개를 반복적으로 숙이면서 신호를 보내며 꼬리를 흔드는 동시에 '꾸르륵' 소리를 내 구애 행동을 한다. 대부분의 비둘기들은 2개의 알을 낳고, 포란 기간은 약 14일 정도로, 암수 교대로 품는다. 새끼는 빨리 성장하며, 11일이 경과하면 깃털이 완성된다. 육추 시에는 계란과 좁쌀을 주어 영양을 공급하면 좋다. 연중 3~4회 번식하며, 겨울철에는 지나친 번식을 막기 위해 둥지를 제거하여 휴식기를 준다.

다이아몬드비둘기
(박설구)

줄무늬비둘기
Zebra Dove / *Geopelia striata*

이 종은 호주와 동남아시아에 분포한다. 비교적 유순하며 재주가 많고 적응을 잘 하는 이 종은 전 세계 여러 나라에 성공적으로 소개되었다. 외관으로 암수 구별이 어려우며, 좁은 새장에서도 번식이 가능해 애조가의 사랑을 받고 있다. 이 비둘기는 믿을 수 있는 친숙한 새로 자리매김된 종이다.

줄무늬비둘기

흰배비둘기

Tambourine Dove / *Turtur tympanistria*

아프리카의 숲이 무성한 곳에서 생활하는 흰배비둘기는 본래 야생조로서 살아 있는 벌레를 먹던 새다. 이 새는 외부 자극에 매우 민첩하게 난다. 이 종과 관계가 밀접한 종은 숲비둘기(Wood Dove)로서 집단적인 조류이다. 때문에 조류 사육장에서 잘 자랄 수 있도록 세심한 주의가 필요하다.

흰배비둘기

노랑부리비둘기

Yellow-billed Ground Dove / *Columbina cruziana*

남아메리카 칠레의 남부와 에콰도르에서 서식하며, 원산지에서는 작은 비둘기라 해서 '피그미비둘기(Pygmy Dove)'라고 한다. 비둘기는 일반적으로 2개의 알을 낳는 것이 보통인데, 이 종은 3개의 알을 낳는다. 포란 기간은 14일 후에 부화한다. 이 종은 다산계로, 번식기 한 철에 4회 번식한다.

노랑부리비둘기

풀빛날개비둘기
Green-winged Dove / *Chalcophaps indica*

인도 · 아시아 동남부 · 호주에 분포하며, 크기는 27cm이다. 얼굴에 흰색 눈썹선이 있고, 앞이마는 흰색이며, 멱과 가슴은 적갈색, 날개는 녹색의 광택이 나며, 꼬리는 짧고 흑갈색이다. 이 비둘기는 야생에서는 잡식을 취하여 곡식의 낟알이나 곤충을 잡아먹으나 먹이사슬은 식물 그늘로 전환하는 종이다.

풀빛날개비둘기

자코뱅

Jacobin Pigeon / *Columba livia var. domestica*

원산지는 인도, 유럽으로 유입하여 프랑스에서 개량되었다. 크기는 27~28cm 이다. 우리나라에는 1970년대에 처음으로 수입상에 의해 소개되었다. 목도리의 형태에 따라 인기가 좌우되며, 흰색과 검은색 · 갈색종이 있다. 이 종은 번식이 용이하며, 사육하기도 쉽다.

자코뱅

칠보비둘기

Cape Dove / *Oena capensis*

원산지는 남아프리카 희망봉, 크기는 25~26cm이다. 1990년대에 수입상에 의해 우리나라에 소개된 종으로, 그다지 인기를 얻지 못한 채 사라졌다. 수컷은 얼굴과 목·뎍·위의 등 부위는 암갈색을 띠고, 가슴은 검고 복부는 흰색이다. 부리 외의 다리는 적황색을 띠고 암컷은 온몸의 체모가 회갈색이다. 기르기 쉽고 번식도 용이하다.

칠보비둘기

기타 사육 비둘기

이 외에 사육 비둘기에는 공작비둘기, 크로커비둘기, 붉은땅비둘기(Ruddy ground Dove), 흰날개비둘기(White winged Dove), 푸른날개비둘기(Green-winged Dove), 세네갈비둘기 (Senegal Dove), 귀깃비둘기(Eared Dove) 등이 있으며 사육 방법은 거의 같다.

공작비둘기

푸른날개비둘기

세네갈비둘기

흰날개비둘기

귀깃비둘기

메추라기 & 꿩
Quails & Pheasants

　메추라기는 미국산 퍼칭메추라기(Perching Quails)와 그라운드메추라기(Ground Quails)로 알려진 2가지의 광범위한 무리로, 자연적으로 분리되는 조그맣고 통통한 모양의 새이다. 비교적 짧은 꼬리를 갖고 있으며, 저공으로 날고, 보호색이 월등하여 자연에서 관찰하기가 대단히 어려운 종이다. 이들은 주로 식물의 씨앗이나 곡물을 먹는다. 미국산 퍼칭메추라기는 자주 높은 곳으로 오르려 한다. 비교적 큰 체격과 결부되어 신경질적인 본성은 혼란을 야기할 수도 있다. 따라서 이 무리의 새들은 뒤로 물러설 수 있도록 씌워져 있는 큰 새장 안에서 키워야 안전하다. 만약 새장 문을 열었을 때 깜짝 놀라 상당한 순발력으로 날아 부딪친다면 치명적인 상처를 입을 수 있다.

　꿩은 주로 땅에서 많은 시간을 보낸다. 대부분 조류 사육장에서 원만하게 생활한다. 사육장 바닥은 배수가 잘 되어야 하므로 두꺼운 모래층이 이상적이다. 풀은 사육장에서 자연적인 기부(基部)를 제공하고, 이 집단의 새들은 풀을 먹는다. 이 새들은 사육장 주변을 상당한 시간 걷기 때문에 모서리 둘레에 모래 길을 만들고, 중심부에 나무를 심는 것이 이상적이다. 풀뿐만 아니라 다소 신경질적인 새를 위해 보호물 차원에서 적당한 초목을 심으면 이상적인 사육장이 될 수 있다. 초목은 사육장 천정으로 뛰어 나는 새에게 상처를 입지 않도록 해 준다. 수컷들이 울타리 망사를 통해 서로 공격하므로 사육장 사이에 견고한 울타리를 세워야 한다.

　메추라기와 꿩류는 본래 씨앗과 곤충 그리고 푸른 잎을 먹는데, 먹이 습관은 무엇이든 다 먹는다. 금사 안의 새에게는 균형적인 먹이를 급여해야 하는데, 가장 좋은 것은 깨끗한 모래와 칼슘분의 공급이다. 칼슘은 오징어 뼈가 가장 이상적이다. 이 새는 원래 일부일처지만 한 마리의 수컷이 2~3마리의 암컷을 거느리기도 한다. 이들은 잔디밭이나 풀밭의 초목에 은신처를 택해 땅바닥에 둥지를 튼다. 대략 산란 수는 8개 정도며, 포란 기간은 18일 걸린다. 불행하게도 새장에서는 바닥에 흩어져 있는 알은 품지 않는다. 이런 경우에는 부화기를 이용한다. 어린 메추라기 들은 부화 즉시 스스로 먹이를 쪼아 먹는다. 깊은 물통은 익사 위험이 있으니 얕은 물그릇을 준비한다.

갬벨메추라기
Gambel's Quail / *Callipepla gambelii*

- 분포지 : 네바다 서쪽, 캘리포니아, 서부 텍사스, 뉴멕시코
- 크기 : 25cm
- 먹이 : 혼합 사료, 기장, 야채, 벌레
- 암수 : 암컷은 검은 머리보다 오히려 회색이며, 볏이 작다.
- 특징 및 사육 관리 : 쌍들은 분리해서 키운다. 이 종은 캘리포니아메추라기에 비해 작으며, 좁은 사육장이나 제한된 장소에서도 잘 산다. 습성 면에서도 원만하다. 암수 쌍은 실내 환경에서도 잘 자라는데, 특히 번식을 위해서 새장 안에 보호물을 설치할 필요가 있다. 번식 습성과 육추 방법은 캘리포니아메추라기와 같다. 어린 새는 2개월 후에 암수 감별이 가능하다. 습기 찬 환경은 피하는 것이 좋으며, 야외에서는 비를 맞지 않게 보호물을 설치해야 한다.

캘리포니아메추라기
Californian Quail / *Callipepla californica*

- 원산지 : 캘리포니아, 멕시코, 북아프리카 서쪽
- 크기 : 25cm

- 먹이 : 기장, 야채, 무척추동물
- 암수 : 암컷은 머리에 작은 장식 털과 흰 털이 수컷에 비해 적다.
- 특징 및 사육 관리 : 외형이 특이하며, 돌보기가 쉽다. 볏이 있는 메추라기 대형 종 중 하나인 이 종은 애완 조류로 정평이 나 있는 품종이다. 자주 횃대에 앉으려는 경향이 있는데, 이는 다른 종과 합사할 경우 방해를 줄 수 있다. 이 종은 쉽게 번식한다. 사육장에 풀과 나무를 식재하면 좋다. 땅에 흙을 약간 파고 20여 개의 알을 낳으며 암컷 혼자 포란한다. 포란 기간은 23일, 어린 새끼는 부화되자마자 바로 돌아다니며 먹이를 찾는다. 이때 새끼를 위해 난조와 잘게 자른 야채를 포함한 먹이를 급여해 준다. 번식하는 동안 진흙이 있는 습한 곳에서는 발육에 지장을 초래하므로 피한다. 어미 새가 알 품기를 거부하면 밴텀(Bantam) 닭이 가모로 대행할 수 있다. 어린 새가 자람에 따라 약 20%의 단백질을 포함한 빵부스러기를 먹이로 주면 좋다. 암수를 분리하여 키운다.

캘리포니아메추라기

밥화이트메추라기

Bobwhite Quail / *Colinus virginanus*

- 분포지 : 멕시코에서 아리조나 남부
- 크기 : 23cm
- 먹이 : 기장, 혼합 사료, 야채
- 암수 : 담황색 목을 가진 암컷 색깔은 전체적으로 수컷에 비해 엷다.
- 특징 및 사육 관리 : 매력적이며, 색이 특이하고 길들이기 쉽다. 쌍은 서로 분리 해서 키운다. 이 메추라기는 아종이 무려 21개종으로 확인된 바 있고, 그 중 많은 것이 텍사스 밥화이트종이다. 이 메추라기는 만족스럽게 온갖 종류의 씨앗을 먹고, 농작물에 해를 입히는 벌레를 잡아먹는다. 세계적으로 사육장 에서 널리 사육되고 있으며, 번식이 활발하다. 밥화이트메추라기는 추운 기 간과 습기 찬 날씨를 싫어하므로 온도에 주의를 요한다. 수명은 대략 10년 정 도이다. 암컷은 둥지를 감추기 위한 둥근 덮개가 있는 갬벨메추라기보다 더

밥화이트메추라기

정교한 구조물을 만든다. 1회 복란에 보통 11~12개의 알을 낳는다. 어린 새끼가 부화되었을 때 신경질적인 상태에서 새끼의 깃털을 잡아 뜯기 시작하면 적당한 공간을 마련해 줘야 한다.

일본메추라기
Japanese Quail / *coturnix coturnix*

- 분포지 : 유라시아, 북아프리카
- 크기 : 18cm
- 먹이 : 혼합 사료, 기장, 야채
- 암수 : 암컷은 복부에 검은 줄무늬가 없다.
- 특징 및 사육 관리 : 먹이도 자유롭고 사육도 일반적이어서 이상적이다. 이 종은 다른 종의 메추라기와 분리해서 키운다. 현재 상업용으로 대규모 사육되고 있지만 이전에는 식량 자원으로 포획했다. 그러나 점차 길들여짐에 따라 잡종이 발생, 오늘날의 메추라기는 야생종보다 순화되었다. 이에 따른 여

일본메추라기

러 변종은 분리된 명칭을 얻게 되었다. 만주(Manchurians)와 파라오(Pharaohs) 2종 모두 가슴에 있는 사소한 색의 차이로 암수가 구별되는데, 암컷의 깃털은 더 회색빛이 나며 얼룩덜룩한 점이 있다. 무게를 달았을 때 암컷이 전체적으로 무겁다. 1회 복란에 12개의 알을 낳고, 포란 기간은 18일이다. 어린 새는 스스로 걷고 먹이도 먹는다. 처음에는 난조로 된 모이를 뿌려 주고, 식물의 작은 씨앗이나 좁쌀을 주면 잘 먹는다. 이 메추라기는 풀밭에서 사는 종으로, 사육장 바닥에 보호물이 있다면 횃대에 앉아 있는 새를 거의 방해하지 않는다. 건강하지만 동상의 위험이 있으므로 눈이 많이 덮여 있는 바닥에 방치해서는 안 된다.

레인메추라기
Rain Quail / *Coturnix coromandrlica*

- 분포지 : 인도, 스리랑카, 미얀마
- 크기 : 15cm
- 먹이 : 기장, 혼합 사료, 야채류
- 암수 : 암컷은 머리와 가슴에 검은 줄무늬가 없으므로 암수 감별이 쉽다.
- 특징 및 사육 관리 : 작고, 모이 주기가 쉽다. 쌍들은 분리해 키운다. 수컷은 가슴 중앙에 특이하게 난 검은 깃털로 구별된다. 그래서 블랙브레스티드메추라기(Black-breasted Quail)의 대안 종류로 쓰인다. 일본메추라기처럼 작은 규모의 새장에서는 번식하지 않고 큰 새장에서 둥지를 튼다. 그러나 많은 메추라기처럼 암컷은 적당한 보호물이 마련되지 않으면 아무데서나 알을 낳는다. 더욱이 수컷은 암컷이 알을 품지 않으면 암컷을 괴롭힌다. 따라서 번식이 목적이라면 암컷 2마리에 수컷 1마리를 함께 기르는 것이 좋다. 어린 새끼가 자라면 꼬리가 일본메추라기와 비슷하다. 기르는 동안 메추라기가 당황하지 않도록 특별한 주의를 기울인다. 놀라는 원인을 삼가지 않으면 치명적이지는 않더라도 상처를 입게 된다. 그래서 메추라기 사육장은 망사로 가려 벽에 부딪치는 일이 없도록 해 준다.

중국메추라기

Chinese painted Quail / *Excalifactoria chinensis*

• 분포지 : 아시아 서쪽, 인도, 중국, 스리랑카, 한반도

• 크기 : 12. 5cm

• 먹이 : 혼합 사료, 기장, 채소류, 벌레

• 암수 : 암컷은 체모가 전체적으로 갈색을 띠고, 수컷은 푸른 깃털이 없다.

• 특징 및 사육 관리 : 화려하고 키우기 쉽다. 이 종은 혼합된 집단에서 핀치류에 의해 흐트러진 씨들을 깨끗이 먹어치우는 사육장에 사는 새이다. 사실 청소부보다 더 잘 치운다. 수컷은 분리해서 키운다. 번식은 사육장 안 일부에 가림막을 설치해 두면 되는데, 이들의 번식 행위는 특히 어린 새끼의 단계에서 재미있는 행위가 연출된다. 이 메추라기의 큰 장점은 오로지 땅에서 살며, 다른 새들을 방해하지 않는다는 것이다. 다른 종에 비해 날려는 경향이 강하며, 방해받을 때는 오히려 숨기보다는 날기를 좋아한다. 항상 3마리를 한 팀으로 하여 키우되, 2마리의 암컷과 1마리의 수컷으로 한다. 그렇지 않고 암컷이 1마리만 있으면 수컷에 의해 학대를 받고, 특히 목 주위의 깃털이 뽑히게 된다. 새장 구석에 가림막을 해 주는 것은 이러한 행위를 받을 때 피난처로 이용하기 위한 것이다. 수컷이 알을 낳은 암컷을 괴롭히는 것 같으면 수컷을 분리해야 한다. 1회 복란은 대개 6개의 알을 낳는다.

중국메추라기

단추메추라기
Common Button Quail / *Turnix suscitator*

- 분포지 : 인도, 중국, 타이완
- 크기 : 15cm
- 먹이 : 혼합 사료, 기장, 식물의 씨앗, 야채, 무척추동물
- 특징 및 사육 관리 : 특이한 습성이 있으나 길들여진다. 이 메추라기는 다른 메추라기종과 관련이 없다. 분리된 집단을 형성하고, 외형상 순종 메추라기와 비슷하지만 비둘기에 더 가깝다. 특히 더 화려한 것이 암컷이며, 15종 중 가장 큰 것은 단추메추라기이다. 이 메추라기는 나무가 심어 있는 사육장 환경에서는 기르기 어렵다. 암수가 둥지를 틀고, 수컷이 홀로 포란한다. 암컷의 1회 복란 수는 5개인데, 수컷에서 수컷으로 이동하며 연속적으로 상대를 바꾸며 여러 번 알을 낳는다. 그러므로 커다란 사육장에 1마리의 암컷에 여러 마리의 수컷을 함께 수용해야 한다. 포란 기간은 13일 걸린다. 갓 깨어난 새끼는 스스로 먹이를 찾아 먹을 수 있는데, 이 초기 단계에서는 좁쌀(난조)과 채소를 잘게 썰어 주면 된다.

은 계
Lady Amherst's Pheasant / *Chrysdlophus amherstiae*

- 분포지 : 티베트의 남동부, 중국의 남서부, 미얀마 일부
- 크기 : 수컷의 꼬리 길이 110cm를 포함하여 173cm 이상
- 먹이 : 흔히 가금 먹이(배합 사료), 청채류
- 암수 : 수컷은 화려하고 암컷은 갈색을 띤다.
- 특징 및 사육 관리 : 색채가 아름답고 습성이 없다. 수컷은 따로 지낸다. 이 종의 이름은 19C 초 중국에서 영국 대사 부인이 지은 것으로, 이때 영국에 처음으로 도입되었다. 이들 꿩 종류의 형태는 목을 둘러싸고 있는 우관을 갖고 있는 점이 특징이다. 우관은 발정기가 되면 암컷을 향한 구애 행위에 없어서는

안 될 치장 깃으로, 암컷을 굴복시키는 수단이 된다. 이 치장 깃은 은백색 바탕에 흑색 가로줄 무늬가 일정한 간격으로 배열되어 있다. 수컷의 긴 꼬리의 길이는 1m가 넘는다. 암컷은 전신의 색깔이 황갈색에 흑갈색 무늬가 있고, 눈 주위의 나출된 피부색은 청색을 띠며, 다리 색깔도 흑회색에 청색이 돈다. 이 특징적인 색깔이 금계 암컷과 구별되는 점이다. 우리나라에서 번식기는 4월 중순경이다. 1회 복란기의 산란 수는 6~10개 정도이며, 자체 번식이 아닌

은 계

인공 번식을 위해 인위적으로 알을 수거해 부화기를 이용한다면 1년에 100여 개의 알을 얻을 수 있다. 포란 기간은 23~25일 정도이며, 어린 새끼가 부화되면 먹이로는 삶은 계란과 청채류를 잘게 썰어 배합 사료에 섞어 주면 된다. 이때 온도는 생후 1주간은 35~37℃를 맞춰 주고, 1주 후마다 2~3℃씩 온도를 내려 주면 된다.

금계

Golden Pheasant / *Chrysilphus Pictus*

현재 국내에서 꿩과로 널리 알려진 금계는 은계와 체형이 비슷하게 생겼으나 색
상 면에서 큰 차이가 난다. 전체 체색이 황금빛으로, 화려한 기품은 이 새의 상징이
다. 목도리처럼 생긴 우관은 황금색 바탕에 흑색 가로줄 무늬가 두관의 황금 깃털
과 어울려 화려함을 더한다. 꼬리는 60~70cm가 되고, 4월이 되어 번식기로 들어
서면 암컷에 대한 치열한 구애 행동이 볼 만하다. 번식 형태는 은계와 흡사하다.

금 계

황금계

Ghigi's Yellow Golden Pheasant

황금계의 원종은 금계이다. 반세기 전 금계 사육장에서 우연히 태어난 노란색 변종이 황금계의 시초이다. 이 새는 현재 혈통이 고정됨으로써 전체적인 색상이 황금색을 띤 고정 품종으로 인정받고, 인기도 좋다. 돌연변이로 태어난 새는 원종에 비해 체질이 약하고 번식력도 저하된다. 추위에도 원종보다 약하며, 사육 방법은 금계와 같다.

백 한

Silver Pheasant / *Lophura nycthemera*

- 분포지 : 미얀마, 베트남, 동남아시아, 중국, 타이완
- 크기 : 수컷의 전체 길이는 꼬리 71cm를 포함해서 122cm 이상이 된다.
- 먹이 : 배합 사료, 청채류
- 암수 : 암컷은 수컷보다 작고 주로 갈색을 띤다.
- 특징 및 사육 관리 : 체력이 강하고 수컷의 색채가 아름답다. 암수를 구별하여 기르는 것이 좋다. 이 종은 13개로 구분되며, 넓은 범위에서 백한은 이들과

백 한

모습이 완전히 구별된다. 이들 꿩 종류들은 자연 속에서 산악 지역의 숲속 산림지 습성이 남아 있어 외부에서 집단으로 먹이를 찾는다. 백한은 1700년 이전에 런던에서 처음 길렀다. 이 새의 기본적인 환경은 넓게 나무가 잘 정리된 사육장이다. 수컷은 홀로 몇 마리의 암컷과 함께 지낸다. 백한은 새장 부근 가까이 하는 것을 피하려 한다. 백한은 호전적이며, 예리한 발톱은 무서운 무기로 사용되기도 한다. 포란은 암컷이 전담하며, 4~6개가 알맞다. 암컷이 포란 중에 죽거나 거절하면 수컷이 대신하기도 한다. 포란 기간은 23~24일이다.

산 계
Nepal Kalij / *Lophura leucomelana*

- 분포지 : 네팔
- 크기 : 수컷은 71cm, 암컷은 56cm
- 먹이 : 배합 사료와 곡물, 채소, 번데기
- 암수 : 수컷의 두상은 꿩과 비슷하며, 얼굴의 나출된 피부는 붉고 온몸의 색깔은 흑청색이다. 등에는 흰색 무늬가 크게 자리 잡고, 가장자리에는 등적색이 싸고 있다. 다리는 붉고, 부리는 엷은 살색이다. 중앙 깃은 길며 흰색이고, 중앙 깃을 제외한 꼬리 깃은 흑청색이다. 암컷은 수컷에 비해 색상이 엷고 꼬리가 짧다. 앞가슴은 흰색 빛이 도는 털이 복부까지 내려와 있다.
- 특징 및 사육 관리 : 체질이 강하고 매력적인 볏을 가졌다. 이 종은 꿩과와 관련된 밝은색이 부족하다. 이 종은 여러 가지 독특한 아종인 화이트크레스티드 꿩(White-Crested Kalij)을 포함해 야생에서도 잡종이 생기는데, 사육 도중에도 난잡하게 번식하고 있다. 산계는 최소한 2마리의 암컷과 1마리의 수컷을 함께 길러야 한다. 교배 후 암컷은 수풀 속으로 들어가서 산란한다. 번식기는 3월 초순경이며, 1회 복란에 12개의 알을 낳고, 포란 기간은 25일 후 부화된다. 어린 새끼는 어미에 의존하며, 이때 어린 새끼에게 청채와 벌레뿐 아니라 적당한 단백질 먹이를 공급해 줘야 한다. 이 종은 백한과 같은 부류의 새로, 고산 지역에서 서식해 건강하나 성질이 급하며, 경계심마저 강해 사육장에서 순화가 더디다. 산란 시에는 은밀한 장소를 마련해 줘야 한다. 새끼는 풀숲에 숨는 경향이 강하므로 사육장 안에 풀숲을 조성하는 것이 좋다.

산계

긴꼬리꿩

Reeves Pheasant /
Syrmaticus reevesi

- 분포지 : 중국의 북부와
  중앙의 산악 지역
- 크기 : 긴 꼬리를 가진 수컷은
  203cm이고, 암컷은 76cm이다.
- 먹이 : 배합 사료, 야채, 무척추동물
- 암수 : 수컷은 긴 꼬리와 전체적으로
  밝은색에 의해 구별된다. 암컷은 작고
  색상이 흐리다.
- 특징 및 사육 관리 : 매력적인 새이다.
  이 새는 수컷과 함께 키우지 말아야 한다.
  이 새는 1831년 유럽에 처음으로 소개한 사람
  의 이름을 딴 것이다. 수컷의 수려한 깃털은 오랫

긴꼬리꿩

동안 중국인에 의해 사육되었고, 곧 서양으로 유출되
었다. 첫 번째 사육한 곳은 영국 런던 동물원으로, 1867년에 번식에 성공하
였다. 수컷은 발정기에 매우 공격적으로 돌변한다. 암컷 1마리가 집중적으로
공격받지 않도록 여러 마리의 암컷과 수컷 1마리를 합사해야 한다. 이런 이유
로 사육장 안에는 암컷이 피신할 적당한 보호물이 필요하다. 1회 복란에 7~
15개의 알을 낳고, 포란 기간은 25일 걸린다. 어린 새끼는 빨리 성장하는데,
자기들끼리 싸움을 시작하면 갈라놓아야 한다. 이 종은 강하고 1년 내내 실외
에서 자랄 수 있다. 수컷의 화려한 꼬리 깃털이 상하지 않게 넓은 공간을 확
보해 주어야 한다.

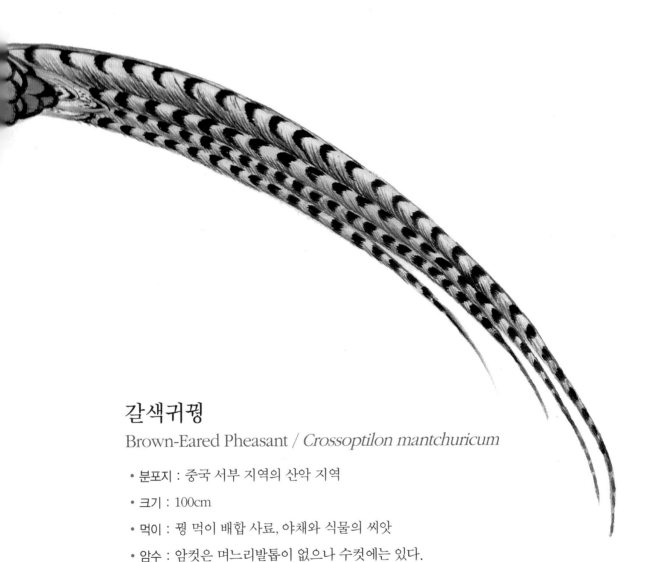

갈색귀꿩
Brown-Eared Pheasant / *Crossoptilon mantchuricum*

- 분포지 : 중국 서부 지역의 산악 지역
- 크기 : 100cm
- 먹이 : 꿩 먹이 배합 사료, 야채와 식물의 씨앗
- 암수 : 암컷은 며느리발톱이 없으나 수컷에는 있다.
- 특징 및 사육 관리 : 외모가 특이하고, 성격이 유순하다. 이 꿩은 1864년 유럽에 소개되었고, 그때 파리에 있는 자르뎅 다클리마타시옹(Jardin d'Acclimatation) 동물공원은 1마리의 수컷과 2마리의 암컷을 분양받았다. 그 새들은 그때 최초의 새로부터 100마리의 어린 새끼가 자랄 정도로 성공적인 번식이 시작되

었다. 야생에서 멸종 위기로 위태로웠던 이 새는 최초 3마리로 시작된 사육조로 진화되었고, 1866년에 런던 동물원은 중국으로부터 2마리의 수컷을 분양받았다. 갈색귀꿩은 조류 사육장 새로서 인기 있는 종이며, 잘 길들여지고 다른 꿩보다 침착하다. 단점은 파괴하는 습성인데, 먹이를 찾기 위해 땅을 파다 보니 사육장 풀밭을 파괴하게 된다. 이 새들은 넓은 공간이 필요한데, 빽빽하게 가둔다면 번식기 동안에도 계속 공격하며 각자의 깃털을 뽑는 데 시간을 보낸다. 이 새는 일찍 성채 깃털이 났더라도 2년 동안 번식을 거의 하지 않고 2~3년이 지나야 산란할 수 있다. 한배의 산란은 5~8개이며, 포란 기간은 27일이다. 대체로 많은 알이 무정란이다. 이유는 새의 쌍이 친밀도가 떨어져서일 수도 있으나 환경 영향이 큰 것으로 본다. 최근에는 인공 수정으로 성공적인 성과를 얻고 있다.

흰귀꿩
White-eared Pheasant / *Crossoptilon Crossoptilon drouyni*

온몸이 흰색이며, 흰귀꿩은 관우가 없다. 두상은 흑색을 띠며, 얼굴의 나출된 붉은 피부는 흰색의 체모와 색상 대비가 선명하며, 고귀한 기품을 선보인다. 꼬리의 흑색은 몸통의 흰색과 대비되는 색상으로, 더욱 기품 있어 보인다. 사육조로서 인기를 얻고 있지만 희귀한 품종으로, 구하기 어려운 점이 단점이다. 이 종은 자연 상태에서는 찾아보기 어려운 멸종 위기종으로, 보호가 시급한 종이다. 이 새는 암수 감별이 매우 어렵다. 암수 감별은 며느리발톱의 유무로 감별되는데, 며느리발톱이 있는 쪽이 수컷이다. 성질이 온순하며 사람과도 쉽게 친숙해지고 추위에도 건강하게 견딜 수 있는 체력을 지니고 있으나 습기에는 약하다. 습기에 의한 세균성 전염병은 특히 조심해야 한다. 바닥은 항상 청결해야 하며, 습기가 차지 않도록 통풍에 각별한 주의를 요한다. 산란 수는 8~10개 정도이며, 번식에 쾌적한 환경을 조성함으로써 무정란을 줄여야 한다. 포란 기간은 27~28일 걸리며, 어린 새끼는 회색화계와 동일하게 육추하면 된다.

무지개꿩

Himalayan Monal / *Lophophorus impleyanus*

- 분포지 : 동부 아프가니스탄~티베트, 히말라야 산맥에서 서식한다.
- 크기 : 수컷 71cm, 암컷은 비교적 작다.
- 먹이 : 배합 사료, 곡물, 채소
- 암수 : 암컷은 갈색, 수컷은 화려한 색
- 특징 및 사육 관리 : 매력적이고 기르기 쉬운데, 한 쌍씩 기른다. 이 새는 현존하는 새들 중 가장 아름다운 종이다. 수컷은 대부분 강하고, 깃털색은 아름다워 인상적이다. 자연의 무지개색과 같다 하여 이름도 '무지개꿩'이라고 작명되었다. 이 종은 꿩보다 날씬하지 않고 보다 뭉뚝한 편으로, 습기 있는 곳을 싫어한다. 본래 높은 산악 지대와 숲이 우거진 곳에서 서식하므로 사육장에 식재를 조성하는 것이 좋다. 이 종은 고원에서 살아왔기 때문에 추위에도 강하다. 또 동료가 위급해지면 수컷들은 더욱 사나워지며, 동료를 보호하려 집단적인 행동을 한다. 암컷은 항상 침엽수 밑에 앉거나 관목이 있는 땅을 움푹 파고 구멍을 만든 다음 알을 낳는다. 산란 수는 1회 복란에 보통 6개의 알을 낳고, 포란 기간은 27일 걸린다.

무지개꿩

어린 새끼가 부화되어 나오면 삶은 계란과 난조, 벌레뿐만 아니라 고단백 먹이를 급여해야 한다. 일반적으로 번데기를 주는 것이 이상적이다. 어린 새끼는 1년이 지난 다음 완전히 털갈이를 한다.

인도공작
Indian Peafowl / *Pauo Cristatus*

- 분포지 : 인도, 스리랑카
- 크기 : 수컷은 꼬리 깃을 포함하여 거의 254cm, 암컷은 100cm이다.
- 먹이 : 배합 사료 씨앗, 곡물, 야채류, 무척추동물

인도공작

- 암수 : 수컷은 화려한 색상에 꼬리가 길다.
- 특징 및 사육 관리 : 화려한 외모와 번식이 활발하다. 암수를 구별하여 키운다. 인도공작은 주로 치계과(Phasianidae)의 잘 알려진 품종이다. 이 새는 300년간 사육되어 왔고, 그리스와 로마 시대를 거치면서 대단히 사랑을 받아 왔다. 이 새는 몸집이 크기 때문에 높은 울타리가 있는 적당한 정원에서 자유로이 자라야 한다. 공작은 나뭇가지에 앉는 경향이 있으며, 날개깃을 잘라도 18m까지 뛰어오를 수 있다. 1마리의 수컷과 여러 마리의 암컷으로 구성되는 집단이 일단 안정되면 멀리 날지 않는다. 공작은 건강하고, 키우기 쉽다. 그러나 밀집 지역에서 해가 진 뒤 멀리까지 울리는 소리는 이웃의 불만을 일으킬 수 있다. 인도공작의 몇몇 변종이 존재하지만 대부분 최초의 종만큼 매력적이지는 못하다. 예를 들면 백색공작(White peafowl)은 순백색이지만 숫공작 꼬리의 명료한 눈점(Ocellae)이나 독특한 문양은 인도공작에 미치지 못한다. 암컷은 둥지를 틀고 한적한 자리에서 6개의 알을 낳는다. 포란 기간은 28일 걸린다. 부화된 어린 새끼는 곧바로 횃대에 앉을 수 있고, 천천히 성장한다. 어미는 밤마다 체온 유지를 위해 어린 새끼를 품에 안고 2개월 동안 보살핀다. 어린 새가 장엄하고 아름다운 꼬리 깃털을 갖는 데는 3년이란 긴 시간이 걸린다.

바위자고새

Chukor Partridge / *Alectoris graeca*

- 분포지 : 히말라야 지역, 인도~네팔 지역
- 크기 : 35. 5cm
- 먹이 : 혼합 사료, 야채, 무척추동물, 장과
- 암수 : 암컷은 작으며, 며느리발톱이 없다.
- 특징 및 사육 관리 : 바위자고새는 관리하기 쉽고 번식이 용이하다. 이 종류는 암수만 따로 사육하는 것이 좋다. 이 종의 자고류의 분포 지역은 아시아인 반면, 바위자고새(Rock Partridge)로 알려진 종은 유럽에서 서식한다. 이들은 키우기가 쉽지만 제한된 공간에서는 서로에게 매우 공격적일 수 있다. 그러므로 홀로 있는 암컷이 공격받지 않도록 사육장에 적당한 은신처를 마련하는 것이 좋다. 자고류는 모래 지역에서는 더러운 목욕(사욕)을 할 수 있는 반면 사육장 안 암석 지역에서는 자연 환경을 즐기는 데 도움을 준다. 1회 복란에 12개의 알을 낳고, 종종 바위 뒤에 숨긴다. 이 알은 24일 포란기를 거쳐 부화된다. 이때, 영양가 높은 신선한 먹이를 공급해 주고, 사육장 안에 보금자리도 마련해 주며, 신경질적인 것도 있으므로 같은 장 속에 다른 조류를 넣지 않는 것이 좋다.

진공작(眞孔雀)

Pauo muticus

공작 중에서 가장 귀하고 아름다운 품종이다. 인도공작에 비해 다리와 목이 길고 곧으며 노란색이 돈다. 진공작은 인도공작과 혈통상으로 흡사하다. 진공작은 인도공작에 비해 추위에 약하며, 번식이 어렵다. 또한 성질이 까다롭고 사납다. 진공작의 아종으로 미얀마종과 인도차이나종, 자바종 등 3종류가 있으며, 사육 조건은 일반 공작과 비슷하다.

백공작(白孔雀)

백공작은 인도공작의 돌연변이로, 품종이 고정되어 있다. 근래에 진공작의 돌연변이인 백색 변종이 미국에서 작출되었다. 아직 혈통 고정은 되어 있지 않다. 눈 아래쪽에 노란색 나출된 피부가 눈에 띄고, 체구가 큰 것이 인도공작에서 태어난 백공작과 구별된다.

호로조(胡虜, 주계(珠鷄))

Grey-breasted Guinea-fowl / *Numida meleagris*

- 분포지 : 서부 아프리카 적도림의 북부, 기니(Guinea)
- 크기 : 46cm
- 먹이 : 배합 사료, 곡물, 야채, 식물의 씨앗, 벌레
- 암수 : 암컷은 일반적으로 작다. 수컷은 머리의 육질로 된 뿔이 크고, 부리 밑에 나출된 피부가 크다.
- 특징 및 사육 관리 : 쉽게 길들여지며, 집단으로 산다. 뿔닭과(Numididae)에 속하지만 꿩과(科) 자고류와 메추라기의 생활 조건이 비슷하다. 호로조는 식용으로 사육되기도 하는데, 사육장은 사람이 살고 있지 않은 변두리에서 길러야 한다. 왜냐하면 정원용으로 기를 수는 있지만 시끄럽게 울어대기 때문이다. 그러나 한두 마리를 애완용으로 사육한다면 낯선 사람이 접근할 때 크게 소리 내어 집을 지키는 데 한몫한다. 특히 호로조는 가금 집단에서 키우면 공격적이다. 이 종은 20여 개가 넘는 아종이 있다. 건조한 환경을 선호하며 강건하고, 먹이도 가리지 않고 먹어 사육하기가 수월하다. 그러나 밤낮을 가리지 않고 울어 주택가에서 사육하기는 곤란하다. 이 종은 나무와 풀밭이 있는 곳에 알 낳을 자리를 잡는다. 약간의 땅을 파고 풀잎이나 줄기 또는 부드러운 소재를 깔고 산좌를 만든 다음 산란한다. 산란기는 4월 하순에서 9월 초순까지 1회 복란 중 20여 개로, 1년에 60~100개 정도를 낳는다. 포란 기간은 24일 걸리며, 어린 새끼는 '키트(Keet)'라고 한다. 어린 새의 성장은 비교적 느리다.

물 새

Waterfowl, 수금류

잘 가꿔 놓은 넓은 정원에서 물새를 기른다는 것은 또 하나의 세계를 즐기는 것이다. 원앙이는 삶의 터전이 냇가이다. 번식을 위한 짝짓기도 물에서 이루어진다. 그러므로 번식을 위해서는 연못이 필수적이다.

물새 종류는 다른 종과 달리 쉽게 키울 수 있으며, 많은 종들은 쉽게 둥지를 튼다. 물새는 놀랍게도 오래 산다. 50년 동안 살 수 있는데, 오리는 13~19년 동안 산다는 믿을 만한 기록이 있다. 색채를 포함한 물새의 외모는 그들의 언어이자 삶의 방식을 말해 준다. 따라서 새로운 환경에 쉽게 적응할 만한 어린 새들을 구입하도록 애쓸 필요가 있다.

많은 오리의 상업용·장식용 품종은 본래 물오리에서 시작되었다고 한다. 또 많은 거위 종류가 개량되었는데, 중국인은 특히 알을 낳는 능력에 관심이 많았다. 근래에 들어서는 거위털이 아웃도어의 보온재로 유용하게 쓰이고 있는데, 이 특이한 품종은 흰기러기(Snow Goos)의 길들여진 품종이다.

유럽에는 전시용 오리와 거위를 구입할 수 있는 전시장이 흔하다. 장식용 오리와 거위의 대표적인 선정을 이 농예전시장에서 볼 수 있다고 한다.

작은 연못에서도 만족할 수 있는 대개의 오리류 중 우리나라의 텃새인 터오리(흰뺨검둥오리)는 가금조류로 가능성이 많은 종이다. 대부분의 물새는 그들의 제한된 연못에서 만족하며 둥지를 튼다. 전 세계에서 가장 많이 사육하는 청둥오리(Mallard Duck, 우리나라의 터오리와 같은 부류)는 아마도 가장 널리 알려진 오리의 품종일 것이다.

원앙이

Aix galericulate / *Mandarin duck*

- 분포지 : 아시아의 동부, 한반도, 일본, 타이완
- 크기 : 46cm
- 먹이 : 배합 사료, 도토리, 곡물류
- 암수 : 비번식기에는 암수의 체모가 비슷하나 수컷의 부리색이 조금 짙다. 번식기에 수컷의 체모는 환상적인 깃털로 변하고, 암컷의 체모는 갈색이다.
- 특징 및 사육 관리 : 이 종은 공격적이지 않고, 수컷의 깃털은 모든 오리류 중에서 가장 아름다운 깃털을 갖고 있다. 우리나라에서는 천연기념물 제327호로 지정되어 있고, 세계자연보전연맹(IUCN)에서는 적색목록(Red List LR/nt)으로 지정되어 있는 보호종이다. 원앙이의 특출 난 외모는 물새 중 가장 인기 있는 종으로 인정받기에 충분하다. 이 새는 연못이 있는 작은 조류 사육장에서 반자유 상태에서도 거부감 없이 편히 지내며, 이 새는 야생에서는 나무 위에서 살고, 땅에서 상당한 높이의 나무 구멍(수공(樹空))에 둥지를 틀고 산란한다. 가금 시에는 인공적인 나무상자를 마련해 주면 그곳을 산란 장소로 선택하고 둥지를 튼다. 암수 유대 관계가 매우 강하고 돈독한 것으로 알려져 있으나 사실은 그렇지 않다. 어느 연구 논문에 의하면, 번식기에 수컷은 암컷이 모르는 사이 25마리의 암컷과 짝짓기를 했으며, 암컷 역시 수컷 모르게 여러 마리의 수컷과 놀아난 것으로 조사되었다. 이는 근친을 피하기 위해 또는 건강한 수컷을 선택하여 2세의 강한 자손을 얻기 위한 전략의 일탈인지도 모른다. 1회 복란기에 12개의 알을 낳고, 포란 기간은 28일 걸린다. 어린 새끼는 쉽게 자라며, 연못에서 개구리밥(수생식물)을 먹고 자란다.

원앙이

황갈색유구오리
Fulvous whistling Duck

- 분포지 : 아메리카, 아프리카 동부, 아시아를 포함한 광대한 지역에 분포
- 크기 : 51cm
- 먹이 : 오리류와 동일한 먹이(배합 사료), 채소
- 암수 : 외관상 구별 어렵다.
- 특징 및 사육 관리 : 귀엽고 화려하고 온순하다. 집단으로 평화롭게 살며, 다른 종의 오리류를 방해하지 않는다. 이 새의 명칭은 '유구오리(Tree duck)' 또는 '휘슬링덕(Whistling Duck)'으로 불린다. 후자 표현은 이 오리들의 소리로부터 유래되었다. 소리는 대체로 경쟁자가 도전해 올 때 내는데, 흔히 듣는 휘파람 소리와 비슷하다. 이 오리 집단에 맞는 호수는 최소한 61cm 깊이가 되어야 어려움 없이 물에 잠길 수 있다. 보통 늦봄에 알을 낳고, 어린 새끼는 7주가 지나야 깃털이 완전해진다. 2년이 되어야 성조로서 성장한다. 이 오리 중 어떤 것은 알통 이용하기를 좋아하고, 이따금 땅에서 떨어진 횃대에 앉기도 한다.

흰뺨유구오리
White-faced Tree Duck

- 분포지 : 아르헨티나 · 파라과이 · 우루과이까지 포함한 열대 지방의 남아메리카, 남아프리카의 앙골라, 트란스발 지역
- 크기 : 51cm
- 먹이 : 배합 사료, 곡물, 채소
- 특징 및 사육 관리 : 화려하고 유순하며, 길들이기 쉽다. 암수 간의 결합이 강하지만 집단생활을 즐긴다. 이 종은 매우 고운 자태 때문에 눈에 띄는데, 특히 긴 목과 다리가 눈에 띈다. 넓은 연못이 필요하며, 울타리 안에는 번식을 촉진하기 위해 식물을 식재해야 한다. 17개의 알을 낳고 28일간 포란한다. 어린

새끼는 비교적 따뜻하게 해 줘야 하며, 먹이를 먹도록 도와줘야 하는 등 특별한 보살핌이 요구되어 성공적으로 자라기란 힘들다. 갓 부화된 새끼들은 털 자체가 방수되지 않아 물에 빠져 죽기 쉽다. 따라서 물에 접근하지 않게 보호 조치를 해 줘야 한다. 보통, 어린 새끼는 어미 새의 깃에서 기름을 얻는다. 이들이 스스로 날개를 다듬기 시작하면 자신의 깃털 위에 방수 오일을 바르게 된다.

머스코비오리
Muscovy Duck(Domestic Muscovy Duck)

- 분포지 : 멕시코부터 남쪽인 우루과이와 페루
- 크기 : 수컷은 81cm, 암컷은 61cm
- 먹이 : 배합 사료 곡류 채소
- 암수 : 수컷은 크고 콧구멍과 가까운 윗부리에 빨간 혹이 있다.
- 특징 및 사육 관리 : 쉽게 길들여진다. 수컷은 호전적이므로 분리해서 사육해야 한다. 이 종은 고기 맛이 일품으로, 그 인기가 대단히 높다. 야생 머스코비는 비교적 희귀하다. 이 종은 크기에 비해 눈에 잘 띄며, 풀 뜯어 먹는 습성은 언뜻 보기에 오리보다는 거위나 기러기와 더 유사하다. 사실 오리류라기보다 기러기류에 더 가깝다. 이 새의 천성적인 습성 때문에 물과 가까운 숲의 밀집 지역에서 살고, 본래는 나무에서 산다. 발톱은 날카로워서 나뭇가지를 꽉 쥐고 있는 데 도움이 된다. 수컷은 여러 마리의 암컷들과 함께 키워야 하고, 그 결과 생긴 알은 약 36일간의 비교적 오랜 부화 기간을 거쳐 새끼가 탄생된다. 암컷은 땅이나 나무 위의 수공에서 알을 낳는다. 머스코비는 물에서 생활하는 오리와 황오리에서부터 거위까지 여러 종류의 다른 새와 잡종을 만들어 냈다. 이 종은 다른 종의 알을 부화하기 위해 이용될 수 있다. 특별히 알 품는 기간이 긴 이유는 성공적으로 알을 깔 수 있기 전까지 알을 떠나지 않기 때문이다.

황오리
Ruddy Shelduck / *Tadoma ferruginea*

- 분포지 : 아시아와 유럽 북부에서 번식한다. 겨울에는 한반도로 이동하는 겨울철새의 일종이다.
- 크기 : 63. 5cm
- 먹이 : 배합 사료, 야채류, 벌레
- 특징 및 사육 관리 : 순하고 매력적인 품종이며, 번식기에는 분리해서 사육해야 한다. 이 새의 붉은색 강도는 개체마다 차이가 많이 다르다. 이 종은 키우기가 매우 쉬우나 번식기에는 다소 호전적인 경향이 있다. 암컷이 반복적으로 내는 소리는 주택가에서 기르기에는 부적합하다. 소리는 번식기 초기에 더욱 빈번하다. 암컷은 땅에 적당한 반 구멍을 찾아서 8개 정도의 알을 낳는다. 포란 기간은 30일 정도이다. 어린 새끼는 어려움 없이 잘 자라며, 2개월이 되면 완전히 깃털이 난다. 이들은 2년 후 성조가 되어 산란한다.

무지개빛오리
Versicolor Teal / *Anas Versicolor*

- 분포지 : 볼리비아, 브라질 남부, 파라과이, 파크랜드 섬
- 크기 : 35. 5cm
- 먹이 : 배합 사료, 야채, 곡류
- 암수 : 암컷은 작고 색상이 엷다.
- 특징 및 사육 관리 : 작고 조용하며, 천성적으로 사교적이다. 수생식물이 풍부한 곳에 서식하는 종으로, 연못이나 호수에서 발견된다. 개구리밥이나 수생식물 등 먹이에 대한 탐욕이 강하다. 이들은 번식 때도 조용하다. 번식기에는 번식을 위해 인공 둥지도 가리지 않고 선택한다. 그러나 암컷은 번식을 위한 노력에 등한시한다. 1회 복란에 10개 정도 산란하며, 어린 새끼는 암수 함께 기른다. 새끼는 2년이 되어야 성조로 되고, 잘 길들여진다. 이 새의 수컷은 번

식기가 끝나도 연중 화려한 깃털이 변하지 않는 특성을 가지고 있다.

고방오리
Common Pintail / *Anas acuta*

- 분포지 : 아시아 북부 툰드라 지역, 아메리카 북부, 유럽 북부, 겨울에는 한반도 등 온대 지역으로 이동한다.
- 크기 : 58. 5cm
- 먹이 : 배합 사료, 야채류
- 암수 : 암컷은 갈색, 수컷은 꼬리가 다른 종의 오리보다 길다.
- 특징 및 사육 관리 : 수컷은 화려하고 우아하며 강하다. 또 번식기에는 서로가 공격적이나 비번식기는 다른 종에게 유순하다. 한 집단과 같은 고방오리의 수컷은 꼬리 부분의 좁고 긴 깃털에 의해 쉽게 구별된다. 이 특이한 종은 습성으로 보아 청둥오리(Mallard)와 아주 비슷하고, 추운 겨울 날씨에도 충분히 견딜 수 있다. 그러나 겨울에 연못이 얼 때는 특별한 관리가 필요하다. 고방오리는 비교적 큰 연못의 물을 필요로 하고 번식을 위해 적당한 보호물이 필

고방오리

요하다. 이 새는 인공 둥지를 선택하며, 그곳에서 산란한다. 1회 복란은 7개 또는 그 이상의 알을 낳으며, 포란 기간은 24일 걸린다. 야생 상태에서 포획된 새는 우리에 갇힌 환경에서 천천히 번식하지만, 우리에 갇혀 자란 새는 첫 번째 번식기에도 쉽게 산란한다.

청둥오리
Mallard / *Anas platyrhynchos*

- 분포지 : 아시아, 유럽, 북아메리카의 넓은 면적에 서식하며, 한반도의 대표적인 겨울철새이다.
- 크기 : 61cm
- 먹이 : 배합 사료, 채소류
- 암수 : 암컷은 갈색이며, 수컷은 얼굴과 목이 청동색을 띤다.
- 특징 및 사육 관리 : 흔하지만 매력적이다. 수컷은 다루기가 쉽지 않다. 청둥오리는 연못, 호수, 심지어는 도시 중심에서도 흔히 볼 수 있는 친숙한 종이다. 집오리와 잡종 교배된 오리가 많이 팔리고 있다. 이 종은 돌보기 쉽고, 본래 대담한 새이다. 수컷은 암컷에 대해 공격적이다. 번식기에는 다루기가 더 힘든데, 암컷에게만 유난스럽게 신경을 쓴다면 아마도 수컷은 암컷을 습격하여 물에 빠뜨려 죽일 수도 있다. 이 새는 배우자 선택에 있어서 아주 소극적인데, 50여 종의 잡종을 성공적으로 만들어 냈다고 알려져 있다. 또 부부의 연대감이 없어 교미 후에 암컷은 홀로 둥지에 남는다. 그리고 근처 물에는 힘에서 우위에 있는 수컷이 있어서 근처에 있는 다른 암컷도 시달림을 받는다. 1회 복란은 7~11개로, 물가에서 떨어진 보호물 밑에 있는 둥지에 낳는다. 포란 기간은 26일 걸리며, 어린 새끼는 60일이 지난 후 날게 된다. 중국에서는 알과 고기를 얻기 위해 사육된다.

청동오리

가창오리
Baikal Teal / *Anas formosa*

- 분포지 : 동부 시베리아에서 번식하고 겨울철에는 전 세계에 분포하고 있는 겨울철새이다. 대다수가 한반도에서 겨울을 나는 세계적인 멸종 위기종으로서 한국에서는 환경부 지정 멸종 위기 야생조류 II급, CITES 적색 목록(Red List) VU A1ade D2로 지정되어 전 세계적으로 보호받고 있는 종이다.
- 크기 : 40. 5cm
- 먹이 : 배합 사료, 채소류, 곡류
- 암수 : 암컷은 수컷에 비해 색이 옅고, 전체적으로 갈색을 띤다.
- 특징 및 사육 관리 : 수컷은 공격적이다. 가창오리의 두드러진 외모와 강인한 성격으로 이 새는 물새 집단에서 가장 호감이 가는 것 중 하나이다. 과거에는 다른 오리에 비해 번식을 꺼려하는 종이었으나 길들여진 변종이 증진됨에 따라 이 문제는 극복되고 있다. 가창오리는 번식을 위해 적당한 덮개가 필요하다. 보통 1회 복란에 8개의 알을 낳고, 포란 기간은 23일 후에 부화된다. 어린 새끼는 풀이나 물을 먹으며, 부화 후 8주가 지난 뒤 완전히 깃털이 난다.

홍머리오리

European Widgeon / *Anas penelope*

- 분포지 : 아시아, 유럽
- 크기 : 46cm
- 먹이 : 배합 사료, 풀과 야채, 무척추동물
- 암수 : 수컷은 색깔이 짙다.
- 특징 및 사육 관리 : 화려하고 강하나 온순한 편이다. 거위처럼 풀을 뜯을 수 있는 풀밭에 접근할 수 있는 지역에서 사육하면 더 없이 좋은 적지이다. 식물의 일종인 정원 식물도 먹는다. 암수 쌍은 쉽게 둥지를 틀고 풀밭이나 덤불 아래 숨겨진 땅에 하루 간격으로 알을 낳는다. 1회 복란은 10개 정도이며, 포란 기간은 25일 걸린다. 수컷의 우비 깃은 엷은 색으로, 어린 새끼의 암수를 구별하는 것은 가능하다. 가정적으로 키워진 새는 아주 쉽게 번식하나 야생조는 환경에 적응하는 데 오랜 시간이 걸린다.

검둥오리

Common Scoter / *Melanitta nigra*

- 분포지 : 유럽과 아시아, 겨울에는 남쪽으로 이동한다.
- 크기 : 49cm
- 먹이 : 주로 물고기와 수서생물, 고단백질 먹이, 곡류
- 암수 : 수컷은 부리에 오렌지색 반점이 있다.
- 특징 및 사육 관리 : 매력적이나 사육조로서는 불편하다. 각각의 쌍으로 분리해서 키운다. 이 오리는 바다에 사는 오리 집단이며, 참솜깃오리(Common Eider)와 비슷하게 사육한다. 이 오리가 잘 자라려면 넓은 연못이 필요하며, 건조한 환경에서 자랄 때는 항상 발에 병이 걸린다. 1회 복란에 9개 정도의 알을 낳고, 포란 기간은 28일 후에 부화된다. 이들의 습성에 대해서는 알려진 것이 거의 없다. 암컷은 대부분 5주 후에는 새끼를 돌보지 않는 것으로 조사되었다.

홍머리오리

검둥오리

붉은부리흰죽지

Red-crested Pochard / *Anas clypeata*

• 분포지 : 유럽의 일부 지역, 스페인, 아시아, 번식기에는 남쪽으로 이동한다.
  우리나라에서는 그간 미기록 종이었으나 1998년 2월 7일 수컷 1개체가 필자
  에 의해 처음으로 중랑천에서 발견, KBS 9시 뉴스에 방송 이후 우리나라에서
  는 발견되지 않고 있다.

붉은부리흰죽지

- 크기 : 56cm

- 먹이 : 배합 사료, 야채

- 암수 : 수컷은 암컷에 비해 부리의 색깔이 짙다.

- 특징 및 사육 관리 : 매력적이고 강하다. 수컷은 번식기에 공격적인 경향을 보인다. 이 종은 잠수성 오리로, 물 속에서 오랜 시간을 보낸다. 뭍에서는 풀밭에서 풀이나 야채를 뜯어 먹는다. 암컷은 번식을 목적으로 자주 둥지를 찾고, 부리로 산좌를 만들며, 알을 낳고 포란과 육추에 정성을 기울인다. 이 종은 믿을 만한 포란력을 가지고 있어 가모 역할도 가능하다. 포란 기간은 25일이며, 어린 새끼는 어미의 정성으로 무난히 성공한다. 어린 새끼는 사람에 따라 부리 색에 의해 암수가 구별된다. 어린 새끼는 다음 해에 성조가 되고 산란한다.

넓적부리
Northern Shoveler / *Anas clypeata*

- 분포지 : 흑해, 아무르, 우수리, 홋카이도, 북아메리카 멕시코, 콜롬비아, 사할린, 쿠릴 열도, 동남아시아, 한반도, 타이완, 유럽, 영국, 캄차카 반도, 프랑스 남부

- 크기 : 51cm

넓적부리

- 먹이 : 배합 사료, 야채, 무척추동물, 벌레
- 특징 및 사육 관리 : 외모가 독특하고 화려하다. 수컷은 번식기에 공격적으로 변한다. 모든 면에서 전형적인 물오리로, 땅이나 물에서 먹이를 구하며, 집단으로 비슷한 물오리들과 어울린다. 먹이로는 무척추동물의 공급에 더 의존한다. 이 오리는 자유롭게 서식하면서 벌레와 달팽이, 곤충 들을 풀밭에서 부지런히 찾는다. 쉽게 길들여지며, 땅 위의 키 큰 풀밭 으슥한 곳에 둥지를 튼다. 1회 복란에 8~12개의 알을 낳고, 포란 기간은 25일 걸린다. 살아 있는 먹이는 새끼의 성장에 동력이 된다. 동상의 위험이 있는 겨울 동안에는 어린 새끼에게 적당한 곳을 마련해 주고, 스스로 먹이를 찾아먹도록 하는 학습이 필요하다.

댕기흰죽지
Tufted Duck / *Aythya fuligula*

- 분포지 : 아시아와 유럽의 중부, 겨울철에는 한반도 및 남쪽으로 이동하는 겨울철새의 일종이다.
- 크기 : 40. 5cm
- 먹이 : 배합 사료, 야채
- 암수 : 외관상으로는 구별이 어렵다.

댕기흰죽지

• **특징 및 사육 관리** : 활발하고 호감을 주는 성질이며, 천성적으로 사교적이다. 이 종은 잠수성 오리로, 개체 수가 흔하다. 여러 환경에 잘 적응하며 사육조로 도 무방하다. 댕기흰죽지는 다른 종의 오리보다 늦은 봄에 번식하며, 야생에 서는 같은 종끼리 가까이에 모여 번식하는 습성이 있다. 그러므로 사교적인 댕기흰죽지를 집단으로 키우는 것은 생식 활동을 촉진시키는 촉매가 된다. 암컷은 11개의 알을 낳고, 포란 기간은 26일 걸린다. 새끼를 성공적으로 기르 려면 초기 단계 먹이로 무척추동물(벌레, 꽐태충, 달팽이, 곤충 등)을 비교적 많 이 급여한다. 어린 새끼는 아주 빨리 성장하며, 5주가 되었을 때 완전히 깃털 이 난다.

흰배뜸부기
White-breasted waterhen

유럽에서는 흰눈썹뜸부기류와 섭금류를 종종 구할 수 있으며, 가장 흔히 사육된 다. 그러나 우리나라에서는 사육하는 곳이 없는 것으로 안다. 이 새는 여름에는 나 무가 있는 사육장 밖에서 자랄 수 있지만 그리 강하지 않으며, 긴 발가락은 동상에

흰배뜸부기

걸리기 쉬우므로 겨울에는 실내에 들여와야 한다. 이 새는 넓은 수면보다는 얕은 물가를 좋아한다. 반드시 사육장 물가에는 나무가 식재되어야 한다. 원래 겁이 많은 종으로, 특히 번식 행위의 표시를 보인다면 보호물을 설치하는 것은 필수적이다. 이 흰눈썹뜸부기류는 지면보다 높은 곳에 잔나무가지로 둥지를 튼다. 1회 복란은 4~5개의 알을 낳고, 포란 기간은 25일 정도 걸린다. 포란은 암컷이 전담한다. 수컷은 가까이 있으면서 천적으로부터 암컷을 보호하는 일을 한다. 알에서 부화된 어린 새끼는 둥지를 떠나 다른 어미 새 무리 속에서 벌레를 찾는다. 살아 있는 벌레는 어린 새끼에게는 필수적인 먹이가 된다. 이때 극히 신경질적이며, 놀라면 보호처로 숨는다. 이 새는 영리하여 잡기가 어렵다. 이 새를 사육하는 데는 상당한 인내가 필요하며, 다소 조류 전문 지식이 있어야 한다.

흰기러기

Lesser Snow Goose / *Anser caerulescens*

- 분포지 : 겨울에는 미국 남부를 중심으로, 여름에는 캐나다 북쪽과 그린란드 까지 이동한다.
- 크기 : 71cm
- 먹이 : 배합 사료, 풀, 각종 식물의 종자
- 암수 : 외관상 식별은 어려운데, 수컷이 조금 크다.
- 특징 및 사육 관리 : 유순하고 길들이기 쉽다. 흰기러기는 우리나라의 겨울철새 로, 기러기 무리에 섞여 몇 마리씩 관찰되기도 한다. 이 종은 일반적으로 흰색 깃으로 간주되나 좀 더 정확하게 말하면 푸른빛이 도는 흰색이다. 큰흰기러 기는 흰기러기보다 크나 색깔이 희게 보일 뿐이다. 두 종 모두 어린 새는 다 자란 새보다 더 회색빛이 난다. 흰기러기는 번식하기가 힘든데, 8개의 알을 낳고, 28일간 포란 끝에 부화한다. 위급한 경우에는 부화기를 이용하거나 닭 에게 탁란하는 것도 좋은 방법이다.

흰기러기

흰이마기러기

Lesser White-fronted Goose / *Anser erytropus*

- 분포지 : 시베리아 북쪽 툰드라 지역, 유럽의 북쪽, 북극에서 번식하고 추위를 피해 한반도, 일본, 지중해 남쪽으로 이동하는 겨울철새이다.
- 크기 : 68. 5cm
- 먹이 : 오리류 먹이, 곡류, 풀
- 암수 : 외관상 구별이 어렵다.
- 특징 및 사육 관리 : 흰이마기러기는 매력적이고 길들이기 쉽다. 비슷한 크기의

흰이마기러기

흰이마기러기 아성조
아성조일 때는 흰 이마 폭이 좁다.

거위와도 아주 사교적이다. 이 기러기는 물에서 먹이를 찾기보다 땅에서 주로 풀을 뜯어 먹는 채식주의에 더 가깝다. 넓게 돌아다니며, 반 자유 상태에서 키울 때도 커다란 연못이나 이들이 즐길 수 있는 물이 필요하다. 이 새를 위해 반드시 필요한 것은 풀밭이다. 긴 풀은 먹지 않으므로 짧게 자란 풀은 필수적이다. 한 특정 지역이 이 새로 인해 피해가 생긴다면 원래의 땅으로 회복할 수 있도록 자리를 옮겨 줘야 한다. 기러기 사육에 있어 어려움은 소음이 주위에 영향을 주는 것이다. 그러나 개나 거위처럼 낯선 사람 방문 시 꽥꽥거려 농장을 지키는 업무를 훌륭히 담당해 내, 한편으로는 농장을 운영하는 사람에게는 도움이 되기도 한다. 이 새의 시끄러운 소리 때문에 외국에서는 '웃는 거위(Laughing Goose)'로 알려져 있다. 길들이면 쉽게 번식하고, 포란 기간은 28일이다.

머리띠기러기(인도기러기)
Bar-Headed Goose / *Anser indicus*

- 분포지 : 중앙아시아
- 크기 : 71cm
- 먹이 : 풀, 겨울에는 배합 사료, 곡물
- 암수 : 외관상 특징이 없어 구별하가 어렵다.
- 특징 및 사육 관리 : 강하고 비교적 화려하다. 다른 종과도 매우 사교적이다. 머리띠기러기는 1845년에 처음으로 영국의 런던 동물원 전시품에서 소개되었고, 오늘날에는 개인적인 수집보다는 동물학적인 측면에서 이용되고 있다. 이 새의 사육은 간단한데, 적당한 풀을 뜯어 먹는 것이 가장 중요하다. 이 조건만 갖춰지면 날개의 일부분을 자르지 않아도 사육장을 이탈하는 경우는 거의 없다. 이 새는 이끼와 자신의 깃털을 모아 둥지를 만들고, 1회 복란에 보통 4개의 알을 낳고 포란한다. 포란 기간은 30일 걸리며, 그간 연못이나 물을 찾는다. 어린 새끼는 3년 후 성조가 되며 알을 낳게 된다.

머리띠기러기

흑고니(흑백조)

Black Swan / *Cygnus atratus*

· 분포지 : 동부와 서부 호주, 타스마니아(Tasmania)

· 크기 : 100cm

· 먹이 : 오리 먹이, 곡류, 과일과 채소

· 암수 : 암컷은 목이 짧고 작다.

· 특징 및 사육 관리 : 애완용이기보다 전문가의 연구용으로 이용하는 편이다. 백조는 조류계의 왕자다운 면모를 지닌 새다. 가장 위엄 있는 물새로 가장 수요량이 많은데, 흑백조의 경우는 확실히 더 그렇다. 이 종은 물새 중, 아니 조류 전 품목 중 가장 부부 결합력이 강한 새로 정평이 나 있다. 수컷은 서로 간의

경쟁력이 강해 서로 도전자로 여겨 치열하게 다툰다. 그러므로 개별적인 사육이 중요하다. 이들은 다른 물새들도 공격의 대상이 된다. 때로는 번식기에는 사람에게 공격적이다. 다른 백조를 싫어하고, 그다지 크지 않은 적당한 크기의 연못에 풀이 무성한 조건이면 만족해한다. 거위와 비슷한 방법으로 풀을 뜯어 먹는다. 비교적 시끄럽고, 이들의 소리는 어두워진 뒤 다른 주변 새들을 귀찮게 한다. 번식 때 꽤 커다란 둥지의 단(壇)을 갈대로 엮은 바닥에 특이하게 둥지를 튼다. 암수가 함께 5~6개의 알을 품고, 36일 포란 끝에 부화한다. 암수가 함께 새끼를 돌보며 등에다 새끼를 태우기도 한다. 1년이 지나서야 새끼가 어미 곁을 떠나 독립하게 되면 두 번째 산란을 준비한다. 암컷은 싸우지 않고 함께 적응시킬 수 있으나 수컷은 즉시 떼어 놔야 한다. 흑백조는 날개가 나면 날개 끝을 잘라야 한다. 그렇게 하지 않으면 날아간다.

큰고니

Whooper Swan / *Cygnus cygnus*

• **분포지** : 시베리아 북부 툰드라 지역, 스칸디나비아, 아이슬란드, 일본, 한반도

• **크기** : 152cm

• **먹이** : 오리류 먹이, 곡물류, 풀, 수서식물

• **암수** : 외관상 암수 감별이 어렵다.

• **특징 및 사육 관리** : 외형이 두드러진다. 이 고니는 비슷한 다른 종의 고니류보다 덜 공격적이다. 그러나 번식기에는 공격적 기질이 있다. 이 새에게는 풀을 뜯어 먹기 위한 풀밭이 접한 넓은 면적의 물이 필요하다. 새가 날 때 흔히 들리는 시끄러운 외침소리를 본떠서 이름이 붙여졌다. 물 위에 번식을 위한 자리를 만들고, 여기에 7개의 알을 낳는다. 암컷은 수컷이 바로 옆에 있는 동안 혼자 자리를 잡고 포란을 시작한다. 포란 기간은 40일 걸리며, 어린 새끼는 2개월 후에는 보통 날 수 있다. 이때는 물 위에 먹이를 뿌려 주어야 한다. 다른 고니처럼 천천히 자라고, 성조 기간은 3년이나 걸린다.

큰고니 성조

큰고니 유조

닭 & 애완닭
Bantams

닭이 인류와 함께 생활해 온 것은 쥐라기 시대로 거슬러 올라간다. 이는 파충류와 조류 생성의 과도기적 중간 생성물이다. 닭은 치계아과(雉鷄亞科)에 속하며, 원종은 5000년 전 인도의 동북부와 태국·미얀마·인도네시아의 수마트라·자바·말레이시아 반도·중국의 윈난성·필리핀 등지에 서식하고 있는 들닭에 기원을 두고 있다.

들닭의 종류는 붉은색 계열에 적색야계(赤色野鷄)와 실론야계(野鷄)가 있는가 하면 녹색야계(綠色野鷄)와 회색야계(灰色野鷄) 등이 있는데, 체모의 색깔은 그 주변 환경과 밀접한 관계를 갖고 있다. 이들 야계가 오늘날 닭의 원종임은 틀림없는 사실이다. 그러나 이 중에서도 적색야계에서 닭의 기원을 찾는 학자가 있는가 하면, 이 외의 야계와도 관련이 있다는 주장도 있다.

오늘날에 이르러 많은 종이 자연적 또는 인간에 의해 다양한 형태와 용도에 따라 개량되고 일부는 절종되기도 했다. 닭은 여러 체형과 용도에 맞게 유전적 결합을 통해 아름답고 새로운 종으로 진화, 다양한 형태의 종이 작출되고 있다.

여기에 소개하고 있는 닭은 전 세계의 희귀하고, 인위적으로 작출된 새로운 닭인 밴텀(Bantam)류이다. 밴텀류는 작은 종이고, 대부분 이 닭들은 미국 동북부 대서양 연안의 로드아일랜드레드(Rhode Island Red)종과 같은 더 큰 종들을 갖는다. 이들은 다른 새의 가모 역할도 하며, 물새류와 꿩과 비슷한 새의 알을 부화하기도 한다. 대부분 화려하고 강건하며, 한정된 정원에서 아주 쉽게 키울 수 있다. 암컷은 쉽게 알을 낳는데, 크지는 않더라도 식용에 적합하다. 밴텀 닭을 구입할 때는 윤기(Ligh), 무게(Heavy), 심미적 기호(Fancy), 번식에 알맞은 밴텀 닭의 취급과 기르는 어미 닭으로서 이들의 유용성을 생각해 선택해야 한다.

당닭(흰꼬리당닭, 검은꼬리당닭)

• 작출지 : 동남아시아

• 크기 : 30cm(체형이 작고 부척(跗蹠)의 길이가 짧아 날개가 땅에 끌릴 듯한 체형이 귀하게 대접받는다.), 닭 종류 중에서 가장 작은 종에 속한다.

• 먹이 : 배합 사료, 청채, 곡류

• 암수 : 수컷 벗은 크고, 꼬리 깃이 목 따라 뒷머리 위까지 직선으로 올라가 있다.

• 특징 및 사육 관리 : 당닭은 앙증맞아 애완용으로 인기가 높다. 사람에게 친근하며 탁란용으로 이용되기도 한다. 원종은 인도차이나 반도에서 중국을 거쳐 일본으로 유입되었다. 작고 아름답게 개량 품종을 만든 일본에서는 '차보(Chabo)'라고 부른다. 순종의 체구는 작고 부척의 길이가 짧아 날개가 땅에 끌릴 정도며, 앙증맞고 귀엽다. 꼬리의 형태와 색깔에 따라 4종류로 나뉜다. 벗은 단관으로, 대관·중관·소관으로 나뉘며, 소관의 구별은 20여 종이 넘는다. 이후 털이 말린 곱슬당닭도 등장하였다. 특히 암컷은 모성애가 강해 고가의 꿩과 조류의 가모용으로 널리 이용되고 있다. 당닭은 흰색 계열과 검은색 계열·붉은색 계열·곱슬털 계열·검은꼬리당닭·흰꼬리당닭·점박이(바둑) 계열·메추라기당닭 등 다양한데, 지금도 품종 개량이 진행되고 있다. 표준 체중은 수컷 670g, 암컷 490g으로 항상 유지되어야 한다.

흰꼬리당닭

황색실키

- 원산지 : 중국
- 개량지 : 미국
- 먹이 : 배합 사료
- 암수 : 수컷은 암컷에 비해 체구가 크고 우람한 느낌을 준다.
- 특징 및 사육 관리 : 추위에 강하며, 포란력이 강하다. 사람과 친근한 편이며 순하다. 이 종은 미국으로 유입되면서 더욱 개량되었고, 이름도 '버브실키'라고 한다. 우리나라에서는 '황색실키'라고 부른다. 이와 흡사한 '흑실키'는 최근 2~3년 전에 한국에 유입, 고가로 거래되었으나 지금은 가격이 폭락해서 가정에서 애완용으로 기르기에 용이하다. 생김새가 특이하며, 사람에게 경계심이 없고 복스럽게 생겼다. 이 닭은 온몸이 둥글고 솜털로 이루어진 질감이 주는 부드러움과 특이한 털(토끼털)과 양볼, 목 부위의 털이 소담스럽게 몽글져 올라와 새로운 체형을 형성하며, 발과 부척까지 털로 덮여 있고, 걷는 모습 또한 팔 자(八字) 걸음걸이로 더욱 친근감을 주고 있다. 색상은 붉은빛이 도는 황갈색과 온몸의 색상이 노란색으로 치장된 종이 더욱 부드럽고 고상한 매력을 준다. 어린 닭은 암수 감별이 외관상 어렵고, 수컷이 조금 우람한 것에서 차이가 난다. 다른 종에 비해 산란율이 조금 떨어지는 편이지만 추위에 강하고 먹이는 잡식으로, 일반 닭과 차이가 없다. 황색실키의 표준 체중은 수컷 2500g, 암컷 1600g 정도이며, 흑실키도 이와 비슷하다. 이 닭은 횃대를 낮게 걸어 줘야 한다.

황색실키

백색실키

- 작출지 : 미국
- 먹이 : 배합 사료
- 암수 : 병아리는 외관상 암수 감별이 어렵다. 수컷은 체구와 볏이 약간 크다.
- 특징 및 사육 관리 : 추위에 강하며, 포란력이 강하다. 사람과 친근한 편이며 순하다. 이 종에 앞서 1980년대에 프랑스에서 유입된 흰색실키가 있었다. 초기에 개량된 종으로, 털이 솜털과 깃털의 중간 정도이며, 인기가 대단했다. 근래에 들어온 실키는 온몸이 부드러운 털로 개량되어 더욱 소담스럽고 정갈하며, 매우 아름다워 애완용으로 많은 사랑을 받고 있다. 표준 체중은 수컷은 2800g, 암컷은 2500g 정도이다.

플리머스록
Plymouth Rock

- 작출지 : 미국
- 먹이 : 배합 사료
- 암수 : 수컷은 암컷에 비해 체구가 크고 볏이 크다.

백색실키

- 특징 및 사육 관리 : 폴리머스록은 도미니크종과 코친종의 교배종으로 작출되었다. 이 종은 국내에서 6, 70년 전에 사육된 종으로, 깃털 색이 다양하다. 흑색 체모에 백색 가로줄 무늬가 있고, 누런 황색 바탕에 칙칙한 흰색 무늬를 이룬 종이 있는가 하면, 청색을 띤 깃털 무늬도 있어 다양하다. 이 종은 고기와 알을 이용하기 위해 개량된 종으로, 고기 맛이 좋고 육질이 다른 종에 비해 우수하여 근래에 들어와 다시 사육이 시작되고 있다. 폴리머스록의 표준 체중은 수컷이 3900g, 암컷은 3500g 정도이다. 이 종은 1849년, 미국 매사추세츠 지방에서 작출된 것으로, 외국종 수컷에 코친종이나 블랙 자바 암컷을 교배시켰다. 갈색 알을 낳고, 깃털이 부드러우며 양이 많아 깃털 생산에 기여하고 있다.

폴리시
Polish

- 작출지 : 네덜란드
- 먹이 : 배합 사료
- 암수 : 폴리시 수컷은 암컷에 비해 체구가 크고, 머리털의 숱이 풍성하며 탐스럽다.
- 특징 및 사육 관리 : 폴리시는 사람에게 친근한 편이며 순하다. 이 종은 1620년 경에 애완용으로 사육되기 시작하였으며, 머리 부분에 소담스럽게 자란 깃털은 눈을 가릴 정도로 자란다. 1874년, 백색형과 흰 바탕에 흑색 점이 산재한 것이 출현했으며, 뒤이어 은색 계열이 출현되어 3종류가 공인받고, 뒤이어 황금색과 은색·백색·담황색이 출현되었다. 1900년대 중반에는 깃털 없는 (Non Bearded) 담황색과 1900년대 중반 이후에는 깃털 없는(Non Bearded) 흰색종, 그리고 도가머리형 담황색이 출현되었다. 체질이 약한 편이며, 어린 닭은 첫 추위에 매우 약하므로 보온에 유의해야 한다. 표준 체중은 수컷 2600g, 암컷은 1990g 정도이다.

폴리시

하우단
Houdans

- 작출지 : 프랑스
- 먹이 : 배합 사료
- 암수 : 수컷은 체구가 암컷에 비해 크며, 머리털 숱이 풍성하고 길다.
- 특징 및 사육 관리 : 첫 추위의 보온에 주의해야 한다. 사람에게 친근한 편이며 순하다. 머리털 모양은 폴리시와 흡사하나 차이가 있다. 폴리시는 머리털이 길게 늘어져 있는 반면, 하우단은 머리털이 목화송이처럼 원형으로 깔끔하게 정돈된 형이다. 프랑스에서 작출된 지 오래된 품종으로, 발가락이 5개인 것이 독특하다. 이 종은 크리브코어(Crevecoeur)종과 폴리시(Polish)종을 교배시켜 작출한 것으로, 애완용으로도 인기가 높고 육질이 쫄깃하여 고기 맛이 유명하다. 우리나라에는 1990년대에 유입되었으나 사육 수는 그리 많지 않다. 표준 체중은 수컷이 3500g, 암컷이 3000g이다. 1900년 초반에 공인되었다.

네이키드넥
Naked Necks

- 작출지 : 헝가리
- 먹이 : 배합 사료

- 암수 : 수컷이 암컷에 비해 체구가 크며, 볏 또한 크다.
- 특징 및 사육 관리 : 목 주위에 깃털 없이 나출된 피부로 열을 발산한다. 오래 전부터 독일 북부 지역에서 사육되어 온 종으로, 헝가리로 유입된 이래 개량 되어 전 세계로 널리 보급되었다. 추위에 강한 반면 더위에는 약하다. 다리가 짧고 몸집이 작으며, 주로 애완용으로 사육되고 있다. 우리나라에는 최근에 유입되었는데 인기가 없는 편이다. 1965년에 공인된 품종이며, 표준 체중은 수컷이 2600g, 암컷은 2100g 정도이다. 적색, 백색, 흑색, 담황색이 있다.

블랙로즈컴밴텀
Black Rose Comb Bantam

- 작출지 : 영국
- 먹이 : 배합 사료
- 암수 : 수컷은 암컷보다 체구가 크다. 볏과 볼에 타원의 큰 흰색 반점이 뚜렷하다.
- 특징 및 사육 관리 : 흑색이 주류를 이룬다. 장미볏 밴텀계는 여러 종류가 있으 나 일반적으로 체형과 색상은 유사하고, 소형이라는 공통점이 있다. 이 종의 특징적인 포인트는 나출된 흰 반점이 양볼에 상징적으로 자리 잡고 있다는 것이다. 오래 전부터 유럽이나 영국에서 대중적인 인기를 누렸으며, 1949년 에 정식으로 공인되었다. 표준 체중은 수컷 1450g, 암컷 1020g 정도이다.

블랙로즈컴밴텀

햄버그밴텀

Hamburgs Bantam

- 원산지 : 네덜란드
- 먹이 : 배합 사료
- 암수 : 수컷은 암컷에 비해 체구가 크고 볏이 크다.
- 특징 및 사육 관리 : 주로 관상용으로 개량되었다. 정강이 부분이 청색이어야 순종으로 인정받는다. 이 종은 원산지에서 오래 전부터 사육된 품종이나 독일로 유입된 이후 개량되어 오늘에 이른다. 다양한 색상으로 개량된 이 종은 산란 능력 또한 뛰어나다. 표준 체중은 다른 종에 비해 체구가 왜소한데, 일반적인 무게는 수컷이 3000g 미만이며, 암컷은 2000g 미만의 소형 닭이다.

미노르카밴텀

Minorcas Bantam / *Gallus gallus*

- 작출지 : 지중해 미노르카 섬
- 먹이 : 배합 사료
- 암수 : 수컷의 볏과 육수 또는 양볼에 타원형 흰색 반점이 크다.

햄버그밴텀

- 특징 및 사육 관리 : 미노르카밴텀은 체모는 흑색이며, 귀 부분에 백색 반점이 있다. 원종은 지중해 연안 일대에서 사육되어 왔다. 볏의 붉은색과 볼의 나출된 흰 반점이 이 닭의 상징적인 매력으로, 이런 특징을 갖고 있는 스페인종(Spanish)과의 교잡종이다. 길고 강한 몸체와 전신에 금속 광택이 나는 흑색, 커다란 볏과 축 늘어진 볏, 커다란 흰색 귓불이 이 종의 특징이며, 난육용으로 개량되어 왔다. 홑볏 흑색종과 백색종은 18C 후반에 정식으로 공인되었고, 장미볏 흑색종은 19C 초에 공인되었다고 한다. 홑볏 담황색종은 1913년, 장미볏 백색종은 1914에 공인되었다고 『닭의 백과』(이휘운 저)에서 밝히고 있다. 산란력은 연간 150개 정도이며, 흰색의 큰 알을 낳는다. 귓불색이 1/3 이상 붉으면 실격된다고 한다. 표준 체중은 수컷 4000g, 암컷 3400g 정도이다.

모던게임밴텀
Modern Game Bantams

- 원산지 : 유럽
- 먹이 : 배합 사료
- 암수 : 수컷은 암컷에 비해 체구가 크고, 볏과 꼬리 깃이 풍성하며 길다.
- 특징 및 사육 관리 : 모던게임밴텀은 직립형이다. 건강하며 추위에도 적응력이 뛰어나다. 이 종은 유럽에서 개량된 종으로, 영국의 모던게임종과 모습이 흡사하나 체구가 작은 것이 특징이다. 수컷은 성장하면서 볏이 커지므로 볏을 잘라 짧게 만들어 줌으로써 모던게임밴텀답게 인위적인 성형으로 체형 다듬기를 해야 한다. 표준 체중도 정해진 규격에 맞추어야 하는데, 수컷은 700g, 암컷은 600g을 넘으면 실격이란 규칙을 정해 놓고 있다고 한다.

모던게임밴텀

촉계(蜀鷄)

Tomaru Fowl / *Gallus gallus*

- 원산지 : 중국의 사천성
- 먹이 : 배합 사료와 육류
- 암수 : 수컷은 체구가 당당하며 크고, 암컷은 작다.
- 특징 및 사육 관리 : 직립형이며, 다리는 진한 회색으로 길고 굵다. 머리 위 볏은 짧고, 아래 볏은 길다. 사람에게는 순한 편이나 닭 종류에게는 무자비하다. 싸움닭으로 개량된 종답게 사납다. 범접할 수 없는 눈초리에서 뿜어져 나오는 레이저광과 딱 벌어진 가슴, 검정 체모에서 반사되는 금속 광택, 우람한 발과 부척에서 느껴지는 에너지는 보기만 해도 공포감을 주기에 충분하다. 또 우렁찬 수컷의 울음소리는 다른 종에 비해 1옥타브는 높고, 10여 초 이상의 울음소리로 상대방의 기를 여지없이 제압한다. 체중은 3800g 정도이다.

샤모(일본 투계)

Japanese Game Fowl

- 원산지 : 태국
- 작출지 : 일본
- 먹이 : 배합 사료와 육류
- 암수 : 수컷은 체구가 크고 적색이나 흑색을 띠며, 암컷은 작고 갈색을 띤다.
- 특징 및 사육 관리 : 직립형이다. 사람에게는 순한 편이나 닭 종류에게는 무차별 공격력을 보인다. 이 종은 투계용으로 개량된 전형적인 싸움닭이다. 작은 머리는 상대방의 공격 포인트를 될 수 있는 한 좁히려는 수단이다. 근육질로 무장된 늠름한 자태, 딱 벌어진 가슴, 강한 다리와 송곳 같은 며느리발톱의 날카로움은 싸움닭의 병기로 사용된다. 투계용 싸움닭은 태국계와 중국계가 있으나 샤무차보(Shammu Chabo)는 일본에서 여러 품종의 교배로 작출된 소형계이다. 자이언트투계는 필리핀이나 태국에서 더욱 발전시킨 종이다. 흑색종, 적색종, 암색종 등 다양한 색상을 갖고 있다. 이 종은 자이언트종과 피그미종으로 나누어지며, 피그미종은 일본에서 개량된 종으로서 애완용으로 널리 사육되고 있다. 큰 종의 표준 체중은 수컷이 5000~6000g, 암컷이 3500~4000g이다. 1981년에 공인되었다.

샤모

술 탄

Sultans / *Gallus gallus*

- 작출지 : 오스만 터키
- 먹이 : 배합 사료
- 암수 : 수컷은 암컷보다 체구, 볏, 육수가 크다.
- 특징 및 사육 관리 : 순한 편이며, 강한 체질, 산란 능력도 뛰어나다. 터키의 수도 이스탄불에서 오래 전부터 사육되어 온 종으로, 영국으로 유입되면서 더욱 개량되어 오늘날과 같은 체형으로 바뀌었다. 복실하게 솟아난 턱수염과 털볏을 지니고 있는 것이 특이하다. 또한 5개의 발가락 사이에 뻣뻣하게 둘러싸인 깃털의 모양 또한 특이해 인기는 물론 가치도 높다. 직립된 체형에서 압도하는 힘의 발산은 남성미를 대변해 특히 남성들이 선호하는 품종이다. 표준 체중은 수컷이 2800g, 암컷이 2000g이다. 1874년에 세계적으로 황백색종도 공인받게 되었다.

브라마

Brahmas / *Gallus gallus*

- 작출지 : 인도의 브라마 뿌도라(Brahmas Bbuhdora) 강 유역
- 먹이 : 배합 사료
- 암수 : 수컷은 체구가 크고 당당하다.
- 특징 및 사육 관리 : 육용종(肉用種)으로, 체중이 무겁고 부척과 다리는 털로 싸여 있다. 이 종은 인도의 브라마 지역이 원산지이나 말레이종과 중국의 코친종과의 교잡종으로 알려졌고, 특징적인 것은 부척과 발가락이 깃털로 덮여 있다는 점이다. 이런 형태의 닭인 흑실키·황실키·코친·브라마·량산 등은 중국종으로 인정되며, 상하이를 거쳐 18C 중반 미국으로 유입되면서 개량, 체중을 더욱 늘려 육계용으로 발전시켰다. 연간 120여 개의 알을 얻을 수 있는 것이 브라마종이다. 체질이 강하고 성질이 유순하며, 다리에도 깃털이 있

어서 추위에도 잘 견딜 수 있게 개량된 품종이다. 표준 체중은 수컷이 5400g, 암컷은 4500g이다. 흰색, 담백색, 담황색 등의 체모를 갖고 있다.

긴꼬리닭
Gallus gallus var domesticus

긴꼬리닭은 우리나라에도 존재했다는 설만 있지 지금은 찾아볼 수 없다고 믿어 왔다. 그러나 2007년 11월, '농촌진흥청 국립축산과학원 가축 유전자원 시험장'에 서 의뢰한 보도 자료에 의하면 일산에서 발견된 긴꼬리닭에 기대를 갖게 했다. 이 닭은 그간 많은 보도 매체를 통해 진위 여부를 놓고 말이 많았던 종이다. 꼬리 길 이가 1m인데, 일본의 긴꼬리닭과는 체형이 다르며, 동천홍(꼬리 1.1m)과 유사한 체형이나 나름대로 독특한 체형이다. 일본의 장미계는 꼬리 길이가 매우 길다. 일 본에서 오랫동안 개량되어 온 품종으로, 수컷의 꼬리 길이는 8.7m나 되는 매우 긴 꼬리를 갖고 있다. 이 닭을 관리하기 위해 특별한 조사를 이용하고 있다. 이 닭은 일본에서 반출을 금하고 매우 엄격하게 통제하며, 천연기념물로 보호하고 있다. 표준 체중은 수컷이 2700g, 암컷이 2000g이다. 19C 중엽에 흰색이, 19C 말엽에는 적색 계열이 공인되었다.

긴꼬리닭

동천홍(東天紅)

Totenko Fowl / *Gallus gallus var. domesticus*

- 원산지 : 일본
- 먹이 : 배합 사료와 청채
- 암수 : 수컷은 암컷에 비해 체구가 크며 적색을 띠고, 꼬리 깃털이 풍성하면서 길다. 암컷의 체모는 갈색이다.
- 특징 및 사육 관리 : 동천홍 수컷은 우리나라 토종닭의 수컷 체형과 흡사하나 꼬리가 길고 탐스럽다. 꼬리의 길이는 약 110cm에 이르며, 울음소리가 맑고 길며 높다. 이 종의 매력은 무엇보다 울음소리에 있다. 첫 추위에 약한 편이 므로 특히 보온에 유의해야 한다. 산란력은 일반 닭에 비해 약해 알을 적게 낳는다.

동천홍

코 친

Cochins / *Gallus gallus*

- 작출지 : 중국
- 먹이 : 배합 사료
- 암수 : 수컷이 암컷보다 크고 우람하다.
- 특징 및 사육 관리 : 둥글고 우람하며 순하다. 다양한 색의 체모를 갖고 있으며, 부척과 발가락에 무성한 깃털이 이 닭의 관전 포인트가 된다. 이 종의 원산지는 중국의 상하이이며, 인도산 브라마와 흡사한 체형이다. 중국 혈을 받아 부척과 발가락에 풍족한 털로 덮여 있어 원형에 가까울 정도로 둥근 모습에 우람한 체구답게 체중 또한 브라마에 비견된다. 근래에 들어와 아시아 원산의 대형 닭으로 개명되고 있다. 흑색종이 대부분이며, 갈색·백색·청색·담황색·횡반종 등 여러 색상의 체모가 국제적으로 공인되고 있다. 표준 체중은 수컷이 5500g, 암컷이 4500g이나 된다.

블랙수마트라

Black Sumatras / *Gallus gallus*

- 원산지 : 인도네시아 수마트라 섬
- 먹이 : 배합 사료
- 암수 : 수컷은 암컷에 비해 체구가 크고 볏이 붉고 짙으며, 꼬리의 깃이 길고 풍성하다.
- 특징 및 사육 관리 : 주로 흑색인데, 회색종도 있다. 그리고 건강한 체질이다. 아시아 종의 대표적인 것으로, 아시아 계열의 원조격인 오래된 품종이며, 오늘날까지 순수 혈통을 유지해 오고 있다. 꼬리가 탐스럽고 길며, 머리형은 투계를 많이 닮아 작고, 체구에 비해 늘씬한 몸매이다. 볏의 색상은 녹색을 띤 붉은색이며 작고, 부척의 색깔은 녹색을 띤 황색이다. 수컷의 표준 체중은 4100g이며, 암컷은 3200g 정도이다.

칠면조

Turkey / *Meleagris gallopago vor. dometicus*

- 원산지 : 미국 중부권, 멕시코
- 먹이 : 배합 사료, 풀, 채소류
- 암수 : 수컷은 암컷에 비해 훨씬 크고, 발정기가 되면 육수가 가슴에까지 길어진다. 기분에 따라 육수 색상이 수시로 변하는 것은 암컷에 대한 구애 행각의 특징이다.
- 특징 및 사육 관리 : 사람과 친숙하며, 수컷의 체형이 독특하다. 머리와 얼굴 피부 조직의 조화가 이 종의 특징이며, 수컷의 턱에서부터 가슴까지 흘러내려온 육수가 특이하다. 이 종은 육용으로 많이 이용되는데, 특히 서구 사회의 파티용으로 이용된다. 생후 1년간 육추하면 성조로서 이용된다. 모양에 따라 7품종이 있는데, 청동색종이 대표적이며, 흑색종·백색화란종·벨쯔빌(Berzbil) 소형 백색종·스트레이트(Streit)종·버본레드(Berbonred)종 등이 있다. 근래에는 백색 계열 품종도 출현하여 애완용으로 사육되고 있다. 3월부터 11월까지 산란한다. 집단 사육 시 암수 비율은 1:10이 적당하며, 사료는 일반 배합 사료와 청채를 급여한다. 1년간 100개의 알을 낳고, 포란 기간은 27~28일 걸린다. 표준 체중은 수컷이 6000g, 암컷이 4500g 정도이며, 이 종은 풍만한 육질을 제공한다.

벨지안

Belgians

- 원산지 : 유럽, 베네룩스
- 먹이 : 배합 사료
- 암수 : 수컷은 체구가 크고, 볏과 부척, 다리의 깃털이 더욱 풍성하다.
- 특징 및 사육 관리 : 부척과 발가락이 깃털로 싸여 있다. 체모의 색상이 다양하고 건강하며, 추위에도 비교적 강하다. 이 종은 오래 전에 북유럽에서 사육된

벨지안

것으로, 특히 베네룩스 3국과 영국에서 사랑을 받던 종이다. 19C 중엽에 공인된 품종으로, 전 유럽은 물론 아시아와 아메리카로 유입된 이래 우리나라에는 근래에 도입되었다. 이 종은 체형과 색상의 다양한 변이로 특히 목 주위와 머리·목·볼에 솟아난 털, 부척·발가락을 덮고 있는 털 때문에 특색 있어 사랑받고 있다. 백색과 청색, 그리고 흑청색에 흰색의 반문은 또 다른 멋을 주고 있다. 표준 체중은 수컷이 750g, 암컷이 630g으로서 비교적 왜소한 편이다.

금수남
Golden Sebright Bandam

- 작출지 : 일본
- 먹이 : 배합 사료
- 암수 : 수컷은 암컷에 비해 볏과 육수가 크고, 꼬리 깃이 넓으면서 풍성하다.
- 특징 및 사육 관리 : 소형종으로, 애완용으로서 인기 있는 종이다. 온몸의 체모가 황금색이면서 깃털 끝부분마다 흑색 띠를 이루고 있어서 단순미를 보완하고 있다. 체형과 색상은 일반종과 흡사하나 다리에는 털이 없다. 작지만 건강한 종으로, 추위에도 강한 편이다.

금수남   은수남

은수남
Silver Sebright Bantam

- 작출지 : 일본

- 먹이 : 배합 사료

- 암수 : 수컷은 암컷에 비해 볏과 육수가 크고, 꼬리 깃이 넓으면서 풍성하다.

- 통일성 : 작고 건강한 종으로 추위에도 강한 편이다.

- 특징 및 사육 관리 : 소형종으로서 애완용으로 인기 있는 종이다. 온몸의 체모
  가 은색으로, 청결미가 돋보인다. 게다가 깃털 끝부분마다 흑색 띠를 이루고
  있어 흑백의 색상 대비로 더욱 깨끗해 보인다. 체형은 금수남과 같다.

참고문헌

Pareys Naturfuhrer plus VÖGEL, Christopher perrins·Dr. Hoerschelmann. Zoologisches Museum der Universitat Hamburg. Hambrg: Berlin, 1987

Die Vogel Mitteleuropas, Peter Holden, Mit Sonderteil:Vogelarten Nord und Sudeuropas, Orbis Verlag 1985

The Paul Press Limited, AVIARY BIRD handbook, David Alderton, Pelham, First impression, 1986

Don harper, PET BIRDS For home and garden, Limited LONDON, New york, 1988

찾아보기